混凝土结构多维地震动力效应

李宏男　霍林生　著

科学出版社

北京

内 容 简 介

由于钢筋和混凝土材料具有应变率敏感性,在不同的动态荷载作用下材料会表现出不同的力学和变形性能,进而影响由这两种材料构成的钢筋混凝土构件的力学性态,甚至改变构件和结构的破坏模式。本书从地震动的多维性出发,考虑钢筋混凝土材料和构件的多维非线性动力特性,研究空间结构在多维地震动作用下的非线性动力反应。本书共7章。第1章概述加载速率对钢筋混凝土材料、构件和结构性能的影响;第2章论述混凝土和钢筋材料多维动力本构关系;第3、4、5章从构件层次分别论述钢筋混凝土梁、柱和剪力墙的非线性动力特性;第6章论述钢筋混凝土结构多维非线性动力特性;第7章论述钢筋混凝土结构多尺度建模与数值分析。

本书可供土木工程、水利工程、海洋工程、工程力学等专业的师生及科研人员参考,也可作为相关专业高校高年级本科生和研究生的学习用书。

图书在版编目(CIP)数据

混凝土结构多维地震动力效应/李宏男,霍林生著. —北京:科学出版社,2021.3

ISBN 978-7-03-067448-7

Ⅰ.①混⋯ Ⅱ.①李⋯ ②霍⋯ Ⅲ.①混凝土结构-抗震结构-研究 Ⅳ.①TU37

中国版本图书馆 CIP 数据核字(2020)第 256155 号

责任编辑:王杰琼 / 责任校对:陶丽荣
责任印制:吕春珉 / 封面设计:耕者设计工作室

科学出版社 出版

北京东黄城根北街 16 号
邮政编码:100717
http://www.sciencep.com

北京中科印刷有限公司 印刷

科学出版社发行　各地新华书店经销

*

2021 年 3 月第 一 版　开本:B5(720×1000)
2021 年 3 月第一次印刷　印张:24
字数:484 000

定价:198.00 元

(如有印装质量问题,我社负责调换〈中科〉)
销售部电话 010-62136230　编辑部电话 010-62135319-2031

前　　言

　　钢筋混凝土结构是当今工业与民用建筑中应用最为广泛的一种结构形式。钢筋混凝土是由两种不同性质的材料——混凝土和钢筋组成，在其服役期间，除了遭受静力荷载作用外，还可能遭受风、地震、冲击或爆炸等动力荷载的作用。

　　地震是对人类影响最大的自然灾害之一，中国也是世界上地震灾害最为严重的国家之一。在全国 450 多个城市中，位于地震区的占 74.5%，超过一半的城市位于基本烈度为 7 度及以上的地区。近年来，地震发生频率渐增，经济、人员伤亡损失严重，特别是 2008 年发生的汶川 8.0 级地震，直接受灾面积达 10 万多平方公里，造成 69 227 人遇难，4625.6 万人受灾，直接经济损失高达 8451.4 亿元。而随着国民经济的发展，以核电站、超高拱坝、跨海大桥、超高层建筑为主要形式的钢筋混凝土结构相继建成，其在不可预知的地震作用下将严重威胁人们的经济和生命财产安全。

　　20 世纪初，人们发现钢筋和混凝土材料具有应变率敏感性，它会使得这两种材料在动载和静载下的固体材料力学性能产生显著区别，进而由这两种材料组成的钢筋混凝土构件和结构的性能也会受到影响，因此有必要研究动态加载下钢筋混凝土结构的性能。但到目前为止，大多数研究集中在冲击荷载和爆炸荷载的研究范围内，对于地震作用下钢筋和混凝土材料的应变率敏感性以及材料的应变率敏感性对钢筋混凝土构件和结构的影响的研究很少。目前的《建筑抗震设计规范（2016 年版）》（GB 50011—2010）是基于静态荷载作用下的试验结果编制的，还没有考虑材料的应变率效应以及材料的应变率效应对钢筋混凝土构件和结构的影响。因此，有必要从地震动的多维性出发，考虑材料和构件的多维非线性动力特性，研究空间结构在多维地震动作用下的非线性动力响应，这对于理解重大工程动力灾变过程有着重要意义。

　　作者多年从事结构多维抗震与减震控制的研究工作，发表有关研究论文百余篇，对于钢筋混凝土结构多维地震动力效应进行了大量的研究，现将研究成果系统性地整理成书。本书成果是作者 2006 年出版《结构多维抗震理论》著作研究工作的继续。全书共 7 章：第 1 章为绪论，概述加载速率对钢筋混凝土结构性能的影响；第 2 章为混凝土和钢筋材料多维动力本构关系，具体论述现有钢筋和混凝土的本构模型、钢筋和混凝土动荷载作用下性能试验、由试验所提出的钢筋和混凝土率相关本构模型，以及钢筋和混凝土材料率相关性能的数值模拟；第 3、4、5 章从构件层次论述钢筋混凝土构件的非线性动力特性，具体构件包括梁、柱和剪力墙；第 6 章为钢筋混凝土结构多维非线性动力特性，从结构层面论述钢筋混凝土结构的多维非线性动力特性，具体结构包括钢筋混凝土框架结构、钢筋混凝土剪力墙结构和钢筋混凝土框架-剪力墙结构；第 7 章为钢筋混凝土结构多尺度建模与数值分析，主要介绍针对不同情况的多尺度问题进行的结构多尺度数值分析的尝试。本书各章内容相互联系、相互贯通，初步形成了钢筋混凝土结构多维地震动力效应的理论框架。

本书是作者及其团队十余年来的研究工作总结，博士生李敏、张皓、王德斌，硕士生赵汝男、王大东等参与了其中的研究工作。本书撰写过程中得到周靖、段瑶瑶、樊黎明、赵楠、王靖凯、陈超豪、杨卓栋等研究生的大力协助，是他们的辛勤劳动才使得这项研究工作逐步深入，也使得本书内容丰富、翔实，在此表示衷心的感谢。

书中研究成果得到国家自然科学基金重点项目（项目编号：51738007）、国家自然科学基金"重大工程的动力灾变"重大研究计划重点项目（项目编号：90815026）和集成项目（项目编号：91315301），以及国家重点研发计划项目（项目编号：2016YFC0701108）的资助，在此表示衷心感谢。

由于作者水平有限，书中难免有疏漏和不足之处，衷心希望读者批评指正。

2020 年 6 月

目　　录

第1章 绪 论

钢筋混凝土结构因其制作工艺简便、取材容易、价格低廉、性能良好等优点，在土木工程中得到广泛应用。钢筋混凝土结构在其工作寿命期间，除了受到静荷载作用外，还有可能受到风、地震、冲击、爆炸等动荷载的作用。地震是对人类危害最大的自然灾害之一，而我国大陆位于环太平洋地震带西部，西南部和西北部又处于欧亚地震带上，自古就是一个地震灾害较严重的国家。百年来的资料表明，我国平均5年左右就会发生1次7.5级以上地震，平均10年左右就会发生1次8级以上地震[1]。随着经济的发展，一大批重要的建筑物如桥梁、核电站、超高层建筑相继建成，这些建筑物在地震作用下的安全性能关系国家的经济建设及民生安全，尽管地震并不是每时每刻作用在建筑结构上，但是因为它的不可预知性及对结构的破坏性，往往成为控制结构设计的重要因素，所以研究钢筋混凝土结构在地震作用下的性能有重要的现实意义。

钢筋混凝土结构在静荷载下性能的研究已经比较成熟，现行的《建筑抗震设计规范（2016年版）》（GB 50011—2010）是基于静态荷载作用下的试验结果编制的，还没有考虑材料的应变率效应以及材料的应变率效应对钢筋混凝土构件和结构的影响。这主要因为人们对钢筋混凝土材料、构件及结构在动荷载下的研究比较少，没有得到统一的认识。已有的研究表明，固体材料在快速加载时的性能不同于慢速加载。一般认为，动载下引起固体材料力学性能显著区别于静载下的主要影响因素是材料的应变率敏感性。不同动态荷载下材料应变率的范围如表1.1所示[1]。钢筋和混凝土材料都是应变率敏感性材料，在不同应变率下会表现出不同的力学和变形性能，可以预见，由这两种材料构成的钢筋混凝土构件和结构的力学和变形性能也将会受到加载速率的影响，在某些特殊情况下，这种影响将会改变构件或结构的破坏模式。因此，有必要对钢筋混凝土材料、构件乃至结构进行动态加载条件下的力学性能研究。动态加载往往使构件朝着脆性破坏的方向发展，并使构件的抗剪能力降低。同时，动态加载可能会导致材料、构件、结构的内力重分布，促进结构内部微裂缝的形成、宏观裂缝的拓展、构件的变形等。

表 1.1 不同动态荷载下材料应变率的范围[1]

项目	材料应变率/s^{-1}	项目	材料应变率/s^{-1}
蠕变	$<10^{-6}$	一般碰撞	$10^{-1}\sim<10^{1}$
静态	$10^{-6}\sim<10^{-4}$	高速冲击	$10^{1}\sim<10^{2}$
地震作用	$10^{-4}\sim<10^{-1}$	爆炸	$\geqslant10^{2}$

早在 20 世纪初，人们就发现钢筋和混凝土材料具有应变率敏感性，但由于试验设备和理论知识的制约，关于这方面的研究一直进展缓慢。直到 20 世纪 80 年代，关于材料应变率敏感性的研究又引起了学者们的注意，自此关于钢筋混凝土材料的试验和理论研究飞速发展。但是，大多数研究集中在冲击荷载和爆炸荷载的研究范围内，对于地震作用下钢筋和混凝土材料的应变率敏感性及其对钢筋混凝土构件和结构的影响的研究很少，钢筋混凝土结构抗震设计规范中还没有涉及材料应变率敏感性的条款，因此还有很多工作要做，主要存在以下几个方面的问题。

（1）关于建筑结构中常用型号钢筋在地震应变率下的单调和循环加载的性能，以及相应的本构模型的研究在国内几乎空白。

（2）关于强度较高的混凝土（如 C30 或 C50）在地震作用下应变率性能的研究在国内比较少，可用的动力强度的公式也较少。

（3）钢筋混凝土构件在快速加载下（地震作用范围内）的试验结果相对较少，由于试验结果和试验现象与研究者试验时采用的设备和试件有很大关系，因此关于加载速率对钢筋混凝土构件的影响，学术界还没有形成统一认识，并且对试验现象的解释还不够充分。

（4）考虑钢筋和混凝土材料的率相关性，对钢筋混凝土构件和结构在地震作用下的数值模拟的研究工作还不充分，对在抗震设计中是否考虑材料应变率敏感性的问题学术界还存在争议。

由于结构本身的非对称性和地面运动的多维性，结构的地震反应实际上是多维的空间反应，特别是对于一些体型复杂的结构，地震动作用转动分量对结构地震反应的影响是非常重要的，在某些情况下甚至会成为结构破坏的主要原因。因此，从地震动作用多维性出发，考虑混凝土材料和构件的多维非线性动力特性，研究空间结构在多维地震动作用下的非线性动力反应，这对于理解重大工程动力灾变过程有着重要意义。笔者在国家自然科学基金"重大工程的动力灾变"重大研究计划重点项目等的资助下，采用试验、理论结合数值分析的方法，建立多维地震动作用的数学模型，研究混凝土材料和构件的应变率效应和动态损伤问题，提出混凝土材料和构件的多维动态恢复力模型，利用提出的模型分析工程结构的多维非线性动力反应及其破坏形态，从而为深入研究重大工程结构的动力灾变机理打下坚实的基础并提供理论支撑。

1.1 加载速率对混凝土性能的影响

人们从 20 世纪初就已经开始了对混凝土动态特性的研究，经过数十年的研究表明，混凝土在不同加载速率下的力学性能是不同的，这已经被众多国内外学者的研究成果所证实。

1.1.1 混凝土单轴动态抗压性能

混凝土抗压性能的应变率敏感性已被国内外学者广泛研究，并给出了大量有价值的结论。

早在 1917 年，Abrams[2]首次在混凝土压缩试验中发现混凝土抗压强度存在应变率敏感性。此后，各国学者开始对混凝土的动态抗压特性进行了系统的试验研究与统计分析。20 世纪 30 年代，更多的学者进行了混凝土的动力试验研究，Jones 等[3]对加载速率和混凝土抗压强度之间的关系进行了研究，得出了混凝土抗压强度随加载速率的增加而增加的初步结论。

Watstein[4]对尺寸直径为 76mm、高为 152mm 的圆柱体混凝土试件进行了应变率从 $10^{-6} \sim 10s^{-1}$ 的单轴抗压试验。试验过程中采用混凝土强度为 17.4MPa 和 45.1MPa 两种试件进行加载，试验结果表明其抗压强度有很大提高。

Cowell[5]对不同尺寸和强度的混凝土圆柱体试件进行了动力试验，并考虑了湿度对混凝土抗压强度的影响。在相同湿度条件下，低强度混凝土应变率敏感性更高；在相同强度条件下，湿混凝土则具有更高的应变率敏感性。

Dhir 等[6]分别对尺寸不同的混凝土试件进行了动态加载与静态加载试验，发现当应变率低于 $0.00025s^{-1}$ 时，混凝土的抗压强度不受应变率的影响。当应变率高于 $0.00025s^{-1}$ 时混凝土的抗压强度随应变率的提高而增加。

Sparks 等[7]通过对 48 根不同刚度骨料构成的尺寸为 102mm×102mm×203mm 的长方体混凝土试件进行加载速率为 3～10MPa/s 的快速加载试验，研究发现，由弱粉煤灰骨料加工而成的混凝土强度增加 16%，而由强刚度骨料加工而成的混凝土试件在加载速率为 0.001MPa/s 时的强度仅仅增加了 4%。这证明了低强度的混凝土具有更高的应变率敏感性。

Hughes 等[8]采用落锤冲击的试验方法对边长为 102mm 的立方体试块及高度为 204mm 同样截面尺寸的棱柱体试块进行冲击加载试验,应力率通过加载时间进行控制，应力率最低为 810kN/（$mm^2 \cdot s$），最高可达 1830kN/（$mm^2 \cdot s$），此时混凝土强度最低增加 52%，最高可增加 131%。

国内学者，尚仁杰[9]利用电液伺服试验机对变截面棱柱体试块进行了应变率为 $1 \times 10^{-5} \sim 2 \times 10^{-2}s^{-1}$ 动力压缩、拉伸试验，结果发现混凝土的抗压强度和抗拉强度分别增长 12%～20%和 25%～50%。

肖诗云[10]于 2002 年利用电液伺服疲劳试验机研究了应变率对混凝土抗压性能的影响，采用 100mm×100mm×300mm 的棱柱体混凝土试块进行不同加载速率下的试验研究，研究结果表明，当应变率为 $10^{-4}s^{-1}$、$10^{-3}s^{-1}$、$10^{-2}s^{-1}$、$10^{-1}s^{-1}$ 时，混凝土抗压强度分别提高 4.8%、9.0%、12.0%和 15.6%。

　　李杰等[11]对国内外混凝土动力抗压试验的众多研究成果进行了总结,并对其进行了汇总,给出了混凝土动力抗压强度提高系数与应变率关系图,如图1.1所示。

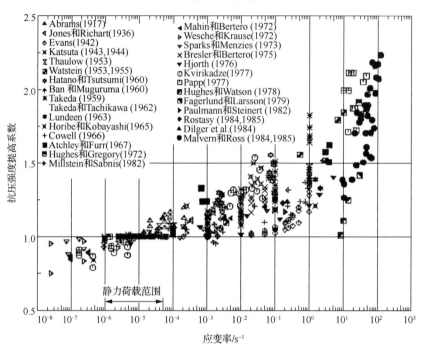

图 1.1　混凝土动力抗压强度提高系数与应变率关系图[11]

　　总体来说,混凝土抗压强度随着应变率的增加而增加,但是,其增加幅度大小变化的总体规律尚未得到共识。这主要由混凝土材料的离散性、试验设备的不稳定性和测量装置的误差等因素造成的。

1.1.2　混凝土单轴动态抗拉性能

　　相较于混凝土抗压性能的应变率敏感性,其抗拉性能的应变率敏感性更加明显。Mellinger 等[12]对圆柱体混凝土试件进行端部冲击加载试验,通过冲击端和接收端的压、拉应力波总和来计算混凝土的抗拉强度,通过计算发现,准静态加载条件下混凝土的抗拉强度为 17.2~22.1MPa,当应变率达到 20s^{-1} 时,其动力抗拉强度最高增加 550%,而当应变率达到 23s^{-1} 时,该增加值则高达 710%。

　　Birkimer 等[13]采用同样的加载方式对 46 个混凝土圆柱体试件进行冲击试验,发现混凝土抗拉强度增长 150%~500%。

　　Yon 等[14]首次采用三点弯断裂试验对混凝土的弹性模量、抗拉强度和断裂能等力学指标进行了试验研究。试验发现,当应变率为 0.24s^{-1} 时,其抗拉强度提高 110%,其拉、压弹性模量分别提高 60% 和 40%,而断裂能则未发生明显变化。

Mcvay[15]在墙体爆破过程中得到的数据显示，在应变率分别为38s^{-1}和157s^{-1}的爆炸荷载作用下动、静抗拉强度的比值分别为7.1和6.7。

Ross及其团队[16-21]利用Hopkinson压杆对圆柱体试件进行了拉伸、劈拉和压缩试验。试验的应变率范围为10^{-7}～20s^{-1}，当应变率为17.8s^{-1}时，动、静抗拉强度的比值为6.47。

Zielinski等[22]利用Hopkinson压杆对直径74mm、高度100mm的圆柱体试件进行了动力拉伸试验，发现混凝土的动态抗拉强度随着应变率的增加而增加。

Reinhardt等[23]分别对两种湿度不同的混凝土进行了动力拉伸试验，得出结论是湿混凝土的抗拉强度受应变率影响较大，应变率对干混凝土的抗拉强度没有明显的影响。

Rossi及其团队[24-27]、Bischoff等[28]都针对干湿混凝土试件进行了拉伸试验，结果表明，应变率相同的条件下，湿混凝土的强度的增加高于干混凝土，因此认为水的存在很大程度上影响了混凝土的动态抗拉强度。

闫东明等[29]对混凝土试件进行了循环加载下的动态拉伸试验，结果表明：每个循环中加载速率的最大值严重影响混凝土的抗拉强度，而在增幅过程中的应变率效应则对混凝土抗拉强度影响较小。加载速率越高，其抗拉强度越大，循环加载增幅越小，其破坏所需时间越长，强度也越低。

李杰等[11]总结了加载速率对混凝土单轴抗拉强度影响的众多研究成果，并给出了混凝土动力抗拉强度提高系数与应变率关系图，如图1.2所示。

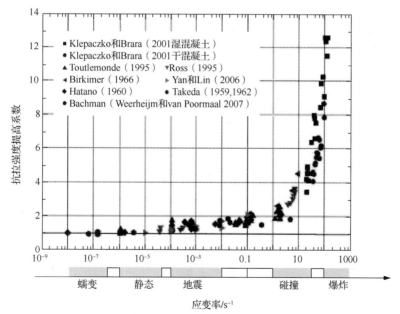

图1.2 混凝土动力抗拉强度提高系数与应变率关系图[11]

总体来说，比较一致的观点是随着应变率的提高，混凝土单轴抗拉强度单调增长，并且在同一应变率量级变化范围内抗拉强度增长速度大于抗压强度增长速度，峰值应力处的割线模量单调增长，吸能能力单调增长，应力-应变曲线的形状无明显区别，而峰值应力处的应变和极限应变随应变率的提高其变化规律无定论，应变率对泊松比的影响较小。

除了直接拉伸试验，抗弯强度的应变率敏感性也引起了学者的兴趣。Suaris 等[30]研究了混凝土抗弯强度对应变率的敏感性。试验的试件是截面尺寸为 38mm×76mm、跨长为 381mm 的素混凝土梁，采用落锤装置，研究其在应变率分别为 $0.67\times10^{-6}\mathrm{s}^{-1}$、$0.27\times10^{-4}\mathrm{s}^{-1}$、$0.7\times10^{-3}\mathrm{s}^{-1}$ 和 $0.27\mathrm{s}^{-1}$ 下的弯曲反应，加载最快的两个应变率下的断裂模量比最慢的应变率下的断裂模量提高了 35%和 46%，湿度大的试件比湿度小的试件的强度略有提高，应变率高的梁的抗弯强度大，并且抗弯强度的增加与其准静压强度成反比。

Fu 等[31]在其综述文献中根据大量试验结果总结为，随着应变率的提高，混凝土抗弯强度提高，且抗弯强度增加与静压强度成反比，与湿度成正比；在拉压弯对比试验中，应变率敏感性由高到低的顺序是拉、弯、压。

闫东明等[32]对混凝土在循环荷载下的抗拉性能做了试验研究，研究表明，循环加载时加载速率由两部分组成：起主要作用的是每循环单调加载速率的最大值，它决定混凝土动强度的大小；另外一部分是循环增幅产生的速率影响，它对混凝土动强度的影响较小；频率越大，加载速率越大，动强度越高；循环加载增幅越小，达到破坏时用的时间越长，动强度降低。

1.1.3　混凝土多轴动态性能

因为多轴动态试验的难度很大，对试验的设备要求很高，所以相关资料比较少。

最早的混凝土双轴动态试验是 Mlakar 等[33]在 1985 年完成的，对中空圆柱体试件施加动态拉、压荷载，试验过程中采取径向拉伸和轴向压缩，且双向应力近似成比例增长。尽管结果离散性较大，但也得到了一些有价值的结论，即在双轴动力加载条件下，随着压应力的增加，混凝土的抗拉强度逐渐降低；随着应变率的增加，混凝土强度增加但发生破坏时的应变并无明显变化。

Zielinski[34]在改进的 Hopkinson 杆上进行了混凝土棱柱体试件的动态拉压双轴加载试验，试验过程中保持侧向压应力恒定，轴向进行动态拉伸。结果得到与 Mlakar 等类似的结论，同时他认为只要侧压保持在 0.7 倍的混凝土抗压强度范围内，其抗拉强度基本保持不变且随应变率的增长规律也与单轴的相近。

Weerheijm[35]采用与 Zielinski 同样的试验方式对混凝土试件进行了动态双轴拉、压试验，但是得到的结论却是与其相反的，即：随着侧向压应力水平的提高，混凝土轴向抗拉强度明显降低。

Gran[36]对静力抗压强度为 100MPa 的石灰岩粗骨料高强混凝土圆柱体试件进行了伪三轴动力加载试验。应变率小于 $0.5s^{-1}$ 时，混凝土的性能不受影响；最大围压下，应变率 $1.3\sim5s^{-1}$ 时的动态强度比静态强度提高 30%～40%。应变率为 $6s^{-1}$ 时，与静态时的弹性模量和强度相比，分别增加了 60%和 100%。

Takeda 等[37]对棱柱体试件进行动三轴试验。先将 30MPa 侧压力按照静态方式施加到试件上，然后在主轴方向上以不同的应变率施加拉伸或者压缩荷载。试验表明：最大轴向荷载及其对应的临界应变都受到围压和轴向应变率的影响。破坏准则有相当大的提高，在不同应变率下，八面体正应力和八面体剪应力经过相应应变率下单轴强度标准化后，差别不大。表明对于不同的加载速率，在主应力空间中破坏面保持平行。

Fujikake 等[38]对圆柱体试件进行了定侧压动轴压的试验，研究了三向应力状态下混凝土的动态破坏模式，建立了动态破坏准则，并且提出了半经验的动态本构模型。研究表明，随着围压的增加，混凝土的应变率效应有降低的趋势。

吕培印[39]对混凝土立方体试件进行了一向定侧压，一向考虑不同加载速率的压压、压拉动态试验，发现随着侧压力和加载速率的提高，混凝土平均抗压强度提高，弹性模量相对增大，侧压力较加载速率对弹性模量影响显著，加载速率对峰值应变影响不大。

闫东明[40]做了双向比例加载条件下混凝土的动态抗压试验，结果显示在不同的应力组合下，当应变率提高时，强度和弹性模量均有相应的提高，但对应变率的敏感程度不同，且无规律。当两个方向的应力比为 1：0.5 时，极限强度对应变率的敏感程度最低，当应力比为 1：1 时，对应变率的敏感程度最强烈。闫东明还进行了单向恒定压力下混凝土动态抗压特性试验，结果显示应变率提高时，各侧压下动强度有不同程度的提高，较高侧压下，速率敏感性降低。

闫东明[40]对混凝土立方体试块进行了伪三轴动态试验，两个方向静载，一个方向动载，结果表明：随着围压的增加，应变率对强度影响作用逐渐减弱，当围压超过混凝土的单轴静态强度时，强度改变不到 2%，可以认为此时应变率不对混凝土强度产生影响；随着围压的增加，混凝土材料的峰值应变有较大幅度的增加，而应变率对峰值应变的影响很小，可忽略；这些结论在应变率为 $10^{-5}\sim10^{-3}s^{-1}$ 范围内成立。

1.1.4　约束混凝土动态性能

混凝土在约束条件下的动态本构模型是不同于无约束条件的，其约束行为严重影响混凝土的应变率敏感性。

Scott 等[41]试验研究了素混凝土和约束混凝土在应变率分别为 $3.3\times10^{-6}\mathrm{s}^{-1}$、$0.0167\mathrm{s}^{-1}$ 时的性能。试验用的试件是 25 个钢筋混凝土短柱，直径为 450mm、高为 1200mm，采用方形箍或者是八角形箍，中心加载或者偏心加载。结果表明，随着应变率的提高和横向约束的增大，抗压强度显著增加；横向约束增加，破坏时的最大应力和应变增加；应变率提高，最大应力增加，但极限应变减小。同时提出了约束混凝土的动态本构模型，该模型假设峰值应力和下降段坡度随动载增加了 25%，最大应力发生在应变为 $0.002k$ 时（k 为横向约束数量和约束屈服强度的函数，忽略偏心压力下破坏时增加的应变）。

Dilger 等[42]对比研究了素混凝土和约束混凝土在应变率为 $0.000\,033\mathrm{s}^{-1}$、$0.0033\mathrm{s}^{-1}$、$0.2\mathrm{s}^{-1}$ 时的性能。试验表明，随着应变率的增加，应力-应变曲线形状不变；有效的水平约束增加了峰值应变，减小了下降段坡度，并提出了考虑应变率效应和水平约束效应的本构模型。

Soroushian 等[43]总结了前辈的试验结果，修正了 Scott 模型，将原来的 k 值变为三个量，分别为：k_1 是配筋率的函数；k_2 考虑应变率对抗压强度的影响，并且分干混凝土和湿混凝土两种情况；k_3 考虑应变率对峰值应变的影响，得到了约束混凝土动态本构模型。

Mander 等[44,45]试验研究了圆截面柱（横截面直径为 500mm，高 1500mm，配螺旋箍筋）、方截面柱（尺寸、箍筋同 Scott 试验）、矩形截面墙（尺寸为 700mm×150mm×1200mm，矩形箍筋）在静态加载和动态加载下的性能，并且采用能量平衡的方法，假设钢筋屈服应变能等于混凝土应变能的增量，得到了可以考虑混凝土约束、应变率、循环加载等因素的约束混凝土动态本构模型。

Ahmad 等[46]试验研究了素混凝土和约束混凝土、轻质混凝土和一般混凝土在动态加载下的性能，采用的应变率分别是 $3.2\times10^{-5}\mathrm{s}^{-1}$、$0.01\mathrm{s}^{-1}$、$0.03\mathrm{s}^{-1}$，试件尺寸分别是直径为 76.2mm、高为 152.4mm 和直径为 152.4mm、高为 304.8mm 的圆柱体。并且根据试验结果，考虑了应变率对约束钢筋的约束作用的影响，得到了约束混凝土的动态本构模型。

1.1.5　混凝土应变率敏感性的物理机制

影响混凝土应变率敏感性的因素很多，除受到试验设备、加载条件等外因的影响外，也受到混凝土自身性质的影响，如强度、水灰比、骨料、含水量和温度等。得到的较为一致的结论是混凝土的强度越高，应变率敏感性越小；含水量越高，静力荷载下强度越低，应变率敏感性越高；温度越低，静力荷载下强度越高，应变率敏感性越低。

关于混凝土应变率敏感性的物理机制，目前有三种解释，不同的受力状态和不同应变率范围对应不同的解释。

1. 黏性效应

黏性效应也称为 Stefan 效应，其物理模型可简化为：当一层薄膜黏性液体被包夹在两块相对运动的平板之间时，薄膜对平板所施加的反作用力正比于平板的分离速度 $\dot{h}$，如图 1.3 所示。

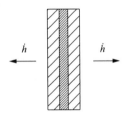

图 1.3　Stefan 效应物理模型[47]

这一物理模型可用方程表示为

$$F = \frac{3\eta V^2}{2\pi h^5} \times \dot{h} \qquad (1.1)$$

式中，F 为作用力；η 为黏性系数；h 为平板间的距离；$\dot{h}$ 为平板分离速度；V 为黏性液体体积。

Parant 等[48]认为当应变率 $\dot{\varepsilon} < 10\mathrm{s}^{-1}$ 时，相比于干燥混凝土的应变率增强效应，湿混凝土的应变率增强效应更明显，黏性效应是混凝土材料动态抗拉强度增强的主要原因。

肖诗云[10]试验研究了湿度条件对混凝土动态抗拉和抗压强度的影响。试验的应变率为 $10^{-5}\sim10^{-1}\mathrm{s}^{-1}$，结果发现，湿混凝土和干混凝土一样，动态抗拉强度和动态抗压强度均随着应变率的增加而增加，并且湿混凝土的强度增加得更快。闫东明[40]的试验也得出类似的结果，这也说明了在低应变率下，黏性效应是混凝土动态抗拉、抗压强度增强的主要原因。

2. 惯性作用

惯性是自然界的普遍规律，在速度变化比较快的情况下更明显。在单轴抗压试验中，惯性使得混凝土内部产生横向约束力，从而使其处于三向受压应力状态，引起强度提高；而对于单轴抗拉试验，混凝土处于三向受拉应力状态，不能引起强度的提高，其惯性作用示意图如图 1.4 所示。因此惯性作用可以解释混凝土抗压强度的应变率敏感性，不能解释混凝土抗拉强度的应变率敏感性。

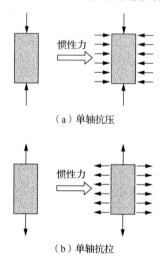

（a）单轴抗压

（b）单轴抗拉

图 1.4　单轴抗压和单轴抗拉试验中的惯性作用示意图[47]

Ragueneau 等[49]进行了混凝土材料动态力学试验的数值模拟工作，研究表明，当 $\dot{\varepsilon} \geqslant 10\mathrm{s}^{-1}$ 时，在不考虑黏性效应的数值模拟结果中，可以重现材料抗压强度的应变率增强效应，也就是说惯性作用可以解释 $\dot{\varepsilon} \geqslant 10\mathrm{s}^{-1}$ 时的混凝土受压应变率效应。Li 等[50]和 Zhou 等[51]也做了类似的工作，发现当应变率大于某一值（前者是 $100\mathrm{s}^{-1}$，后者是 $200\mathrm{s}^{-1}$）时，混凝土抗压强度的增强归于惯性作用。

3. 裂纹演化

Klepaczko 等[52]试验研究了混凝土受拉应变率效果的物理机制。研究表明，在高应变率下（$\dot{\varepsilon} > 10\mathrm{s}^{-1}$），水的含量不影响混凝土的抗拉强度，黏性效应对抗拉强度的贡献几乎可以忽略。

Ragueneau 等[49]进行了混凝土材料动态力学试验的数值模拟工作，研究表明，当 $\dot{\varepsilon} \geqslant 10\mathrm{s}^{-1}$ 时，在不考虑黏性效应的数值模拟结果中，材料抗拉强度的应变率增强效应没有出现，也就是说惯性作用不能解释混凝土抗拉强度的应变率增强效应。

高应变率下混凝土抗拉强度的应变率敏感性可以通过裂纹演化机制来解释。在准静态加载情况下，裂纹沿着最弱的骨料-水泥砂浆界面扩展；而在动态冲击情况下，其内部微裂纹来不及扩展或者扩展不充分，裂纹则穿过粗骨料颗粒来扩展，使混凝土内部骨料被拉断，应变率越大，粗骨料拉断的越多，因此强度提高得也越多。因此高速加载下，混凝土强度提高。

张磊等[53]进行了混凝土材料层裂强度的试验，当入射子弹初速度为 6m/s 时，断口形状特征是粗骨料没有被拉断，而是从基体中脱落，断面不平直；当速度为 8m/s 及以上时，粗骨料被拉断，断口平直。这也反映了混凝土在受拉破坏时，微裂纹的产生和发展过程对抗拉强度的提高有很大关系。

综上所述，目前比较一致的观点是：对于混凝土动态受压加载，当 $\dot{\varepsilon} < 10\mathrm{s}^{-1}$ 时，应变率敏感性源于黏性效应；当 $\dot{\varepsilon} \geqslant 10\mathrm{s}^{-1}$ 时，应变率敏感性源于惯性作用。对于混凝土动态受拉加载，当 $\dot{\varepsilon} < 10\mathrm{s}^{-1}$ 时，应变率敏感性也是源于黏性效应；当 $\dot{\varepsilon} \geqslant 10\mathrm{s}^{-1}$ 时，应变率敏感性则是源于微裂纹演化过程的速度相关性。

1.1.6　混凝土动力增大系数

研究混凝土的动力特性，主要目的在于对其关键力学性能参数的理解。即基于试验数据的回归分析建立合理的强度、应变、弹性模量与应变率之间的关系表达式。

混凝土动力增大系数（k_{DIF}）定义为混凝土动态加载时的特征值与静态加载时对应特性值的比值。其表达式主要有两种类型：指数型和对数型。

指数型：
$$k_{\mathrm{DIF}} = \left(\dot{\varepsilon}/\dot{\varepsilon}_0\right)^n \qquad (1.2)$$

对数型：
$$k_{\mathrm{DIF}} = 1 + \lambda \lg\left(\dot{\varepsilon}/\dot{\varepsilon}_0\right) \qquad (1.3)$$

式中，$\dot{\varepsilon}$ 为当前应变率；$\dot{\varepsilon}_0$ 为准静态应变率；n、λ 分别为表征材料应变率敏感性的常数。

从上面的表达式可以看出，动力增大系数在双对数或对数坐标系中呈直线关系，意味着只有当应变率发生量级变化时，才会对动力增大系数产生影响。下面分别介绍单轴应力强度、峰值应变、弹性模量的动力增大系数的典型的表达式。

1. 应力强度

有关应变率对混凝土动态强度的影响，人们已经进行了大量的试验研究。由试验数据整理所得的率型经验公式主要有两种类型，即指数型和对数型，表达式如下：

$$\sigma_{\text{d}}/\sigma_{\text{s}} = \begin{cases} \left(\dot{\varepsilon}/\dot{\varepsilon}_{\text{s}}\right)^{n} \\ 1+\lambda\lg\left(\dot{\varepsilon}/\dot{\varepsilon}_{\text{s}}\right) \end{cases} \tag{1.4}$$

式中，σ_{d}、σ_{s} 分别为混凝土在动力加载和静力加载条件下的强度；$\dot{\varepsilon}$、$\dot{\varepsilon}_{\text{s}}$ 分别为动力加载和静力加载条件下的材料应变率；n、λ 是表征材料应变率敏感性的常数。

欧洲国际混凝土委员会（CEB）[54]给出的单轴动态抗压强度采用形式为

$$\frac{f_{\text{cd}}}{f_{\text{c}}} = \begin{cases} \left(\dfrac{\dot{\varepsilon}_{\text{c}}}{\dot{\varepsilon}_{\text{c0}}}\right)^{1.026a} & \dot{\varepsilon}_{\text{c}} \leqslant 30\text{s}^{-1} \\ \gamma\dot{\varepsilon}_{\text{c}}^{1/3} & \dot{\varepsilon}_{\text{c}}>30\text{s}^{-1} \end{cases} \tag{1.5}$$

$$a = \left(5+0.75f_{\text{cu}}\right)^{-1} \tag{1.6}$$

$$\lg\gamma = 6.156a - 0.492 \tag{1.7}$$

式中，f_{cd}、f_{c} 分别表示动态和准静态混凝土棱柱体抗压强度；f_{cu} 表示准静态混凝土立方体抗压强度；$\dot{\varepsilon}_{\text{c}}$、$\dot{\varepsilon}_{\text{c0}}$ 分别表示混凝土当前受压应变率和准静态受压应变率，$\dot{\varepsilon}_{\text{c0}} = 3.0\times10^{-5}\text{s}^{-1}$；$a$ 和 γ 为表征材料抗压变率敏感性的常数。

欧洲国际混凝土委员会（CEB）[54]给出的单轴动态抗拉强度的表达式为

$$\frac{f_{\text{td}}}{f_{\text{t}}} = \begin{cases} \left(\dfrac{\dot{\varepsilon}_{\text{t}}}{\dot{\varepsilon}_{\text{t0}}}\right)^{1.016\delta} & \dot{\varepsilon}_{\text{t}} \leqslant 30\text{s}^{-1} \\ \eta\dot{\varepsilon}_{\text{t}}^{1/3} & \dot{\varepsilon}_{\text{t}}>30\text{s}^{-1} \end{cases} \tag{1.8}$$

$$\lg\eta = 6.933\delta - 0.492 \tag{1.9}$$

$$\delta = \frac{1}{10+f_{\text{cu}}/2} \tag{1.10}$$

式中，f_{td}、f_{t} 分别表示动态和准静态混凝土棱柱体抗拉强度；$\dot{\varepsilon}_{\text{t}}$、$\dot{\varepsilon}_{\text{t0}}$ 分别表示混凝土当前受拉应变率和准静态受拉应变率，$\dot{\varepsilon}_{\text{t0}} = 3.0\times10^{-6}\text{s}^{-1}$；$\eta$ 和 δ 为表征材料抗拉应变率敏感性的常数。

闫东明[40]提出 C20 混凝土的单轴动态抗压强度经验公式为

$$\frac{f_{\text{cd}}}{f_{\text{c}}} = 1+0.071\,4\lg\left(\frac{\dot{\varepsilon}_{\text{c}}}{\dot{\varepsilon}_{\text{c0}}}\right) \tag{1.11}$$

式中，$\dot{\varepsilon}_{\text{c0}} = 1.0\times10^{-5}\text{s}^{-1}$。

Soroushian 等[43]提出的混凝土单轴动态抗压强度表达式为

$$\frac{f_{cd}}{f_c} = 1.48 + 0.16 \lg \dot{\varepsilon} + 0.0127 (\lg \dot{\varepsilon})^2 \tag{1.12}$$

Gebbeken 等[55]基于混凝土试件的高速冲击试验结果，提出了一个双曲函数形式的动力增长因子表达式，即

$$\frac{\sigma_{c,d}}{\sigma_{c,s}} = \left[\left(\tanh \left\{ \left[\lg \left(\frac{\dot{\varepsilon}}{\dot{\varepsilon}_{c,s}} \right) - 2 \right] \times 0.4 \right\} \right) \cdot \left(\frac{F_m}{W_y} - 1 \right) + 1 \right] W_y \tag{1.13}$$

式中，$\sigma_{c,d}$ 为动态抗压强度；$\sigma_{c,s}$ 为与 $\dot{\varepsilon}_{c,s}$ 对应的抗压强度；$\dot{\varepsilon}_{c,s}$ 为参考受压应变率，取 $10 s^{-1}$；F_m 为增强参数极限；W_y 为几何参数，为 $1.83 \sim 2.20$。

Malvar 等[56]基于大量的试验结果，修正了 CEB 的抗拉强度动力增长因子经验公式，给出了改进的混凝土动力增长因子表达式为

$$\frac{\sigma_{t,d}}{\sigma_{t,s}} = \begin{cases} (\dot{\varepsilon}/\dot{\varepsilon}_{t,s})^\delta, & \dot{\varepsilon} \leqslant 1 s^{-1} \\ \beta \dot{\varepsilon}^{1/3}, & \dot{\varepsilon} > 1 s^{-1} \end{cases} \tag{1.14}$$

式中，$\sigma_{t,d}$ 为动态抗拉强度；$\sigma_{t,s}$ 为与 $\dot{\varepsilon}_{t,s}$ 对应的抗拉强度；$\dot{\varepsilon}$ 为动态加载条件下的应变率，其使用范围为 $10^{-6} \sim 160 s^{-1}$；$\dot{\varepsilon}_{t,s}$ 为参考受拉应变率，取 $10^{-6} s^{-1}$；$\beta = 10^{6\delta-2}$，$\delta = 1/(1 + 8 f_{c,u}/f_{co})$，$f_{co} = 10 MPa$。

Tedesco 等[57]通过试验研究给出了动态抗压、抗拉强度随应变率变化的表达式为

$$\begin{cases} \sigma_{c,d}/\sigma_{c,s} = 0.009\,651 \lg \dot{\varepsilon} + 1.058 \geqslant 1.0 & \dot{\varepsilon} \leqslant 63.1 s^{-1} \\ \sigma_{c,d}/\sigma_{c,s} = 0.758 1 \lg \dot{\varepsilon} - 0.289 \leqslant 2.5 & \dot{\varepsilon} > 63.1 s^{-1} \end{cases} \tag{1.15}$$

$$\begin{cases} \sigma_{t,d}/\sigma_{t,s} = 0.142\,51 \lg \dot{\varepsilon} + 1.833 \geqslant 1.0 & \dot{\varepsilon} \leqslant 2.32 s^{-1} \\ \sigma_{t,d}/\sigma_{t,s} = 2.9291 \lg \dot{\varepsilon} + 0.814 \leqslant 6.0 & \dot{\varepsilon} > 2.32 s^{-1} \end{cases} \tag{1.16}$$

式中，$\sigma_{c,s}$、$\sigma_{t,s}$ 分别为与参考应变率 $\dot{\varepsilon}_s = 1.0 \times 10^{-7} s^{-1}$ 相对应的抗压强度和抗拉强度。

2. 峰值应变（峰值应力处的应变）

与动态峰值抗压强度对应的应变称为临界应变。Bischoff 等[58]的文献中指出动态临界应变与静态临界应变的比值在 70%～140%范围内变动。由此可见，动态加载条件下的临界应变值并不一致，"冲击脆化"和"冲击韧性"的现象均可在试验中发现。这一现象不仅与材料内部微裂纹的损伤演化进程有关，也与材料的抗压强度、骨料粒径、外部环境等试验条件有关。

欧洲国际混凝土委员会（CEB）[54]给出的动态受压峰值应变 ε_{cfd} 和准静态受压峰值应变 ε_{cf} 的关系为

$$\varepsilon_{\text{cfd}} \big/ \varepsilon_{\text{cf}} = \left(\dot{\varepsilon}_{\text{c}} / \dot{\varepsilon}_{\text{c0}}\right)^{0.02} \tag{1.17}$$

式中，$\dot{\varepsilon}_{\text{c0}} = 3.0 \times 10^{-5}\,\text{s}^{-1}$。

董毓利等[59]通过对试验结果进行回归给出了临界应变在动、静加载条件下的变化关系式为

$$\varepsilon_{\text{c,d}} / \varepsilon_{\text{c,s}} = 0.134(\lg \dot{\varepsilon})^2 + 0.135 \lg \dot{\varepsilon} + 1.396 \tag{1.18}$$

这与 White[60] 和 Tedesco 等[57]所给出的经验公式类似。

3. 动态杨氏模量

通常认为，应变率对初始切线模量并无明显影响，但加载过程中的割线模量则随应变率的增加而增加。这一现象主要是黏性效应的体现，同时也与材料内部微裂缝的损伤演化有关。

CEB 给出的动态受压弹性模量 E_{cd} 和准静态受压弹性模量 E_{c} 的关系的经验表达式如下：

$$E_{\text{cd}} / E_{\text{c}} = \left(\dot{\varepsilon}_{\text{c}} / \dot{\varepsilon}_{\text{c0}}\right)^{0.026} \tag{1.19}$$

式中，$\dot{\varepsilon}_{\text{c0}} = 3.0 \times 10^{-5}\,\text{s}^{-1}$。

动态受拉弹性模量 E_{td} 与准静态受拉弹性模量 E_{t} 的关系为

$$E_{\text{td}} / E_{\text{t}} = \left(\dot{\varepsilon}_{\text{t}} / \dot{\varepsilon}_{\text{t0}}\right)^{0.016} \tag{1.20}$$

式中，取 $\dot{\varepsilon}_{\text{t0}} = 3.0 \times 10^{-6}\,\text{s}^{-1}$。

闫东明[40]采用如下经验公式表示 C20 混凝土动态受拉弹性模量 E_{td} 与静态受拉弹性模量 E_{t} 的关系

$$E_{\text{td}} / E_{\text{t}} = 1.0 + 0.023 \lg \left(\dot{\varepsilon}_{\text{t}} / \dot{\varepsilon}_{\text{t0}}\right) \tag{1.21}$$

式中，$\dot{\varepsilon}_{\text{t0}} = 1.0 \times 10^{-5}\,\text{s}^{-1}$。

尚仁杰[9]对试验结果进行回归给出了如下经验公式

$$E_{\text{d}} \big/ E_{\text{s}} = A + B \lg (\dot{\varepsilon} / \dot{\varepsilon}_{\text{s}}) \tag{1.22}$$

式中，E_{d} 为动态弹性模量；E_{s} 为参考弹性模量；A、B 为材料常数，对混凝土材料，$A = 1.0$，$B = 0.0939$。

Lu 等[61]通过考虑损伤演化和应变率效应，提出了在此双影响基础上的动态弹性模量表达式，即

$$E_{\mathrm{d}} = \exp\left(a\sqrt[3]{\dot{\varepsilon}} + b\sqrt[3]{\dot{\varepsilon}^2}\right) \cdot E \cdot (1 - D) \tag{1.23}$$

式中，E 为无损材料在静态加载条件下的弹性模量；D 为损伤变量；a、b 分别为材料参数，其中 $a = -0.085\,02$，$b = 0.014\,41$。

1.1.7　混凝土动态本构模型

混凝土材料作为一种由多相介质构成的复合材料，其本构关系具有高度的复杂性。学者们在大量理论与试验研究的基础上，提出了各种不同的本构模型，主要可概括为 7 个类别：①经验型率相关本构模型；②基于准静态本构模型的修正；③基于黏弹性理论的本构模型；④基于黏塑性理论的本构模型；⑤基于损伤理论的本构模型；⑥基于塑性和损伤耦合的本构模型；⑦基于断裂理论的本构模型。

1.　经验型率相关本构模型

一般的经验型应力-应变关系可表示为

$$\sigma^* = f\left(\varepsilon^*\right) \tag{1.24}$$

式中，$\sigma^* = \sigma/\sigma_{\mathrm{s}}$，$\varepsilon^* = \varepsilon/\varepsilon_{\mathrm{fs}}$，$\sigma_{\mathrm{s}}$、$\varepsilon_{\mathrm{fs}}$ 分别是准静态下的应力强度和峰值应变。

若把准静态下的应力强度和峰值应变用动态下的相应值代替，可得到一些适用于工程应用的率型应力应变关系。这种本构关系在单轴情况下的可行性已经被研究者证实，比如 Wakabayashi 等[62]和 Zhang 等[63]在研究中发现，混凝土单轴名义受压应力-应变曲线形状与应变率无关，但是在多轴情况下其相关性还有待证明。

Holmqusit 等[64]基于等效思想，用一维等效应力代替三维方向上应力所产生的响应效果，由此提出了 HJC 强度模型。其表达式为

$$\sigma^* = \left[A(1-D) + Bp^{*N}\right]\left[1 + C\ln\dot{\varepsilon}^*\right] \tag{1.25}$$

式中，σ^* 为特征化等效应力，$\sigma^* = \sigma/\sigma_{\mathrm{c,s}}$，其中，$\sigma$ 是实际等效应力，$\sigma_{\mathrm{c,s}}$ 为准静态单轴抗压强度；p^* 为特征化压力，$p^* = p/\sigma_{\mathrm{c,s}}$，其中 p 为单元内的静水压力；$\dot{\varepsilon}^*$ 为特征化应变率，$\dot{\varepsilon}^* = \dot{\varepsilon}/\dot{\varepsilon}_0$，其中，$\dot{\varepsilon}$ 为响应应变率，$\dot{\varepsilon}_0$ 为参考应变率，$\dot{\varepsilon}_0 = 1.0\mathrm{s}^{-1}$；$D$ 是损伤变量；A，B，C，N 为参数。

2.　基于准静态本构模型的修正

混凝土的动态本构模型通常是借鉴其静态本构模型，并对其进行改进、修正引入材料的应变率效应从而得出其动态本构模型。

陈书宇等[65, 66]基于混凝土的 Ottosen 四参数屈服准则，引入损伤变量 D，静水压力 p 并考虑材料的应变率效应，提出了混凝土材料的黏塑性本构模型，其表达式为

$$f(I_1, J_2, \cos 3\theta) = a\frac{J_2}{\sigma_d^2} + \lambda\frac{\sqrt{J_2}}{\sigma_d} + b\frac{I_1}{\sigma_d} - f_1(p, D, \dot{\varepsilon}) \tag{1.26}$$

$$\lambda = \begin{cases} k_1\cos\left[\dfrac{\arccos(k_2\cos 3\theta)}{3}\right] & \cos 3\theta \geqslant 0 \\[4mm] k_1\cos\left[\dfrac{\pi}{3} - \dfrac{\arccos(-k_2\cos 3\theta)}{3}\right] & \cos 3\theta > 0 \end{cases} \tag{1.27}$$

$$\theta = \frac{1}{3}\arccos\left(3\sqrt{3}\frac{J_3}{2}J_2^{2/3}\right) \tag{1.28}$$

$$f_1(p, D, \dot{\varepsilon}) = \left(1 - D + B\frac{p}{\sigma_s}\right)\left[1 + \ln\left(1 + \frac{\dot{\varepsilon}_{eq}}{\dot{\varepsilon}_s}\right)\right] \tag{1.29}$$

式中，I_1 为应力张量第一不变量；J_2、J_3 分别为偏应力张量第二不变量、偏应力张量第三不变量；a、b 为材料常数；k_1、k_2 分别为混凝土试件的尺寸函数和形状函数；σ_d 为混凝土动态抗压强度；$\dot{\varepsilon}_s$ 为参考应变率；$\dot{\varepsilon}_{eq}$ 为等效应变率。

3. 基于黏弹性理论的本构模型

ZWT 模型是较为经典的动态本构模型，它由唐志平等[67, 68]所提出。该模型由一个与时间无关的非线性弹簧和两个与时间有关的 Maxwell 体并联组成，其模型如图 1.5 所示。

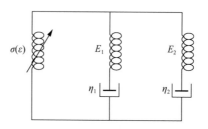

图 1.5　ZWT 模型[67, 68]

ZWT 模型表达式为

$$\sigma = \sigma(\varepsilon) + E_1\int_0^t \dot{\varepsilon}\exp\left(-\frac{t-\tau}{\theta_1}\right)d\tau + E_2\int_0^t \dot{\varepsilon}\exp\left(-\frac{t-\tau}{\theta_2}\right)d\tau \tag{1.30}$$

$$\sigma(\varepsilon) = E_0\varepsilon + a\varepsilon^2 + b\varepsilon^3 \tag{1.31}$$

式中，E_1、E_2 为与 Maxwell 单元对应的弹性常数；θ_1、θ_2 为与之对应的松弛时间；$\sigma(\varepsilon)$ 为与时间无关的非线性瞬态响应。

刘文彦[69]和王礼立等[70]通过对 ZWT 模型进行修正给出了新的混凝土动态本构模型，其表达式为

$$\sigma = \sigma_i + KA(\varepsilon, \varepsilon_s) \qquad (1.32)$$

式中，σ_i 为 ZWT 模型的应力表达式；K 为开关函数，有

$$K = \begin{cases} 0, & \text{加载} \\ 1, & \text{卸载} \end{cases} \qquad (1.33)$$

函数 $A(\varepsilon, \varepsilon_s)$ 满足如下关系：

$$A(0, \varepsilon_s) < 0, \quad A(\varepsilon, \varepsilon_s) \leqslant 0, \quad A(\varepsilon_s, \varepsilon_s) = 0 \qquad (1.34)$$

其中，ε_s 为卸载发生时的初始应变值；式（1.34）中第一式是为了使 $\sigma(\varepsilon_t, t) = 0$ 时，$\varepsilon_t > 0$，这样 ε_t 即成为整个加载过程中的残余应变，通过上述修正，具有黏弹性特性的 ZWT 模型即演变成了黏弹塑性模型。

4. 基于黏塑性理论的本构模型

1）黏塑性统一本构理论

统一的含义是用一套方程组来表示材料的所有变形，如弹性变形、蠕变、应力松弛、Baushinger 效应、率相关效应等。统一本构模型通过引入具有演变能力的内变量来反映材料热力学历史对材料变形的影响。可以认为是一种微观结构变化影响宏观变化的模型，是一种无屈服面理论。它用一套耦合的内变量演化方程来描述材料内部结构及非弹性应变的演化，从而反映了应力历史的影响，记载了加载的历史效应。该体系由三类方程组成：一个是本构方程，第二个是非弹性应变率方程，第三个是运动方程和等向硬化内变量演化方程。一般以背应力和拉应力的演化来模拟各向同性硬化和运动硬化，但是演化方程由试验结果推出。

冯明珲[71]研究了黏塑性统一本构理论，并且通过在背应力的演化方程中加入动力恢复项改善了循环曲线过方的现象，完善了该理论。刘长春[72]继续深入研究了黏塑性统一本构理论，并把这个理论用在混凝土的模拟上，取得了很好的效果。

2）弹黏塑性理论模型（过应力理论）

过应力是材料在动态荷载作用下所引起的瞬时应力与对应于同一应变的静态应力之差。过应力理论主要假设塑性应变率只是过应力的函数，与应变大小无关[73]。过应力模型主要有两种，分别是 Perzyna 模型[74, 75]和 Duvant-Lions 模型[76]。其中 Perzyna 模型的表达式比较灵活，而 Duvant-Lions 模型是线性过应力模型。两者都可以用来表达材料的应变率效应，也可用来获得比较好的有限元算法收敛性和网格客观性。其中前者更适合描述材料的应变率效应，而后者因为是线性过应力的

形式，表达应变率效应的效果不太好，更适合为了满足算法要求而引入。

Perzyna 过应力模型中，总应变率 $\dot{\varepsilon}_{ij}$ 可分解为弹性应变率 $\dot{\varepsilon}_{ij}^{\mathrm{e}}$ 和黏塑性应变率 $\dot{\varepsilon}_{ij}^{\mathrm{vp}}$ 两部分，即

$$\dot{\varepsilon}_{ij} = \dot{\varepsilon}_{ij}^{\mathrm{e}} + \dot{\varepsilon}_{ij}^{\mathrm{vp}} \tag{1.35}$$

由胡克定律得

$$\dot{\sigma}_{ij} = D_{ijkl}^{\mathrm{e}} \left(\dot{\varepsilon}_{kl} - \dot{\varepsilon}_{kl}^{\mathrm{vp}} \right) \tag{1.36}$$

式中，$\dot{\sigma}_{ij}$ 为总应力比；$\dot{\varepsilon}_{kl}$ 为应变率张量；$\dot{\varepsilon}_{kl}^{\mathrm{vp}}$ 为黏塑性应变率张量；D_{ijkl}^{e} 为材料的刚度张量，黏塑性应变率为

$$\dot{\varepsilon}_{ij}^{\mathrm{vp}} = \gamma \left\langle \varPhi(F) \right\rangle \frac{\partial g}{\partial \sigma_{ij}} \tag{1.37}$$

式中，σ_{ij} 为有效应力状态；g 为塑性势函数，在经典相关性塑性流动法则中，$g = f$，f 为屈服函数；γ 是流动参数，可以由不同应变率下的三维混凝土试验确定；$\varPhi(F)$ 是一个正的单调增函数，它根据材料试验资料确定，为了保证屈服面内不引起塑性流动，有

$$\left\langle \varPhi(F) \right\rangle = \begin{cases} 0 & F \leqslant F_y \\ \varPhi(F) & F > F_y \end{cases} \tag{1.38}$$

目前 $\varPhi(F)$ 最常用的形式有

$$\varPhi(F) = \exp\left[M\left(\frac{f - f_0}{f_0} \right) \right] - 1 \tag{1.39}$$

和

$$\varPhi(F) = \left[\left(\frac{f - f_0}{f_0} \right) \right]^{N} \tag{1.40}$$

式中，F_y 为屈服强度；M、N 分别为材料常数；f_0 是正的参考值，作用是使表达式无量纲化。

另外还需要有屈服法则。屈服函数主要有以下几类，分别如下所述。

单参数屈服函数：von Mises 屈服函数和 Tresca 屈服函数。

双参数屈服函数：Drucker-Prager 和 Mohr-Coulomb 屈服函数，Drucker-Prager 屈服函数不但考虑了静水压力对屈服特征的影响，还反映了剪切引起的剪胀特性，在混凝土黏塑性特性分析中应用广泛。

多参数屈服函数：Ottosen 四参数屈服函数、Hsith-Ting-Chen 四参数屈服函数、Willam-Warnke 五参数屈服函数、过-王五参数屈服函数。研究者可以根据需要选用合适的屈服函数。

Duvant-Lions 模型的黏性应变率可以表达为

$$\dot{\varepsilon}_{ij}^{vp} = \frac{1}{\eta} C_{ijkl} \left(\sigma_{kl} - \bar{\sigma}_{kl} \right) \tag{1.41}$$

式中，C_{ijkl} 为材料的柔度张量；η 为黏性系数；$\bar{\sigma}_{kl}$ 为背应力。

这两个模型为了产生黏塑性应变，允许应力状态偏离屈服面，不满足一致性条件。许多学者基于这两个模型中的一个，建立了适用于解决特定问题的本构模型。

Pandey 等[77]基于 Perzyna 理论，考虑混凝土受拉硬化和混凝土开裂后的剪力传递，建立了混凝土率相关模型。将该模型添加到 DYNAIB 有限元软件中，分析了波音 707-320 飞机冲击钢筋混凝土核反应堆壳时的动态响应问题，并得到较好结果。

吴红晓等[78]为了研究钢筋混凝土板的动力性能，建立了基于 Perzyna 理论的混凝土过应力黏塑性模型，模拟结果良好。

方秦及其团队[79-81]在弹黏塑性理论的框架下建立了混凝土率型本构模型，并对爆炸荷载作用下钢筋混凝土结构的动态响应进行了数值分析。

Farag 等[82]基于 Perzyna 理论建立了混凝土黏塑性本构模型，考虑混凝土受压的应变率敏感性和混凝土受拉刚化效应及剪力传递，分析了动态荷载下钢筋混凝土结构的响应。

Bićanić 等[83]在 Perzyna 黏塑性模型的基础上，提出了考虑加载率和加载历史的混凝土本构模型。其中，加载率体现在流动参数里，加载历史主要针对循环加载，用黏塑性能量密度来记录加载历史。采用单轴率相关试验来标定参数，选用 Mohr-Coulomb 面作为加载面，并采用关联性流动法则。

Georgin 等[84]采用 Duvant-Lions 黏塑性规则化理论建立了混凝土黏塑性本构模型，采用率相关理论主要为了考虑计算时的网格应变率敏感性问题，而不是考虑材料的率相关性。

Cela[85]采用 Duvant-Lions 黏塑性规则化理论建立了黏塑性 Drucker-Prager 模型，目的是解决初始值问题和网格敏感性问题，该模型的计算结果不是特别准确，但是效率很高。

Nard 等[86]则采用 Perzyna 黏塑性理论建立混凝土弹-黏塑性模型，并且认为在冲击荷载下，抗压强度的提高主要源于惯性约束作用而非黏性作用，因此若仅考虑材料强度增加的话，则不用在本构中引入黏性；而为了考虑软化段的计算和数值收敛性问题，才需引入黏性。

3）一致黏塑性理论模型

Wang[87]提出的一致黏塑性模型是经典弹塑性方法的扩展，用于解释应变率敏感效应的影响，模型中黏塑性应变率定义为

$$\dot{\varepsilon}_{ij}^{vp} = \dot{\lambda} m_{ij} \tag{1.42}$$

由相关联流动法则

$$m_{ij} = \frac{\partial f}{\partial \sigma_{ij}} \tag{1.43}$$

在黏塑性流动过程中所产生的真实应力状态始终保持在屈服面上，定义屈服函数

$$f\left(\sigma_{ij}, \kappa, \dot{\kappa}\right) = 0 \tag{1.44}$$

式中，κ 为内变量；$\dot{\kappa}$ 为内变量变化率。

黏塑性流动因子 $\dot{\lambda}$ 可利用一致性方程得到

$$\dot{f}\left(\sigma_{ij}, \kappa, \dot{\kappa}\right) = \frac{\partial f}{\partial \sigma_{ij}} \dot{\sigma}_{ij} + \frac{\partial f}{\partial \kappa} \dot{\kappa} + \frac{\partial f}{\partial \dot{\kappa}} \ddot{\kappa} = 0 \tag{1.45}$$

Winnicki 等[88]基于一致黏塑性理论，利用各向同性的 Hoffman 屈服方程，考虑拉压的硬化和软化行为，提出了混凝土黏塑性模型，并用来计算材料和结构的动态反应。

肖诗云等[89, 90]基于一致黏塑性理论，结合所做的混凝土单轴抗拉、抗压动态试验，提出了 Drucker-Prager 一致率型本构模型和 Willam-Warnke 一致率型本构模型，并用提出的模型分析了混凝土拱坝动力响应，初步探讨了应变率对拱坝地震反应的影响。

5. 基于损伤理论的本构模型

与混凝土的静力损伤本构模型相比，考虑应变率敏感性的混凝土动力损伤本构模型研究尚且较少，下面详细介绍一下损伤本构模型的构成及动态损伤本构模型的发展进程。

1）损伤本构关系

基于 Lemaitre 等[91]提出的应变等效假设，损伤材料的应力可以表示为无损条件下的材料应力与损伤变量之间的函数关系，由此，可得到材料的本构方程表达式为

$$\sigma = \left(1 - D\right)\sigma_i \tag{1.46}$$

式中，σ、σ_i 分别为名义应力和有效应力；D 为损伤变量。

2）损伤变量的定义

基于连续介质力学理论，在固体材料中通过考虑其具有代表性的体元受到破损而引起的宏观力学性能参数变化来定义损伤，其表达式为

$$D = 1 - \frac{\Phi}{\Phi_0} \tag{1.47}$$

式中，Φ 为当前的力学性能参数；Φ_0 为初始力学性能参数，可以用来代表材料的弹性模量、应力强度、质量密度和材料内部面积分数比等。

当 $D=0$ 时，表示材料未受任何损伤；当 $D=1$ 时表示材料已无承载能力。

李兆霞等[92]通过分析给出了考虑材料内部微裂纹的损伤变量表达式，即

$$D = \frac{1}{h} \left(1 - \frac{\Phi}{\Phi_0} \right) \tag{1.48}$$

式中，h 为裂纹影响系数，在 0～1 范围内取值。

3）损伤演化方程

自 1985 年 Suaris 等[93]首次提出能够反映材料率相关效应的损伤本构模型以来，学者们对混凝土动态损伤本构模型进行了大量的试验研究和理论分析，例如：Bui 等[94]将断裂与损伤相结合，初步提出了动态损伤断裂本构模型；Burlion 等[95]利用霍普金森杆对混凝土进行拉压试验，并根据试验结果进行分析提出了考虑率效应的混凝土单轴动力损伤本构模型；Sukontasukkul 等[96]通过对混凝土进行冲击试验，研究了加载速率对混凝土承受峰值荷载作用时的损伤影响。下面就几种典型的混凝土动态损伤本构模型加以介绍。

Cervera 等[97]对 Faria 等[98,99]的损伤模型进行了率相关推广，给出了考虑率效应的损伤乘子表达式，并将其应用于混凝土大坝的动力分析中，该模型将损伤演化方程改为

$$\dot{r}^{\pm} = \vartheta^{\pm} \phi^{\pm} \left(\tau^{\pm} - r^{\pm} \right) \geqslant 0 \tag{1.49}$$

$$\dot{d}^{\pm} = g^{\pm}(r^{\pm}) \geqslant 0 \tag{1.50}$$

式中，$r^{\pm}$ 为考虑率效应的损伤驱动力；$g^{\pm}(r^{\pm})$ 为静力损伤演化函数，表达式为

$$g^{\pm}(\tau^{+}) = 1 - \frac{\tau_0^{+}}{\tau^{+}} \exp\left[B^{+} \left(1 - \frac{\tau^{+}}{\tau_0^{+}} \right) \right] \tag{1.51}$$

$$g^{-}(\tau^{-}) = 1 - \frac{\tau_0^{-}(1 - A^{-})}{\tau^{-}} - \frac{A^{-}}{\exp\left[B^{-} \left(\tau^{-} - \tau_0^{-} \right) \right]} \tag{1.52}$$

式中，A^{-}、B^{+}、B^{-} 分别为材料常数；τ^{+}、τ^{-} 分别为初始等效拉、压应力。

损伤动力演化函数和动力损伤演化参数的表达式为

$$\phi^{\pm}\left(\tau^{\pm}-r^{\pm}\right)=r_0^{\pm}\left\{\frac{\left\langle\tau^{\pm}-r^{\pm}\right\rangle}{r^{\pm}}\right\}^{a^{\pm}} \tag{1.53}$$

$$\vartheta^{\pm}=\overline{\vartheta}^{\pm}\left(\frac{1}{l_{\text{ch}}}-\overline{H}^{\pm}\right) \tag{1.54}$$

式中，$a^{\pm}$ 为材料常数；$r_0^{\pm}$ 是初始损伤阈值；$\overline{\vartheta}^{\pm}$、$\overline{H}^{\pm}$ 是材料参数；l_{ch} 为特征长度。

李庆斌等[100]基于几何方法建立了考虑材料应变率效应的单轴损伤演化本构方程，该模型考虑了应变率引起的峰值应力、峰值应变及弹性模量的变化，其表达式为

$$\sigma=\begin{cases}K_E\left(\dot{\varepsilon}\right)E_0\varepsilon & \varepsilon\leqslant\varepsilon_{\text{d0}} \\ K_E\left(\dot{\varepsilon}\right)E_0\varepsilon\left[1+b\left(\varepsilon-\varepsilon_{\text{d0}}\right)\right]\times\left\{1-D_s\left[\varepsilon/K_\varepsilon\left(\dot{\varepsilon}\right)\right]\right\} & \varepsilon>\varepsilon_{\text{d0}}\end{cases} \tag{1.55}$$

式中，参数 b 满足

$$b=\frac{K_\sigma\left(\dot{\varepsilon}\right)-K_E\left(\dot{\varepsilon}\right)K_\varepsilon\left(\dot{\varepsilon}\right)}{K_\varepsilon\left(\dot{\varepsilon}\right)\left(\varepsilon_{\text{du}}-\varepsilon_{\text{d0}}\right)} \tag{1.56}$$

式中，$K_E\left(\dot{\varepsilon}\right)$、$K_\varepsilon\left(\dot{\varepsilon}\right)$、$K_\sigma\left(\dot{\varepsilon}\right)$ 分别为弹性模量、峰值应变和峰值应力的动力提高系数；ε_{d0} 为动力加载损伤阈值应变；ε_{du} 为动力加载时峰值应变；$D_s\left[\varepsilon/K_\varepsilon\left(\dot{\varepsilon}\right)\right]$ 为动力单轴损伤演化函数。

邓宗才[101]根据试验结果，提出了单轴加载条件下的静、动损伤本构模型；杜荣强等[102]总结了混凝土动力损伤本构模型研究的相关理论；胡时胜等[103]试验研究了混凝土的冲击压缩试验，利用"损伤冻结"法研究了混凝土的损伤演化过程，并提出了混凝土的损伤演化模型，建立了混凝土损伤黏弹性本构模型；吴建营等[104,105]在混凝土静力弹塑性损伤本构模型的基础上，提出了基于能量的动力弹塑性损伤本构模型；肖诗云等[106]通过单轴动力加载试验，分析了混凝土单轴抗拉损伤特性。

6. 基于塑性和损伤耦合的本构模型

混凝土非线性行为主要是由损伤演化（材料内部微裂纹和微孔洞等缺陷的演化发展）和塑性流动来控制的。内部拉伸应力作用下，混凝土表现出一种脆性特性，其损伤演化的标志就是微裂纹的开裂发展。压缩荷载作用下，混凝土表现出一种延性特性，其损伤演化标志是微孔洞的塌陷。微裂纹损伤演化引起弹性模量的弱化，微孔洞缺陷塌陷引起塑性变形和体积模量的增加及材料的静水压力相关特性。

宁建国等[107]、刘海峰等[108]建立了一类混凝土动力本构模型，该模型不区分拉伸损伤和压缩损伤，而是把损伤归于拉伸应力引起裂纹扩展的积累，将微孔洞塌陷引起体积分数的演化和材料塑性变形相耦合，并利用修正的 Perzyna 黏塑性方程来求塑性应变，将微裂纹损伤和微孔洞缺陷的演化发展及其相互作用对混凝土材料力学性能的影响通过有效弹性模量的变化来体现。

李兆霞等[92]综合模糊裂纹和损伤，考虑混凝土的应变软化，建立了微分型黏塑性损伤本构模型。

Ragueneau 等[49]在常规的耦合塑性损伤模型的基础上，考虑静水压应变率敏感性（参考 Perzyna 理论）和孔隙率对弹性常数的影响，建立了混凝土黏塑性损伤本构模型，该模型适用于冲击速度小于 350m/s、静水压力小于 1GPa 的情况。

Cervera 等[109]根据试验结果：随着应变率的提高，微裂纹的开展将被延迟，从而导致宏观非线性行为的减弱和动态强度的增加，同时弹性模量提高但是不明显。认为损伤演化与加载速率有关。基于连续损伤力学理论，结合 Perzyna 黏塑性理论，提出了率相关的各向同性的损伤模型。

李杰等[110]从静力弹塑性损伤本构关系的基本框架出发，综合考虑塑性应变与损伤演化的应变率敏感性，建立了能够较为全面地描述混凝土在动力加载条件下非线性性能的混凝土黏塑性损伤本构模型。基于 Perzyna 理论推导了有效应力空间黏塑性力学基本公式，并将损伤静力演化方程推广到动力加载情形。

7. 基于断裂理论的本构模型

除了基于损伤力学、塑性力学理论建立混凝土率相关本构模型外，也有学者基于断裂力学理论建立混凝土动力模型。

郑丹等[111]在混凝土静力应力应变关系的基础上，考虑混凝土的断裂韧度和微裂纹应力强度因子在静动荷载下的差异，推出了动力荷载下的应力应变关系。

1.2 加载速率对钢筋性能的影响

1.2.1 钢筋的应变率效应

钢筋的应变率效应很早就被发现，Ludwik 在 1909 年首次发现金属行为受应变率的影响[112]。下文主要列出了钢筋在地震应变率范围内（$10^{-5}\mathrm{s}^{-1} \leqslant \dot{\varepsilon} \leqslant 10^{-1}\mathrm{s}^{-1}$）的力学和变形性能的研究。

Manjoine[113]调查了钢筋在单轴拉伸加载下的应变率效应。应变率范围是（$9.5×10^{-7}$）～（$3×10^{2}\ \mathrm{s}^{-1}$），加载环境是室温，研究发现随应变率的增加，屈服强度增加，强屈比降低。

Mahin 等[114]研究了循环加载下钢筋的应变率效应，研究用的应变率为

$5 \times 10^{-4} \mathrm{s}^{-1}$、$5 \times 10^{-3}\ \mathrm{s}^{-1}$ 和 $5 \times 10^{-2}\ \mathrm{s}^{-1}$。结果表明，随着应变率的提高，钢筋屈服阶段的强度提高，强化阶段的强度不变。

Chang 等[115]研究了单调和循环加载下应变率对结构钢的力学性能的影响。结果表明，单调加载时，应变率效果明显；循环加载时，应变率效果弱。应变率效应对硬化段有一定的影响，但是影响效果不明显。

Van Mier[54]研究了不同类型的钢筋在单调加载时的应变率效应，发现随着应变率的提高，屈服强度、抗拉强度和极限应变提高，弹性模量不受影响，并且还给出了不同类型的钢筋的动力增大系数（动载下的特征值与静载下的对应的特征值的比值）的表达式。

Restrepo-Posada 等[116]研究了循环加载时影响钢筋力学性能的因素。结果发现，钢筋的循环行为与钢筋的类型（光圆钢筋或者变形钢筋）无关，单调加载下，随着应变率的提高，屈服强度、极限强度和起始应变硬化的应变提高，峰值应变下降，弹性模量不受影响，钢筋强度越高，应变率的影响越小。循环加载下，应变率的大小只影响屈服阶段的强度，不影响硬化阶段的强度。

陈肇元等[117]研究了 A3、A5、16MnSi、25MnSi 四类钢材的应变率效应，发现随着应变率的增大，屈服强度增大，且静强度越低，增大的程度越小；极限强度略有提高；快速变形下极限延伸率没有变化，断口形状没有变化；上屈服强度比下屈服强度提高的大。陈肇元[118]还研究了高强钢筋在快速变形下的性能，得出的结论与普通钢筋的一样。还考虑了初始静载对钢材动力强度的影响，结果表明初始静载应力对动力强度无影响。研究均以 $\dot{\varepsilon}=3 \times 10^{-4}\mathrm{s}^{-1}$ 为准静态应变率，不同加载速率下的钢筋拉伸曲线见图 1.6。

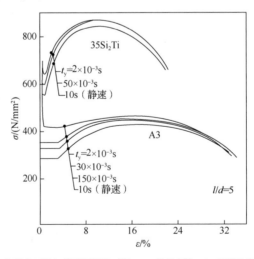

t_y—钢筋从开始加载到屈服的时间；d—钢筋直径；l—钢筋长度。

图 1.6　不同加载速率下的钢筋拉伸曲线[47]

宋军[119]进行了循环加载下低碳钢应变率效应的试验研究。研究表明，应变率提高，屈服强度提高，弹性模量不变，屈服平台变小，Baushinger 效应减弱。

林峰等[120]研究了高应变率下建筑钢筋的动态行为，并且给出了具体计算公式，将钢筋的应变率效应量化，并且将公式的适用范围推广到 $0.0003\text{s}^{-1} \leqslant \dot{\varepsilon} \leqslant 50\text{s}^{-1}$。

综上，比较一致的观点是随着应变率的提高，钢筋屈服强度单调增加，极限强度稍有增长，强屈比下降，起始应变硬化的应变单调增加，弹性模量保持不变。钢筋的静屈服强度越高，快速加载时强度提高的越小。

1.2.2 钢筋的动态本构关系

Cowper 等[121]通过钢筋的应变率试验，首次给出了钢筋在动力加载条件下的本构模型，其表达式为

$$\frac{f_{\text{dyn}}}{f_{\text{stat}}} = 1 + \left(\frac{\dot{\varepsilon}}{D}\right)^{\frac{1}{q}} \tag{1.57}$$

式中，f_{dyn}、f_{stat} 分别为钢筋的动态屈服强度和静态屈服强度；$\dot{\varepsilon}$ 为动力加载条件下的钢筋应变率；q、D 均为通过对试验结果拟合得到的参数。

Johnson 等[122]通过试验研究提出了著名的 Johnson-Cook 本构方程，它既能考虑钢筋材料的应变率效应又能反映温度对其力学特性的影响，其表达式为

$$\bar{\sigma}\left(\bar{\varepsilon}, \dot{\bar{\varepsilon}}, T\right) = \left(A + B\bar{\varepsilon}^n\right)\left[1 + C\log\left(\frac{\dot{\bar{\varepsilon}}}{\dot{\varepsilon}_0}\right)\right]\left[1 - \left(\frac{T - T_{\text{room}}}{T_{\text{ref}} - T_{\text{room}}}\right)^m\right] \tag{1.58}$$

式中，$\bar{\sigma}$、$\bar{\varepsilon}$、$\dot{\bar{\varepsilon}}$ 分别为等效拉应力、等效拉应变和等效拉应变率；$\dot{\varepsilon}_0$ 为参考应变率；A、B、n、C、m 均为材料参数；T 为绝对温度；T_{ref}、T_{room} 分别是材料融化温度和室内绝对温度。

Van Mier[54]给出了热轧钢筋、冷加工钢筋和高性能钢筋的动力特征值的对数表达式，以热轧钢筋为例，钢筋的屈服强度、抗拉强度和断裂时的极限强度随应变率的变化规律为

$$\frac{f_{\text{yd}}}{f_{\text{ys}}} = 1.0 + \left(\frac{6.0}{f_{\text{ys}}}\right)\ln\left(\frac{\dot{\varepsilon}_{\text{s}}}{\dot{\varepsilon}_{\text{s0}}}\right) \tag{1.59}$$

$$\frac{f_{\text{ud}}}{f_{\text{us}}} = 1.0 + \left(\frac{6.0}{f_{\text{us}}}\right)\ln\left(\frac{\dot{\varepsilon}_{\text{s}}}{\dot{\varepsilon}_{\text{s0}}}\right) \tag{1.60}$$

$$\frac{f_{nd}}{f_{ns}} = 1.0 + \left(\frac{1.5}{f_{ns}}\right)\ln\left(\frac{\dot{\varepsilon}_s}{\dot{\varepsilon}_{s0}}\right) \tag{1.61}$$

式中，$\dot{\varepsilon}_s$ 为当前的应变率；$\dot{\varepsilon}_{s0}$ 为准静态应变率，这里取 $\dot{\varepsilon}_{s0} = 5.0 \times 10^{-5} \text{s}^{-1}$；$f_{ys}$、$f_{yd}$ 分别为静态和动态屈服强度；f_{us}、f_{ud} 分别为静态和动态抗拉强度；f_{ns}、f_{nd} 分别为静态和动态断裂时的极限强度。该表达式是根据屈服强度为 420MPa 的钢筋的试验结果得到的，在 $\dot{\varepsilon} < 10\text{s}^{-1}$ 的范围内有效。

Soroushian 等[123]总结了大量的试验结果，提出了钢筋的动态本构关系为

$$\sigma = \begin{cases} E_s\varepsilon & \varepsilon \leqslant f_{yd}/E_s \\ f_{yd} + E_{hd}\left(\varepsilon - f_{yd}/E_s\right) & f_{yd}/E_s < \varepsilon < \varepsilon_{ud} \\ 0 & \varepsilon \geqslant \varepsilon_{ud} \end{cases} \tag{1.62}$$

$$f_{yd} = f_{ys}\left[-4.51\times10^{-7}f_{ys} + 1.46 + \left(-9.20\times10^{-7}f_{ys} + 0.0927\right)\lg\dot{\varepsilon}\right] \tag{1.63}$$

$$E_{hd} = E_{hs}\left[2\times10^{-5}f_{ys} + 0.077 + \left(4\times10^{-6}f_{ys} - 0.185\right)\lg\dot{\varepsilon}\right] \tag{1.64}$$

$$\varepsilon_{ud} = \varepsilon_{us}\left[-8.93\times10^{-6}f_{ys} + 1.4 + \left(-1.79\times10^{-6}f_{ys} + 0.0827\right)\lg\dot{\varepsilon}\right] \tag{1.65}$$

式中，E_s 是钢筋弹性模量；f_{ys}、f_{yd} 分别为钢筋静态和动态屈服强度；E_{hs}、E_{hd} 分别为钢筋静态和动态应变硬化模量；ε_{us}、ε_{ud} 分别为静态和动态极限应变。

Malvar 等[124]提出钢筋的指数型经验性本构关系，即

$$\frac{f_{yd}}{f_{ys}} = \left(\frac{\dot{\varepsilon}}{10^{-4}}\right)^{ay} \tag{1.66}$$

$$\frac{f_{ud}}{f_{us}} = \left(\frac{\dot{\varepsilon}}{10^{-4}}\right)^{au} \tag{1.67}$$

$$ay = 0.074 - 0.04\frac{f_{ys}}{414} \tag{1.68}$$

$$au = 0.019 - 0.009\frac{f_{ys}}{414} \tag{1.69}$$

式中，f_{ys}、f_{yd} 分别为静态和动态屈服强度；f_{us}、f_{ud} 分别为静态和动态抗拉强度；ay、au 分别为静态屈服强度和动态抗拉强度本构关系中的指数。

式（1.66）～式（1.69）对于钢筋准静态屈服强度在 290～710MPa、应变率在 10^{-4}～224s^{-1} 范围内成立。其中的屈服强度是上屈服强度，并且认为动载下上屈服强度比下屈服强度重要。

1.3　加载速率对钢筋和混凝土之间黏结性能的影响

相较于材料的应变率效应,钢筋与混凝土之间的黏结滑移性能同样受到加载速率的影响。随着加载速率的增加,混凝土立方体的抗压强度和抗拉强度均有所得提高,而钢筋与混凝土间的黏结机理又与钢筋周围混凝土的强度有密切的关系。

对于光圆钢筋,Mo 等[125]分别研究了重复荷载和循环荷载对光圆钢筋与混凝土黏结的强度和残余强度的影响。试验结果表明,与黏结强度相比,黏结残余强度的降低更为明显。

Pul[126]通过钢筋与轻骨料混凝土和钢筋与普通混凝土的黏结性能在反复荷载作用下的试验研究分析发现,与普通混凝土比较,反复荷载对轻骨料混凝土黏结性能的退化越为显著。

Verderame 等[127]通过中心拉拔试验研究了循环荷载下光圆钢筋与混凝土之间的黏结性能,并根据试验结果不仅建立了黏结应力-滑移本构关系的模型,而且揭示了循环次数对黏结性能的影响。

对于变形钢筋,最早的试验研究是由 Hansen 和 Liepins[128]于 1962 年进行的。试验表明,黏结性能参数对加载速率和冲击荷载较敏感,黏结强度随着加载速率的增大而提高,在冲击荷载作用下,黏结强度提高了 30%。Hjorth[129]得到了相同的结论。

Kwak 等[130]指出,当加载速率为 2.83mm/s 时,黏结强度增加了约 15%,黏结强度与加载速率呈线性关系。此外,Weathersby 等[131]选取相对保护层厚度为 5.0～14.9mm 的圆柱试件,通过中心拉拔试验研究高速加载下变形钢筋与混凝土间的黏结强度。结果发现,黏结强度可以达到静载时的 200%。

Solomos 等[132]通过霍普金森杆进行了中心拉拔试验,在相对保护层为钢筋直径的两倍且存在约束情况下,钢筋发生拔出破坏,当无约束情况时,发生混凝土劈裂破坏;与钢筋拔出破坏黏结试验对比,随着加载速率的提高,混凝土劈裂破坏试件黏结强度的提高愈为显著。

Vos 等[133]以 10mm 直径的光圆钢筋和变形钢筋为研究对象,混凝土强度分别取为 23MPa、45MPa 和 55MPa,利用 Hopkinson 压杆对试件进行冲击加载试验,结果发现:加载速率对以光圆钢筋为研究对象的黏结应力-滑移曲线无明显影响;而对以变形钢筋为研究对象的黏结应力-滑移曲线影响明显,黏结应力明显提高,并给出了相应的黏结本构模型为

$$\frac{\tau_{\text{dyn}}}{\tau_{\text{stat}}} = \left(\frac{\dot{\tau}_{\text{dyn}}}{\dot{\tau}_{\text{stat}}}\right)^{\frac{0.7(1-2.5\delta)}{(f_c)^{0.8}}} \tag{1.70}$$

式中，τ_{dyn} 为动力加载条件下的黏结应力；τ_{stat} 为静力加载条件下的黏结应力；$\dot{\tau}_{\text{dyn}}$ 为动力加载条件下的黏结应力变化率；$\dot{\tau}_{\text{stat}}$ 为静力加载条件下的黏结应力变化率；δ 为钢筋的相对位移；f_{c} 为混凝土受压强度。

Chung 等[134]试验研究了小比例钢筋混凝土梁柱节点在动态循环荷载下的黏结-滑移特性。结果表明，随着加载速率的提高，钢筋与混凝土之间的黏结强度提高，应变分布的梯度更大，裂缝更少，钢筋应变的局域化程度提高。

Takeda[135]全面地分析了钢筋与混凝土之间的黏结滑移性能试验数据，认为加载速率对黏结应力-滑移关系及钢筋断裂准则均有不同程度的影响，他指出在快速加载条件下钢筋变形局限于更加有限的区域内，并且应变也分布在更加狭窄的面积内，从而导致钢筋趋于脆性断裂。

Mindess[136]和 Banthia[137]通过分析认为，在快速加载条件下，黏结应力不仅仅是表面化的应力提高所能解释的物理现象，而应由钢筋与混凝土之间存在的复杂能量转化机制加以解释。

Cheng[138]试验研究了加载速率对钢筋与混凝土之间黏结滑移特性的影响，试验结果表明，加载速率对光圆钢筋与混凝土间的黏结滑移无明显影响，而对螺纹钢筋与混凝土间的黏结滑移有非常明显的影响，并给出了黏结应力-滑移曲线，如图 1.7 所示，黏结应力明显提高，而且黏结刚度也有不同程度的提升。

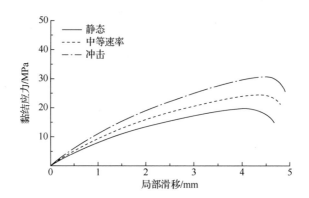

图 1.7　不同加载速率下黏结应力-滑移曲线[138]

洪小健等[139]试验研究了加载速率对锈蚀钢筋与混凝土之间黏结强度的影响，试验结果表明，随着加载速率的提高黏结强度也相应提高，且锈蚀率与加载速率对黏结强度的影响互不相关，并进一步给出了综合考虑钢筋锈蚀率、加载速率对黏结强度影响的经验公式。

1.4 加载速率对钢筋混凝土截面性能的影响

钢筋混凝土截面力学特性是构件和结构非线性分析的基础,一些学者研究了加载速率对钢筋混凝土截面性能的影响。

Soroushian 等[140]为了研究应变率对钢筋混凝土截面轴弯性能的影响,提出了钢筋混凝土截面纤维模型,该模型假设横截面被分成很多混凝土和钢筋层,每层应变、应力和应变率均为常量,不考虑层与层之间的黏结,不考虑混凝土抗拉强度,假设应变、应变率沿截面高度线性分布,混凝土模型和钢筋模型考虑应变率的相关特性,采用拟合试验结果的经验模型,计算讨论了纵向钢筋配筋率、纵向钢筋位置、约束、截面形状和材料特性对应变率效果的影响。计算结果与 Scott 等[41]试验结果相符。

Al-Haddad[141]从钢筋屈服强度、拉压钢筋比、加载率三个方面研究了钢筋混凝土截面的延性,结果表明,钢筋的屈服强度越大,截面延性越小;受压区钢筋配筋率越大,延性越大;加载率越大,截面延性越小。为了保证抗震设计中的延性,作者给出了建议的配筋率。

Ožbolt 等[142]指出,在静态加载时按弯曲破坏设计的梁在高加载速率作用下会发生剪切破坏,在静态加载时发生弯曲破坏的梁在冲击荷载作用时会发生冲剪破坏。

Ožbolt 等[143]用数值模拟的方法研究了冲击荷载作用下配有腹筋的钢筋混凝土梁的动态特性,结果表明腹筋明显改变了钢筋混凝土梁的开裂模式和剪力分布。

Otani 等[144]等对梁分别进行静力和动力试验后发现在地震作用时的应变率水平下梁的抗弯承载力较静态时提高 7%~20%,而且梁抗弯承载力随应变率增加幅度大于抗剪承载力,对于抗剪承载力与抗弯承载力之比相同的试件,长细比大的试件在静力加载下的变形能力强,而箍筋配筋率大的试件在动力加载下变形能力强。

肖诗云等[106]通过 5 种不同加载速率下混凝土单轴动力特性试验,对钢筋和混凝土的动态抗拉和抗压强度及相应情况下的损伤进行研究,总结出混凝土动态抗拉强度增加系数与应变率的关系,发现两者之间近似的有线性关系,并给出了具体公式。还得出混凝土小偏心柱的极限承载力受应变率的影响大于大偏心柱承载力受到的影响;钢筋的动态特性对大、小偏心柱的极限弯矩和极限曲率都有明显的影响;钢筋的动态特性对大、小偏心柱的极限弯矩和极限曲率都有明显的影响。

许斌等[145]提出了考虑应变率效应的钢筋混凝土剪力墙塑性损伤模型,研究剪力墙的非线性行为,得出随着应变率的增大,剪力墙塑性发展区域明显变小的结论。

肖诗云等[146]基于 ABAQUS 有限元分析软件，建立了钢筋混凝土梁计算分析模型，考虑混凝土和钢筋的材料率相关性，研究不同加载速率、不同纵筋率和不同剪跨比时钢筋混凝土剪切梁的力学性能、变形性能和损伤特性。计算结果表明：随着加载速率的增加，钢筋混凝土梁的极限强度和极限位移都增加，梁的损伤和开裂加剧，梁的破坏形式由低加载速率时的弯剪破坏变化为高加载速率时的剪切破坏；纵筋率对极限承载力的影响不大，但纵筋率提高裂缝开展会更加充分；随着剪跨比的增加，钢筋混凝土梁的极限承载能力降低，极限承载力的下降幅度会随着剪跨比的增加而减小。

1.5　加载速率对钢筋混凝土构件性能的影响

随着加载速率的提高，混凝土的抗压、抗拉强度以及钢筋的拉伸强度均得到相应提高，钢筋混凝土构件的性能势必会受到一定的影响，许多学者研究了加载速率对钢筋混凝土构件的影响。

Bertero 等[147]通过对六根钢筋混凝土梁进行静力和动力加载试验，发现所有的梁均发生弯曲破坏，根据试验结果可得到如下结论：①快速加载条件下构件的受弯屈服承载力明显提高；②加载速率对构件的力-位移关系曲线形状没有实质性影响；③构件的耗能和延性并未发生明显改变。同时，Mahin 认为快速加载导致构件弯曲抵抗能力增强，抗剪能力下降，建议增强结构构件的抗剪需求。

Bertero 等[148]通过对双筋简支梁进行单调、循环三点式集中加载试验，采用两种加载速率分别为 2.54mm/s 和 25.4mm/s，试验结果表明：快速加载条件下，构件屈服承载力增加，而极限承载力与加载速率并无明显关系；当梁发生弯曲破坏时，其破坏模式与加载速率无关；同时，他认为如果构件发生剪切破坏为主的破坏模式时，那么这个破坏模式就有可能转化为脆性破坏，因此有必要考虑高剪低弯情况下的动力加载试验。

Mutsuyoshi 等[149,150]通过试验研究了钢筋混凝土构件在地震加载速率下的力学性能。研究结果表明，构件的初始刚度、极限承载力和屈服承载力均随加载速率的增加而增加。循环加载条件下构件承载力提高的现象主要出现在加载初期，而在加载后期这种现象消失，作者给出的原因是：在加载初期，钢筋应变曲线与位移曲线不一致，钢筋的率效应结果使承载力提高；而在加载后期，钢筋曲线与位移曲线保持一致，且在位移转折点处钢筋应变率为零，钢筋强度并未发生变化，所以构件承载力不变。在破坏模式方面，Mutsuyoshi 认为快速加载导致构件的破坏模式由弯曲破坏向剪切破坏发生转变，而 Ghannoum 等[151]在研究加载速率对钢筋混凝土柱的影响时也得到了类似的结论。

Chung 等[134]通过对 12 根不同剪跨比和体积配箍率的悬臂梁进行不同加载速

率下的试验研究，发现快速加载条件下的构件裂缝明显减少，但是裂缝宽度增大；构件延性降低，应变梯度提高。

Adhikary 等[152]研究表明，随着加载速率的增加，钢筋混凝土深梁的动抗剪能力逐渐增大。随着抗剪加固比的增大，混凝土的抗剪承载力也随之增大。与静载相比，在动荷载作用下，剪力加筋对提高深梁的刚度有一定的作用。

Marder 等[153]对四组钢筋混凝土柱进行了循环加载条件下的弯剪试验，每组试件中一个受静载作用另一个受动载作用，加载速率保持恒定。试验结果表明：在地震加载速率下，构件的承载能力比静载时提高 7%～20%；其中一组试件在静载时为弯曲破坏，动载时为剪切破坏；无论受剪承载力还是受弯承载力在动载时均有不同程度的提高，受弯承载力提高较多，总体来说动载时构件的延性下降。

Saini 等[154]系统地研究了四种混凝土本构模型在低速度冲击荷载作用下的性能。研究从材料层面开始，考虑了单轴和三轴荷载下的单一混凝土单元。三轴荷载也应用于圆柱形设置，以获取常见的材料特性测试。然后将模拟扩展到结构层面，在结构层面上对嵌入钢筋和约束钢筋进行了检测。研究了不同输入参数如沙漏系数、接触算法和冲击能量对梁结构响应的影响。

Gutierrez 等[155]采用一种新的试验方法研究加载速率对钢筋混凝土柱的影响。该试验方法是使单个试件受两种加载速率，在每个加载环的末端转换加载频率。Gutierrez 认为该试验方法优于不同试件受不同加载速率的情况，原因是当用多个试件时，试件的离散性可能影响对真实结果的判断。试验用的钢筋混凝土柱的截面尺寸是 250mm×250mm，承受单轴循环荷载的频率是 0.002～1Hz。结果发现，频率是 1Hz 时承载力和能量的吸收比 0.002Hz 时高 5%。

Kulkarni 等[156]研究了钢筋混凝土梁在不同加载速率下的弯剪性能。采用 4 点弯曲简支梁，位移控制加载，测得静载和动载时的平均应变率分别是 $3 \times 10^{-6} \mathrm{s}^{-1}$ 和 $0.3 \mathrm{s}^{-1}$。研究发现随着应变率的提高，总的裂缝数目减少，荷载-位移曲线下的面积增加，承载力增加。有三对试件在静载时剪切破坏，动载时弯曲破坏，这一现象与很多研究者得到的结论相反。

Marder 等[153]研究了钢筋混凝土悬臂柱在动循环荷载下的弯剪反应。做了 4 对试件，混凝土抗压强度为 26.4MPa，钢筋屈服强度是 365MPa，每对试件中一个受静载一个受动载。静载和动载加载过程中速度不变。结果表明：在地震应变率的激励下，弯曲抗力比静载时提高 7%～20%；动载下，3 对试件以剪切裂缝的形式破坏，1 对试件在静载时弯曲破坏，动载时剪切破坏；动载下抗弯强度和抗剪强度均提高，但抗弯强度比抗剪强度提高的多；动载时比静载时的延性降低。

Zhang 等[157]试验研究了 36 根钢筋混凝土梁（具有三种不同的尺寸和两种不同强度的混凝土）在 4 种不同应变率下的动态反应。试验结果表明，随着加载速率的提高，峰值荷载提高；峰值荷载的率相关性随试件尺寸的增大而提高。他们建立了三维黏性本构模型分析试验结果，结论是随着裂缝开裂位移率的提高，峰值荷载提高，但是某些情况可能被尺寸效应抵消，峰值荷载可能对裂缝开裂位移率比对应变率更敏感。

Adhikary 等[158]对不同的钢筋混凝土梁进行了不同加载速率下的试验研究，结果发现梁的承载力、刚度和耗能能力均有不同程度提高。同时他也利用 LS-DYNA进行了大量的数值分析，通过研究不同参数条件下构件的承载力提高状况给出了极限承载力动力增长因子经验公式。

经验公式 1（无横向约束）为

$$k_{DIF} = \left[0.004\rho_g + 0.136(a/d) - 0.34\right]\ln\delta + \left[0.009\rho_g + 0.41(a/d) + 0.157\right] \quad (1.71)$$

经验公式 2（有横向约束）为

$$k_{DIF} = \left[1.89 - 0.067\rho_g - 0.42\rho_v - 0.14(a/d)\right]e^{\left[-0.35 - 0.052\rho_g + 0.179\rho_v + 0.18(a/d)\right]\delta} \quad (1.72)$$

式中，ρ_g 为纵向配筋率；a/d 为剪跨比；ρ_v 为体积配箍率；δ 加载速率。

国内学者陈肇元等[159]、陈俊名等[160]、肖诗云等[161]、许斌等[162]、Li 等[163]、邹笃建等[164]通过试验或数值分析对钢筋混凝土构件的动力特性进行了研究，他们得出的结论基本与国外学者的结论保持一致。其中，李敏和李宏男[163]利用 300t的大型动三轴设备对钢筋混凝土梁进行了动力加载试验，试验结果表明，随着加载速率的提高，梁的承载能力也随之提高；且材料的强度与承载能力提高的程度成反比；动力加载条件下梁的刚度退化加快，且构件延性降低。

综上所述，已有的试验对构件的尺寸、剪跨比、配筋率等参数进行了大量的研究和分析，但是结论存在争议。一致的结论主要是构件的承载力、刚度随着加载速率的增加而增加；而对于破坏模式、能量变化、延性等尚未得到较为一致的结论。

1.6　加载速率对钢筋混凝土结构性能的影响

1.6.1　钢筋混凝土结构动力性能模拟

钢筋混凝土结构整体分析模型主要分为层间模型、杆件模型和实体单元模型。层间模型计算简单明了，但是仅能计算出结构的总体反应，无法描述结构构件在反应过程中的内力、变形等变化规律。目前，钢筋混凝土结构进行考虑材料应变率效应的动力响应分析主要方法有两种：一种是基于实体单元的模型，采用混凝土率相关本构模型进行有限元分析；另一种是基于杆件单元的模型，开发合适的单元模型进行有限元分析。

Pankaj 等[165]采用 ABAQUS 有限元软件中的混凝土损伤塑性模型和 Drucker-Prager 模型，对平面钢筋混凝土框架在地震作用下的响应进行了有限元数值模拟，并考虑了混凝土材料率相关性的影响，研究了采用不同混凝土模型对结构地震反应分析的差异。

Shimazaki 等[166]用三单元 Maxwell 模型模拟混凝土和钢筋，对钢筋混凝土剪力墙进行考虑材料应变率效应的分析，结果表明该模型可以较好地模拟剪力墙的动态行为。

Nagataki 等[167]采用三单元 Maxwell 模型模拟混凝土和钢筋，分别对钢筋混凝土梁和一个钢筋混凝土框架进行了考虑材料应变率效应的动力反应分析，结果表明，数值模拟与试验结果基本吻合。

方秦等[168]和柳锦春等[169]基于压区理论和 Timoshenko 梁理论，采用分层非线性有限元方法，考虑材料的率相关性和横向箍筋抗剪作用，对爆炸荷载作用下的 5 个钢筋混凝土梁进行了数值模拟，研究了其动力响应和破坏形态，数值分析结果与试验结果基本一致。

1.6.2　钢筋混凝土结构动力模型试验

结构抗震试验从其加载方式上一般分为静力试验和动力试验两类。静力试验分为拟静力和拟动力试验；动力试验一般分为结构动力模型试验（地震模拟振动台试验）和建筑物强震观测试验[170, 171]。拟静力试验是目前研究者普遍使用的方法，它可以模拟构件和结构在地震作用下的往复循环加载过程，研究构件和结构在往复振动中的受力与变形性能。拟动力试验是用静力的方法来模拟结构在真实地震反应下的变形和受力，日本学者 Iemura 最早开展了这一工作[172]。关于模型动力试验的研究，Kebeyasawa 等[173]对足尺的七层钢筋混凝土框架剪力墙结构进行了拟动力试验，并提出了剪力墙的三竖杆模型。地震模拟振动台试验通过在振动台上输入实测和人工地震波来研究结构的地震反应特征，它的主要特点是可以考虑一定的应变率，能够得到结构在地震作用下的破坏机理与模式，再现结构地震反应的全过程[174]。

1.　地震模拟振动台试验研究

杨玉成等[175]进行了一个 1/3 尺寸七层钢筋混凝土异形柱支撑框架结构模型振动台试验，对模型的动力特性，地震反应以及破坏过程及破坏现象进行了研究。

杜宏彪等[176]以 El-Centro 波作为地震输入，对两个 1/15 尺寸的三层钢筋混凝土框架结构模型进行了地震模拟振动台试验，分别研究了质量偏心与双向地面运动对结构从弹性、开裂、屈服直至破坏等各阶段地震反应的影响，并对结构空间地震反应与平面地震反应的试验结果进行了比较，指出了两者之间抗震性能的差异，同时也将试验结果与理论计算的结果进行了比较，两者吻合较好。

叶献国等[177]对一幢 1/10 比例的 10 层钢筋混凝土结构整体模型进行了振动台试验，结构原型为 1985 年墨西哥城大地震中的一幢受损建筑，研究了结构在三维地震激励下的动力特性与破坏机制。得出结论表明，模型的破坏形态与实际结构在地震中的破坏形态相当吻合，振动台试验可以真实的模拟原型结构的实际震害。

朱杰江等[178]对上海金融中心结构微粒混凝土整体模型进行了地震模拟振动台试验，缩尺比例为 1/50，研究了结构在不同地震烈度下的动力特性、地震反应与破坏形式，采用自编的结构弹塑性分析程序对模型结构进行了弹塑性分析，并与试验结果进行了对比，两者基本一致。

赵斌等[179]对一典型的局域大空间复杂体型高层结构模型进行了振动台试验，研究了具有局域大空间高层结构的动力特性、地震反应规律和破坏模式，分析了地震作用下结构的扭转反应及其空间分布规律，研究表明：局域大空间对结构的动力特性具有较大的影响，一阶振型可能为扭转振型，动力反应较大，大空间部位的主要抗侧构件易发生扭转破坏，须增加结构局部大空间部位的抗侧及抗扭刚度，来确保此类结构满足抗震设防要求。

吕西林等[180]对上海某带有高位转换型钢混凝土框架-筒体结构进行了振动台试验研究，通过试验证明了结构体系的合理性，满足规范的抗震设防要求。

刘铁军等[181]对加入高阻尼掺料的单层混凝土框架模型进行了振动台试验，研究了框架结构的动力特性和地震反应，试验结果表明，加入高阻尼掺料能够增加结构的阻尼比，对结构的刚度有着一定程度的影响，并能对结构地震反应的减振控制起到很好的作用。

潘汉明等[182]对高度为 610m 的超高层建筑广州新电视塔整体结构模型进行了振动台试验研究，模型的缩尺比例为 1/50，测试了结构模型的动力特性及其在地震作用下的反应，研究了模型的破坏情况，并根据相似理论与试验结果，分析了原型结构的地震反应。

Sun 等[183]对 1/6 尺寸的 9 层钢筋混凝土框架-剪力墙结构进行了地震模拟振动台试验，并分别用等效梁和纤维梁模型分别模拟结构构件进行了非线性地震反应分析，得出结论，试验结果与理论分析的结果吻合较好；基于试验结果建立了层间位移角与损伤状态的关系；并给出了一些与钢筋混凝土结构抗震设计与损伤评估有关的结论。

2. 地震模拟振动台相似理论研究

由于地震模拟振动台中的试验模型受到试验尺寸等诸多因素的影响，需要对其进行缩尺，为了得到更为准确的试验结果，缩尺模型与原型结构之间的相似关系的研究则变得至关重要。目前，也有许多学者进行了这方面的研究。

张敏政[184]基于 Bockingham π 定理推导出了考虑结构活载和非结构构件质量效应的地震模拟试验的相似关系，针对台面承载能力受限的问题，建立了地震模拟试验的一致相似律，得到了介于人工质量模型与忽略重力模型两者之间的相似关系，并分别给出了人工质量模型、忽略重力模型与欠人工质量模型的算例。

黄维平等[185]通过振动台试验研究了人工质量对砖混结构振动台试验的作用与影响，研究表明，重力主要影响结构的弯曲刚度，不影响结构的剪切刚度。主拉应力破坏时，重力增加，结构破坏荷载增大，提出了不完全模拟的人工质量模型应满足的相似条件。

周颖等[186]为解决振动台试验中钢筋混凝土结构和钢结构模型中相似理论与实际模型设计之间的差异问题，针对不同材料的结构按照构件等效设计的原则，分别给出了钢筋混凝土结构和钢结构模型的设计计算公式。

林皋等[187]指出了针对结构动力特性、弹性振动响应和破坏形态等不同试验目的需要注意的问题，并提出了保证动力模型试验和动力模型破坏试验中原型与模型相似的三种基本要求与处理技巧。

杨树标等[188]通过对三层框架结构的原型与模型进行的动力分析，把得到的模型计算结果按照相似关系推算原型反应并与原型的计算结果进行了比较，研究了振动台试验中模型与原型的相似关系，并给出了相关公式。

1.7　本书的主要内容

本书内容主要围绕地震作用下钢筋与混凝土材料的应变率效应及其对钢筋混凝土构件和结构的影响展开。具体内容如下所述。

第 2 章混凝土和钢筋材料多维动力本构关系，主要介绍了混凝土及钢筋的材料应变率效应。具体包括：①混凝土静荷载作用下材料本构模型；②混凝土动荷载作用下性能试验；③混凝土率相关本构模型；④钢筋动荷载作用下性能试验；⑤钢筋率相关本构模型；⑥混凝土及钢筋材料率相关性能的数值模拟。

第 3 章钢筋混凝土梁非线性动力特性，主要从构件层面介绍了钢筋混凝土梁的非线性动力特性。具体包括：①钢筋混凝土梁恢复力模型研究现状；②考虑动力效应的钢筋混凝土梁性能试验；③钢筋混凝土梁动态性能的数值模拟；④钢筋混凝土梁的动态恢复力模型。

第 4 章钢筋混凝土柱非线性动力特征，主要从构件层面介绍了钢筋混凝土柱的非线性动力特性。具体包括：①钢筋混凝土柱恢复力模型研究现状；②考虑动力效应的钢筋混凝土柱抗震性能研究；③加载路径对钢筋混凝土柱动力特性影响的试验研究；④钢筋混凝土柱动态性能的数值模拟。

第 5 章钢筋混凝土剪力墙非线性动力特性，从构件层面详细介绍了钢筋混凝土剪力墙的非线性动力特性。具体包括：①钢筋混凝土剪力墙恢复力模型研究现状；②考虑动力效应的钢筋混凝土剪力墙性能试验；③钢筋混凝土剪力墙动态性能的数值模拟；④钢筋混凝土剪力墙动态恢复力模型。

第 6 章钢筋混凝土结构多维非线性动力特性，从结构层面详细介绍了钢筋混凝土结构的多维非线性动力特性。具体包括：①材料应变率效应对混凝土框架结构动态性能的影响；②材料应变率效应对钢筋混凝土剪力墙结构动态性能的影响；③材料应变率效应对钢筋混凝土框架-剪力墙结构动态性能的影响；④钢筋混凝土框架-剪力墙模型振动台试验。

第 7 章钢筋混凝土结构多尺度建模与数值分析，主要介绍了针对不同情况的多尺度问题进行的结构多尺度数值分析的尝试。具体包括：①多尺度动力分析中界面连接；②钢筋混凝土结构中的应用与多尺度建模实现；③钢筋混凝土框架多尺度数值模拟；④高层剪力墙结构多尺度数值模拟。

参 考 文 献

[1] 曹开. 特大城市防震减灾科普宣教模式探索——以北京地区为例[J]. 城市与减灾. 2017，20(5): 40-43.

[2] ABRAMS D A. Effect of rate of application of load on the compressive strength of concrete [J]. ASTM Journals, 1917, 17: 364-377.

[3] JONES P G, RICHART F E. The effect of testing speed on strength and elastic properties of concrete [J]. ASTM Journals, 1936, 36: 380-391.

[4] WATSTEIN D. Effect of straining rate on the compressive strength and elastic properties of concrete [J]. ACI Journal, 1953, 49: 729-744.

[5] COWELL W L. Dynamic properties of plain Portland cement concrete[R]. California：US Naval Civil Engineering Laboratory, 1966.

[6] DHIR R K, SANGHA C M. A study of relationships between time, strength, deformation and fracture of plain concrete [J]. Magazine of Concrete Research, 1972, 24(81): 197-208.

[7] SPARKS P R, Menzies J B. The effect of rate of loading upon the static and fatigue strengths of plain concrete in compression [J]. Magazine of Concrete Research, 1973, 25(83): 73-80.

[8] HUGHES B P, Watson A J. Compressive strength and ultimate strain of concrete under impact loading [J]. Magazine of Concrete Research, 1978, 30(105): 189-199.

[9] 尚仁杰. 混凝土动态本构行为研究[D]. 大连：大连理工大学, 1994.

[10] 肖诗云. 混凝土率型本构模型及其在拱坝动力分析中的应用[D]. 大连：大连理工大学, 2002.

[11] 李杰，任晓丹. 混凝土静力与动力损伤本构模型研究进展述评[J]. 力学进展, 2010, 40 (3): 284-298.

[12] MELLINGER F M, BIRKIMER D L. Measurements of stress and strain on cylindrical test specimens of rock and concrete under impact loading[R]. Ohio: Ohio River Div Labs Cincinnati, 1966.

[13] BIRKIMER D L, LINDEMANN R. The impact strength of concrete materials [J]. ACI Journal, 1971, 68: 47-49.

[14] YON J H, HAWKINS N M, KOBAYASHI A S. Strain rate sensitivity concrete mechanical properties [J]. ACI Material Journal, 1992,89(2): 146-153.

[15] MCVAY M K. Spall damage of concrete structures[R]. Mississippi: ARMY Engineer Waterways Experiment Station Vicksburg MS Structures LAB, 1988.

[16] ROSS C A, JEROME D M, Tedesco J W. Moisture and strain rate effects on concrete strength [J]. ACI Materials Journal, 1996, 93(33): 293-300.

[17] ROSS C A, TEDESCO J W, Kuennen S T. Effect of strain rate on concrete strength[J]. ACI Materials Journal, 1995, 92(1): 37-47.

[18] TEDESCO J W, ROSS C A, Kuennen S T. Experimental and numerical analysis of high strain rate splitting tensile test [J]. ACI Materials Journal, 1993, 90(2): 162-169.

[19] TEDESCO J W, ROSS C A. Numerical analysis of high strain rate concrete direct tension tests [J]. Computers and Structures, 1991, 40(2): 313-327.

[20] ROSS C A, TEDESCO J. Split-Hopkinson pressure-bar tests on concrete and mortar in tension and compression[J]. Materials Journal, 1989, 86(5): 475-481.

[21] TEDESCO J W, ROSS C A, BRUNAIR R M. Numerical analysis of dynamic split cylinder tests[J]. Computers & Structures, 1989, 32(3-4): 609-624.

[22] ZIELINSKI A, Reinhardt H, Körmeling H. Experiments on concrete under uniaxial impact tensile loading[J]. Matériaux et Construction, 1981, 14(2) 103-112.

[23] REINHARDT H W, ROSSI P, VAN MIER J G. Joint investigation of concrete at high rates of loading[J]. Materials and Structures, 1990, 23(3): 213-216.

[24] ROSSI P, VAN MIER J, BOULAY C. The dynamic behaviour of concrete：influence of free water[J]. Materials and Structures, 1992, 25(9): 509-514.

[25] ROSSI P, VAN MIER J G, TOUTLEMONDE F. Effect of loading rate on the strength of concrete subjected to uniaxial tension[J]. Materials and Structures, 1994, 27(5): 260-264.

[26] ROSSI P, TOUTLEMONDE F. Effect of loading rate on the tensile behaviour of concrete: description of the physical mechanisms[J]. Materials and Structures, 1996, 29(2): 116.

[27] ROSSI P. Strain rate effects in concrete structures：the LCPC experience[J]. Materials and Structures, 1997, 30(1): 54-62.

[28] BISCHOFF P H, PERRY S H. Impact behavior of plain concrete loaded in uniaxial compression[J]. Journal of Engineering Mechanics, 1995, 121(6): 685-693.

[29] 闫东明, 林皋, 王哲, 等. 不同应变速率下混凝土直接拉伸试验研究[J]. 土木工程学报, 2005, 38 (6): 97-103.

[30] SUARIS W, SHAH S P. Properties of concrete subjected to impact[J]. Journal of Structural Engineering, 1983, 109(7): 1727-1741.

[31] FU H C, ERKI M A, SECKIN M. Review of effects of loading rate on reinforced concrete[J]. Journal of Structural Engineering, 1991, 117(12): 3660-3679.

[32] 闫东明，林皋，王哲. 变幅循环荷载作用下混凝土的单轴拉伸特性[J]. 水利学报, 2005, 36 (5): 593-597.

[33] MLAKAR P F, VITAYA-UDOM K P, COLE R A. Dynamic tensile-compressive behavior of concrete[J], Journal of the American Concrete Institute, 1985, 82(4): 484-491.

[34] ZIELINSKI A. Concrete under biaxial compressive-impact tensile loading[J]. Fracture Toughness and Fracture Energy of Concrete, 1986, 489.

[35] WEERHEIJM J. Concrete under impact tensile loading and lateral compression[D]. Delft :Delft University, 1992.

[36] GRAN J, FLORENCE A, COLTON J. Dynamic triaxial tests of high-strength concrete[J]. Journal of Engineering Mechanics, 1989, 115(5): 891-904.

[37] TAKEDA J, TACHIKAWA H, FUJIMOTO K. Mechanical behavior of concrete under higher rate loading than in static test[J]. Mechanical Behavior of Materials, 1974, 2: 479-486.

[38] FUJIKAKE K, MORI K, UEBAYASHI K. Dynamic properties of concrete materials with high rates of tri-axial compressive loads[J]. Structures and Materials, 2000, 8: 511-522.

[39] 吕培印. 混凝土单轴、双轴动态强度和变形试验研究[D]. 大连：大连理工大学, 2002.

[40] 闫东明. 混凝土动态力学性能试验与理论研究[D]. 大连：大连理工大学, 2006.

[41] SCOTT B D, PARK R, PRIESTLEY M J N. Stress-strain behavior of concrete confined by overlapping hoops at low and high strain rates[J]. ACI Journal, 1982, 79(2): 13-27.

[42] DILGER W H, KOCH R, KOWALCZYK R. Ductility of plain and confined concrete under different strain rates[J]. Journal of the American Concrete Institute, 1984, 81(1): 73-81.

[43] SOROUSHIAN P, CHOI K B, ALHAMAD A. Dynamic constitutive behavior of concrete[J]. ACI Journal, 1986, 83(2): 251-259.

[44] MANDER J, PARK R. Observed stress-strain behavior of confined concrete.[J]. Journal of Structural Engineering, 1988, 114(8): 1827-1849.

[45] MANDER J, PARK R. Theoretical stress-strain model for confined concrete[J]. Journal of Structural Engineering, 1988, 114(8): 1804-1826.

[46] AHMAD S H, SHAH S P. Behavior of hoop confined concrete under high strain rates[J]. ACI Journal, 1985, 82(55): 634-647.

[47] 李敏. 材料的率相关性对钢筋混凝土结构动力性能的影响[D]. 大连：大连理工大学, 2011.

[48] PARANT E, ROSSI P, JACQUELIN E, et al. Strain rate effect on bending behavior of new ultra-high-performance cement-based composite[J]. ACI Materials Journal, 2007, 104(5): 458-463.

[49] RAGUENEAU F, GATUINGT F. Inelastic behavior modelling of concrete in low and high strain rate dynamics[J]. Computers & Structures, 2003, 81(12): 1287-1299.

[50] LI Q M, MENG H. About the dynamic strength enhancement of concrete-like materials in a split Hopkinson pressure bar test[J]. International Journal of Solids & Structures, 2003, 40(2): 343-360.

[51] ZHOU X, HAO H. Modelling of compressive behaviour of concrete-like materials at high strain rate[J]. International Journal of Solids & Structures, 2008, 45(17): 4648-4661.

[52] KLEPACZKO J R, BRARA A. An experimental method for dynamic tensile testing of concrete by spalling[J]. International Journal of Impact Engineering, 2001, 25(4): 387-409.

[53] 张磊, 胡时胜, 陈德兴, 等. 混凝土材料的层裂特性[J]. 爆炸与冲击, 2008, 28 (3): 193-199.

[54] VAN MIER J G M. Fracture processes of concrete[M]. New York: CRC press, 2017.

[55] GEBBEKEN N, RUPPERT M. A new material model for concrete in high-dynamic hydrocode simulations[J]. Archive of Applied Mechanics, 2000, 70(7): 463-478.

[56] MALVAR L J, CRAWFORD J E. Dynamic increase factors for steel reinforcing bars[C]. Department of Defense Explosives Safety Board, Twenty-Eighth DDESB Seminar, 1998.

[57] TEDESCO J, ROSS C. Strain-rate-dependent constitutive equations for concrete[J]. Journal of Pressure Vessel Technology, 1998, 120(4): 398-405.

[58] BISCHOFF P H, PERRY S H. Compressive behaviour of concrete at high strain rates[J]. Materials & Structures, 1991, 24(6): 425-450.

[59] 董毓利, 谢和平, 赵鹏. 不同应变率下混凝土受压全过程的试验研究及其本构模型[J]. 水利学报, 1997(7): 72-77.

[60] WHITE T W, SOUDKI K A, ERKI M A. Response of RC beams strengthened with CFRP laminates and subjected to a high rate of loading[J]. Journal of Composites for Construction, 2001, 5(3):153-162.

[61] LU Y, XU K. Modelling of dynamic behaviour of concrete materials under blast loading[J]. International Journal of Solids & Structures, 2004, 41(1): 131-143.

[62] WAKABAYASHI M, NAKAMURA T, YOSHIDA N. Dynamic loading effects on the structural performance of concrete and steel materials and beams[J]. Earthquake Spectra, 1980, 6(3): 271-278.

[63] ZHANG Q B, ZHAO J. A review of dynamic experimental techniques and mechanical behaviour of rock materials[J]. Rock Mechanics & Rock Engineering, 2014, 47(4): 1411-1478.

[64] HOLMQUIST T J, JOHNSON G R. A computational constitutive model for glass subjected to large strains, high strain rates and high pressures[J]. Journal of Applied Mechanics, 2011, 78(5): 051003.

[65] 陈书宇, 沈成康. 基于 OTTOSEN 准则的混凝土黏塑性力学模型[J]. 固体力学学报, 2005, 26 (1): 67-71.

[66] 陈书宇, 沈成康, 金吾根. 有限变形下的混凝土动态本构关系研究[J]. 应用数学和力学, 2004, 25 (12): 1257-1263.

[67] 唐志平, 田兰桥, 朱兆祥, 等. 高应变率下环氧树脂的力学性能[C]. 中国力学学会. 第二届全国爆炸力学会议, 1980.

[68] 唐志平. 高应变率下环氧树脂的动态力学性能[D]. 合肥: 中国科学技术大学, 1981.

[69] 刘文彦. 水泥基复合材料在冲击载荷下的力学响应和纤维的桥联行为研究[D]. 合肥: 中国科学技术大学, 2001.

[70] 王礼立, 余同希, 李永池. 冲击动力学进展[M]. 合肥: 中国科学技术大学出版社, 1992.

[71] 冯明珲. 黏弹塑性统一本构理论[D]. 大连: 大连理工大学, 2000.

[72] 刘长春. 黏塑性统一本构理论及其在混凝土中的应用[D]. 大连: 大连理工大学, 2007.

[73] 杨桂通, 熊祝华. 塑性动力学[M]. 北京: 清华大学出版社, 1984.

[74] PERZYNA P. Fundamental problems in visco-plasticity[J]. Advances in Applied Mechanics, 1966, 9: 243-377.

[75] PERZYNA P. Thermodynamic theory of viscoplasticity[J]. Advances in Applied Mechanics, 1971, 11: 313-354.

[76] DUVANT G, LIONS J L. Inequalities in mechanics and physics[M]. Berlin: Springer Science, 2012.

[77] PANDEY A K, KUMAR R, PAUL D K, et al. Strain rate model for dynamic analysis of reinforced concrete structures[J]. Journal of Structural Engineering, 2006, 132(9): 1393-1401.

[78] 吴红晓, 陈向欣, 严万松. 钢筋混凝土板动力非线性有限元研究[J]. 计算力学学报, 2002, 19 (3): 336-339.

[79] IAAUDDIN B A, FANG Q. Rate-sensitive analysis of framed structures. Part 1: model formulation and verification[J]. Structural Engineering and Mechanics, 1997, 5(3): 221-238.

[80] FANG Q, IAAUDDIN B A. Rate-sensitive analysis of framed structures. Part 2: implementation and application to steel and R/C frames. [J]. Structural Engineering and Mechanics, 1997, 5(3): 239-256.

[81] 方秦, 陈力, 张亚栋, 等. 爆炸荷载作用下钢筋混凝土结构的动态响应与破坏模式的数值分析[J]. 工程力学, 2007, 24 (S2): 135-144.

[82] FARAG H M, LEACH P. Material modeling for transient dynamic analysis of reinforced concrete structures[J]. International Journal for Numerical Methods in Engineering, 1996, 39(12): 2111-2129.

[83] BIĆANIĆ N, ZIENKIEWICZ O C. Constitutive model for concrete under dynamic loading[J]. Earthquake Engineering & Structural Dynamics, 2010, 11(5): 689-710.

[84] GEORGIN J F, REYNOUARD J M. Modeling of structures subjected to impact：concrete behaviour under high strain rate[J]. Cement & Concrete Composites, 2003, 25(1): 131-143.

[85] CELA J J. Analysis of reinforced concrete structures subjected to dynamic loads with a viscoplastic Drucker–Prager model[J]. Applied Mathematical Modelling, 1998, 22(7): 495-515.

[86] NARD H L, BAILLY P. Dynamic behaviour of concrete：the structural effects on compressive strength increase[J]. International Journal for Numerical & Analytical Methods in Geomechanics, 2000, 5(6): 491-510.

[87] WANG W. Stationary and propagative instabilities in metals-a computational point of view[D]. Delft: Technische Universiteit Delf, 1997.

[88] WINNICKI A, PEARCE C J, BIĆANIĆ N. Viscoplastic Hoffman consistency model for concrete[J]. Computers & Structures, 2001, 79(1): 7-19.

[89] 肖诗云, 林皋, 王哲. Drucker-Prager 材料一致率型本构模型[J]. 工程力学, 2003, 20 (4): 147-151.

[90] 肖诗云, 林皋, 李宏男. 混凝土 WW 三参数率相关动态本构模型[J]. 计算力学学报, 2004, 21 (6): 641-646.

[91] LEMAITRE J, PLUMTREE A. Application of damage concepts to predict creep-fatigue failures[J]. Journal of Engineering Materials and Technology, 1979, 101(3): 284-292.

[92] 李兆霞, MROZ Z. 一个综合模糊裂纹和损伤的混凝土应变软化本构模型[J]. 固体力学学报, 1995(1): 22-30.

[93] SUARIS W, SHAH S P. Constitutive model for dynamic loading of concrete[J]. Journal of Structural Engineering, 1985, 111(3): 563-576.

[94] BUI H D, EHRLACHER A. Propagation of damage in elastic and plastic solids [J]. Advances in Fracture Research, 1981(2): 533-551.

[95] BURLION N, GATUINGT F, PIJAUDIER-CABOT G. Compaction and tensile damage in concrete：constitutive modelling and application to dynamics[J]. Computer Methods in Applied Mechanics & Engineering, 2000, 183(3): 291-308.

[96] SUKONTASUKKUL P, NIMITYONGSKUL P, MINDESS S. Effect of loading rate on damage of concrete[J]. Cement & Concrete Research, 2004, 34(11): 2127-2134.

[97] CERVERA M, OLIVER J, MANZOLI O. A rate-dependent isotropic damage model for the seismic analysis of concrete dams [J]. Earthquake Engineering & Structural Dynamics, 1996, 25(9): 987-1010.

[98] FARIA R, OLIVELLA J. A rate dependent plastic-damage constitutive model for large scale computations in concrete structures[M]. Barcelona, Spain: Centro Internacional de Métodos Numéricos en Ingeniería, 1993.

[99] FARIA R, OLIVER J, CERVERA M. A strain-based plastic viscous-damage model for massive concrete structures[J]. International Journal of Solids & Structures, 1998, 35(14): 1533-1558.

[100] 李庆斌, 邓宗才, 张立翔. 考虑初始弹模变化的混凝土动力损伤本构模型[J]. 清华大学学报(自然科学版), 2003, 43 (8): 1088-1091.

[101] 邓宗才. 单轴状态下混凝土的静力、动力损伤本构模型[J]. 山东建材学院学报, 1999, 13 (4): 334-337.

[102] 杜荣强, 林皋. 混凝土动力损伤本构关系的基研理论及应用[J]. 哈尔滨工业大学学报, 2006, 38 (5): 746-751.

[103] 胡时胜, 王道荣. 冲击载荷下混凝土材料的动态本构关系[J]. 爆炸与冲击, 2002, 22 (3): 242-246.

[104] 吴建营, 李杰. 考虑应变率效应的混凝土动力弹塑性损伤本构模型[J]. 同济大学学报(自然科学版), 2006, 34 (11): 1427-1430.

[105] 吴建营, 李杰. 反映阻尼影响的混凝土弹塑性损伤本构模型[J]. 工程力学, 2006, 23 (11): 116-121.

[106] 肖诗云, 田子坤. 混凝土单轴动态受拉损伤试验研究[J]. 土木工程学报, 2008, 41 (7): 14-20.

[107] 宁建国, 刘海峰, 商霖. 强冲击荷载作用下混凝土材料动态力学特性及本构模型[J]. 中国科学, 2008, 38 (6): 759-772.

[108] 刘海峰, 宁建国. 强冲击荷载作用下混凝土材料动态本构模型[J]. 固体力学学报, 2008, 29 (3): 231-238.

[109] CERVERA M, OLIVER J, FARIA R. Seismic evaluation of concrete dams via continuum damage models[J]. Earthquake Engineering & Structural Dynamics, 1995, 24(9):1225-1245.

[110] 李杰, 任晓丹, 黄桥平. 混凝土黏塑性动力损伤本构关系[J]. 力学学报, 2011, 43 (1): 193-201.

[111] 郑丹, 李庆斌. 考虑细观缺陷和静力本构的混凝土动力本构模型[J]. 清华大学学报(自然科学版), 2004, 44 (3): 410-412.

[112] DAVIS E A. The effect of speed of stretching and the rate of loading on the yielding of mild steel[J]. Journal of Applied Mechanics, 1938, 5(4): 137-140.

[113] MANJOINE M J. Influence of rate of strain and temperature on yield stresses of mild steel[J]. Journal of Applied Mechanics, 1944, 11：211-218.

[114] MAHIN S A, BERTERO V V. Rate of loading effects on uncracked and repaired reinforced concrete members[M]. Berkeley：University of California Press, 1972.

[115] CHANG K C, LEE G C. Strain rate effect on structural steel under cyclic loading[J]. Journal of Engineering Mechanics, 1987, 113(9)：1292-1301.

[116] RESTREPO‐POSADA J I, DODD L L, PARK R. Variables affecting cyclic behavior of reinforcing steel[J]. Journal of Structural Engineering, 1994, 120(11): 3178-3196.

[117] 陈肇元, 曹炽康, 李庆标. 建筑钢筋在快速变形下的力学性能[M]. 北京：清华大学出版社, 1971.

[118] 陈肇元. 高强钢筋在快速变形下的性能及其在抗爆结构中的应用[M]. 北京：清华大学出版社, 1986.

[119] 宋军. 应变率敏感材料物理参量的研究及其工程应用[D]. 北京：清华大学, 1990.

[120] 林峰, 顾祥林, 匡昕昕, 等. 高应变率下建筑钢筋的本构模型[J]. 建筑材料学报, 2008, 11 (1)：14-20.

[121] COWPER G R, SYMONDS P S. Strain-hardening and strain-rate effects in the impact loading of cantilever

beams[M]. Rhode Island：Brown University , 1957.

[122] JOHNSON G R, COOK W H. A constitutive model and data for metals subjected to large strains, high strain rate, and temperatures [C]. International Ballistics Society, Proceedings of the 7th International Symposium on Ballistics, 1983.

[123] SOROUSHIAN P, CHOI K B. Steel mechanical properties at different strain rates[J]. Journal of Structural Engineering, 1987, 113(4): 663-672.

[124] MALVAR L J, WARREN G E, INABA C M. Large scale tests on navy reinforced concrete pier decks strengthened with CFRP sheets[C]. Proceedings of the 2nd International Conference On Advanced Composite Materials In Bridges and Structures, ACMBS-II, Montreal 1996.

[125] MO Y L, CHAN J. Bond and slip of plain rebars in concrete[J]. Journal of Materials in Civil Engineering, 1996, 8(4): 208-211.

[126] PUL S. Loss of concrete-steel bond strength under monotonic and cyclic loading of lightweight and ordinary concretes[J]. Iranian Journal of Science and Technology, 2010, 34(B4): 397.

[127] VERDERAME G M, RICCI P, De CARLO G. Cyclic bond behaviour of plain bars. Part I：Experimental investigation[J]. Construction and Building Materials, 2009, 23(12): 3499-3511.

[128] HANSEN R J, LIEPINS A A. Behavior of bond under dynamic loading[J]. ACI Journal, 1962, 59(4): 563-584.

[129] HJORTH O. A contribution to the bond problem of steel and concrete under high strain rates[D]. Lower Saxony: Technical University of Braunschweig, 1976.

[130] KWAK H G, KIM S P. Bond–slip behavior under monotonic uniaxial loads[J]. Engineering Structures, 2001, 23(3): 298-309.

[131] WEATHERSBY J H. Investigation of bond slip between concrete and steel reinforcement under dynamic loading conditions[D]. Baton Rouge：Louisiana State University, 2003.

[132] SOLOMOS G, BERRA M. Rebar pullout testing under dynamic Hopkinson bar induced impulsive loading[J]. Materials and Structures, 2010, 43(1-2): 247-260.

[133] VOS E, REINHARDT H W.Influence of loading rate on bond behaviour of reinforcing steel and prestressing strands[J]. Materials and Structures, 1982, 15(1): 3-10.

[134] CHUNG L, SHAH S P. Effect of loading rate on anchorage bond and beam-column joints[J]. ACI Structural Journal, 1989, 86(2): 132-142.

[135] TAKEDA J. Strain rate effects on concrete and reinforcements, and their contributions to structures[J]. MRS Proceedings, 1985, 64(1):15.

[136] MINDESS S. Effects of dynamic loading on bond[R]. USA: ACI Committee, 1989.

[137] BANTHIA N P, MINDESS S, BENTUR A. Impact behavior of concrete beams [J]. Materials and Structures, 1987, 20(118): 293-302.

[138] CHENG Y. Bond between reinforcing bars and concrete under impact loading [D]. Vancouver: The University of British Columbia, 1992.

[139] 洪小健, 赵鸣. 加载速率对锈蚀钢筋与混凝土黏结性能的影响[J]. 同济大学学报（自然科学版）, 2002, 30 (7):

792-796.

[140] SOROUSHIAN P, OBASEKI K. Strain rate-dependent interaction diagrams for reinforced concrete sections[J]. ACI journal, 1986, 83(1): 108-116.

[141] AL-HADDAD M. Curvature ductility of reinforced concrete beams under low and high strain rates[J]. ACI Materials Journal, 1995, 92(5): 526-534.

[142] OŽBOLT J, BOSNJAK J, SOLA E. Dynamic fracture of concrete compact tension specimen: Experimental and numerical study[J]. International Journal of Solids and Structures, 2013, 50(25-26): 4270-4278.

[143] OŽBOLT J., SHARMA A. Numerical simulation of reinforced concrete beams with different shear reinforcements under dynamic impact loads[J]. International Journal of Impact Engineering, 2011, 38(12): 940-950.

[144] OTANI S, KANEKO T, SHIOHARA H. Strain rate effect on performance of reinforced concrete members [C]. Proceedings of FIB Symposium, Concrete Structures in Seismic Regions, Athens, 2003.

[145] 许斌,陈俊名,许宁. 钢筋混凝土剪力墙应变率效应试验与基于动力塑性损伤模型的模拟[J]. 工程力学,2012, 29 (1): 39-45.

[146] 肖诗云, 张浩. 加载速率对钢筋混凝土梁剪切特性的影响研究[J]. 水利与建筑工程学报, 2018, 16 (3): 7-13.

[147] BERTERO V V, MAHIN S A, HOLLINGS J. Response of a reinforced concrete shear wall structure during the 1972 Managua earthquake[J]. Bulletin of the New Zealand National Society for Earthquake Engineering, 1974,7(3):95-104.

[148] BERTERO V V, REA D. Rate of loading effects on uncracked and repaired reinforced concrete members[R]. California: University of California, Berkeley, 1973.

[149] MUTSUYOSHI H, MACHIDA A. Properties and failure of reinforced concrete members subjected to dynamic loading [J]. Transactions of the Japan Concrete Institute, 1984, 61: 521-528.

[150] MUTSUYOSHI H, MACHIDA A. Dynamic properties of reinforced concrete piers [C]. Prentice-Hall, Proceeding of eighth world conference on earthquake engineering, 1984.

[151] GHANNOUM W, SAOUMA V , HAUSSMANN G , et al. Experimental investigations of loading rate effects in reinforced concrete columns[J]. Journal of Structural Engineering, 2012, 138(8): 1032-1041.

[152] ADHIKARY S D, Li B, FUJIKAKE K. Strength and behavior in shear of reinforced concrete deep beams under dynamic loading conditions[J]. Nuclear Engineering & Design, 2013, 259: 14-28.

[153] MARDER K J, MOTTER C J, ELWOOD K J, et al. Effects of variation in loading protocol on the strength and deformation capacity of ductile reinforced concrete beams[J]. Earthquake Engineering & Structural Dynamics, 2018, 47(11): 2195-2213.

[154] SAINI D, SHAFEI B. Concrete constitutive models for low velocity impact simulations[J]. International Journal of Impact Engineering, 2019, 132(007): 103329.1-103329.13.

[155] GUTIERREZ E, MAGONETTE G, VERZELETTI G. Experimental studies of loading rate effects on reinforced concrete columns[J]. Journal of Engineering Mechanics, 1993, 119(5): 887-904.

[156] KULKARNI S M, SHAH S P. Response of reinforced concrete beams at high strain rates[J]. Structural Journal, 1998, 95(6): 705-715.

[157] ZHANG X, RUIZ G, YU R C. Experimental study of combined size and strain rate effects on the fracture of reinforced concrete[J]. Journal of Materials in Civil Engineering, 2008, 20(8): 544-551.

[158] ADHIKARY S D, LI B, FUJIKAKE K. Dynamic behavior of reinforced concrete beams under varying rates of concentrated loading[J]. International Journal of Impact Engineering, 2012, 47(4): 24-38.

[159] 陈肇元, 施岚青. 钢筋混凝土梁在静速和快速变形下的弯曲性能[M].北京: 清华大学出版社, 1986.

[160] 陈俊名. 钢筋混凝土剪力墙动力加载试验及考虑应变率效应的有限元模拟[D]. 长沙: 湖南大学, 2010.

[161] 肖诗云, 曹闻博, 潘浩浩. 不同加载速率下钢筋混凝土梁力学性能试验研究[J]. 建筑结构学报, 2012, 33 (12): 142-146.

[162] 许斌, 龙业平. 基于纤维模型的钢筋混凝土柱应变率效应研究[J]. 工程力学, 2011, 28 (7): 103-108.

[163] LI M, LI H N. Effects of strain rate on reinforced beam [J]. Advanced Materials Research, 2011, 243: 4033-4036.

[164] 邹笃建, 刘铁军, 滕军, 等. 混凝土梁式构件弹性模量的应变率效应研究[J]. 振动工程学报, 2011, 24 (2): 170-174.

[165] PANKAJ P, LIN E. Material modelling in the seismic response analysis for the design of RC framed structures[J]. Engineering Structures, 2005, 27(7): 1014-1023.

[166] SHIMAZAKI K, WADA A. Dynamic analysis of a reinforced concrete shear wall with strain rate effect [J]. ACI Structural Journal, 1998 95(5): 488-497.

[167] NAGATAKI Y, KITAGAWA Y, KASHIMA T. Dynamic response analysis with effects of strain rate and stress relaxation[J]. Transactions of the Architectural Institute of Japan, 1984, 343: 32-41.

[168] 方秦, 柳锦春, 张亚栋, 等. 爆炸荷载作用下钢筋混凝土梁破坏形态有限元分析[J]. 工程力学, 2001, 18 (2): 1-8.

[169] 柳锦春, 方秦, 龚自明, 等. 爆炸荷载作用下钢筋混凝土梁的动力响应及破坏形态分析[J]. 爆炸与冲击, 2003, 23 (1): 25-30.

[170] 邱法维. 结构抗震试验方法进展[J]. 土木工程学报, 2004, 37 (10): 19-27.

[171] 李兵. 钢筋混凝土框-剪结构多维非线性地震反应分析[D]. 大连: 大连理工大学, 2005.

[172] 胡聿贤. 地震工程学[M]. 北京: 地震出版社, 2006.

[173] KABEYASAWA T, SHIOHARA H, OTANI S. US-Japan cooperative research on R/C full-scale building test[C]. Prentice-Hall, 8th World Conference on Earthquake Engineering, 1984.

[174] 周颖, 卢文胜, 吕西林. 模拟地震振动台模型实用设计方法[J]. 结构工程师, 2003(3): 30-33.

[175] 杨玉成, 黄浩华, 孙景江, 等. 七层钢筋混凝土异型柱支撑框架结构模型振动台试验研究[J]. 地震工程与工程振动, 1995(1): 53-66.

[176] 杜宏彪, 沈聚敏. 空间钢筋混凝土框架结构模型的振动台试验研究[J]. 建筑结构学报, 1995(1): 60-69.

[177] 叶献国, 刘涛, 徐勤, 等. 振动台三维模拟地震试验研究[J]. 合肥工业大学学报, 1998, 21 (S1): 1-6.

[178] 朱杰江, 吕西林, 邹昀. 上海环球金融中心模型结构振动台试验与理论分析的对比研究[J]. 土木工程学报, 2005, 38 (10): 18-26.

[179] 赵斌, 吕西林, 卢文胜, 等. 局域大空间复杂体型高层结构整体模型振动台试验研究[J]. 建筑结构学报, 2007, 28 (S1): 1-7.

[180] 吕西林，陈跃，卢文胜，等. 高位转换超限高层结构整体模型振动台试验研究[J]. 同济大学学报（自然科学版），2008, 36 (6): 711-716.

[181] 刘铁军，欧进萍. 高阻尼混凝土框架的动力特性与抗震试验[J]. 地震工程与工程振动, 2008, 8 (2): 72-76.

[182] 潘汉明，周福霖，梁硕. 广州新电视塔整体结构振动台试验研究[J]. 工程力学, 2008, 25 (11): 78-85.

[183] SUN J, WANG T, QI H. Earthquake simulator tests and associated study of an 1/6-scale nine-story RC model[J]. Earthquake Engineering and Engineering Vibration, 2007, 6(3): 281-288.

[184] 张敏政. 地震模拟实验中相似律应用的若干问题[J]. 地震工程与工程振动, 1997 (2): 52-58.

[185] 黄维平，王连广. 人工质量在砖混结构振动台试验中的应用[J]. 地震工程与工程振动, 2001, 21 (3): 99-103.

[186] 周颖，吕西林，卢文胜. 不同结构的振动台试验模型等效设计方法[J]. 结构工程师, 2006, 22 (4): 37-40.

[187] 林皋，朱彤，林蓓. 结构动力模型试验的相似技巧[J]. 大连理工大学学报, 2000, 40 (1): 1-8.

[188] 杨树标，李荣华，刘建平，等. 振动台试验模型和原型相似关系的理论研究[J]. 河北工程大学学报（自然科学版），2007, 24 (1): 8-11.

第 2 章 混凝土和钢筋材料多维动力本构关系

本章主要介绍混凝土及钢筋材料的应变率效应相关的研究工作。本章首先进行了普通混凝土及微粒混凝土的应变率效应试验，采用 ABAQUS 有限元软件的混凝土损伤塑性模型和 Drucker-Prager 模型对试验进行模拟，根据试验与数值模拟结果，讨论了这两种模型模拟混凝土动力特性时存在的问题；其次提出了微粒混凝土单轴受压率相关本构模型，通过数值模拟与试验结果进行对比，验证所提出的本构模型的准确性和有效性。

对建筑中常用型号的钢筋和镀锌铁丝进行应变率效应试验，基于试验结果，建立了建筑钢筋的动态循环本构模型。通过回归分析得到了镀锌铁丝屈服强度、抗拉强度动力提高系数与应变率之间的关系，给出了计算公式，并与钢筋的模型进行了对比分析，结果表明，在地震模拟振动台试验时，钢筋混凝土模型中用镀锌铁丝来模拟钢筋的动力拉伸性能是可行的。

2.1 混凝土材料本构模型

2.1.1 单轴受压应力-应变关系

混凝土单轴受压时的应力-应变关系反映了混凝土受压全过程的受力特征，是混凝土构件受力性能分析、建立承载力和变形计算理论的基础。

混凝土单轴受压应力-应变关系曲线，常采用棱柱体试件的受压试验获得。由于混凝土受压破坏时的脆性较大，在普通压力试验机上采用等应力速率加载，当压应力达到混凝土轴心抗压强度 f_c 时，试验机中积聚的弹性应变能大于试件破坏所能吸收的应变能，这会导致试件产生突然的脆性破坏，试验只能测得应力-应变关系曲线的上升段。当采用等应变率加载，或在试件旁附设高弹性元件，与试件一同受压吸收试验机内积聚的应变能，则可以测得应力-应变关系曲线的下降段，典型的混凝土单轴受压应力-应变关系全曲线如图 2.1 所示[1]，其峰值点应力即为轴心抗压强度 f_c，相应峰值点应变记为 ε_0。随着混凝土强度等级提高，上升段线弹性范围增大，峰值应变也有所增大。混凝土强度越高，砂浆与骨料的黏结越强，密实性好，微裂缝很少，高强混凝土最后的破坏往往是骨料破坏。因此强度等级越高，破坏时脆性越显著，下降段越陡。

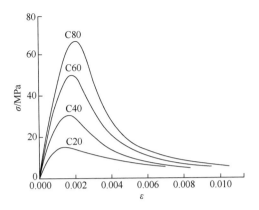

图 2.1　混凝土单轴受压应力-应变关系全曲线[1]

混凝土受压应力-应变关系全曲线反映了其受压力学性能全过程。为统一表达不同强度混凝土的受压应力-应变关系全曲线，采用无量纲化的应变和应力坐标 $x = \varepsilon / \varepsilon_0$ 和 $y = \sigma / f_c$，则根据如图 2.2 所示应力-应变关系全曲线的几何特征，无量纲应力-应变关系曲线须满足下列条件。

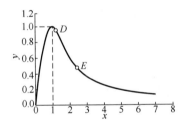

图 2.2　无量纲化混凝土应力-应变关系全曲线[1]

（1）曲线通过原点，$x=0$，$y=0$，原点切线斜率为 $\dfrac{\mathrm{d}y}{\mathrm{d}x}\bigg|_{x=0} = \dfrac{\mathrm{d}\sigma}{\mathrm{d}\varepsilon}\bigg|_{\varepsilon=0} \cdot \dfrac{1}{\dfrac{f_c}{\varepsilon_0}} = \dfrac{E_c}{E_0}$，其

中 E_c 为初始弹性模量；E_0 为峰值点割线模量，即 $E_0 = f_0 / \varepsilon_0$。

（2）上升段曲线外凸，$0 \leqslant x \leqslant 1$，$\dfrac{\mathrm{d}^2 y}{\mathrm{d}x^2} \leqslant 0$。

（3）峰值点处切线斜率为 0，$x=1$，$y=1$，$\dfrac{\mathrm{d}y}{\mathrm{d}x}\bigg|_{x=1} = 0$。

（4）下降段曲线上有一拐点 D，$\dfrac{\mathrm{d}^2 y}{\mathrm{d}x^2}\bigg|_{x=x_D} = 0, x_D \geqslant 1$。

（5）下降段曲线曲率最大点 E，$\dfrac{\mathrm{d}^3 y}{\mathrm{d}x^3}\bigg|_{x=x_E} = 0, x_E > x_D$。

（6）当 $x \to \infty$ 时，$y \to 0$，$\dfrac{\mathrm{d}y}{\mathrm{d}x}\Big|_{x \to \infty} = 0$。

（7）数值范围，$x \geqslant 0, 0 \leqslant y \leqslant 1$。

根据以上条件和试验实测结果分析，我国《混凝土结构设计规范》（GB 50010—2002）[2]采用清华大学过镇海提出的混凝土单轴受压应力-应变关系全曲线，其表达式为

$$y(x) = \begin{cases} a_{\mathrm{a}}x + (3 - 2a_{\mathrm{a}})x^2 + (a_{\mathrm{a}} - 2)x^3 & x \leqslant 1 \\ \dfrac{x}{a_{\mathrm{d}}(x-1)^2 + x} & x > 1 \end{cases} \qquad (2.1)$$

式中，α_{a} 为上升段参数，$\alpha_{\mathrm{a}} = E_{\mathrm{c}} / E_0$，为满足条件（1）和（2），一般应有 $1.5 \leqslant \alpha_{\mathrm{a}} \leqslant 3$；$\alpha_{\mathrm{d}}$ 为下降段参数。

上式中的有关参数值见表 2.1，表中 f_{c} 为混凝土轴心抗压强度代表值，即峰值压应力，根据结构分析和不同极限状态验算的需要，强度代表值可取平均值、标准值或设计值；ε_{u} 为应力-应变关系曲线下降段上的应力下降到 $0.5 f_{\mathrm{c}}$ 时的混凝土压应变。按式（2.1）和表 2.1 中的参数绘出的应力-应变关系曲线见图 2.1。

表 2.1　混凝土单轴受压应力-应变关系全曲线的参数值

$f_{\mathrm{c}}/(\mathrm{N}/\mathrm{mm}^2)$	$\varepsilon_0/10^{-6}$	α_{a}	α_{d}	$\varepsilon_{\mathrm{u}}/\varepsilon_0$
15	1370	2.21	0.41	4.2
20	1470	2.15	0.74	3.0
25	1560	2.09	1.06	2.6
30	1640	2.03	1.36	2.3
35	1720	1.96	1.65	2.1
40	1790	1.90	1.94	2.0
45	1850	1.84	2.21	1.9
50	1920	1.78	2.48	1.9
55	1980	1.71	2.74	1.8
60	2030	1.65	3.00	1.8
65	2080		3.25	1.7
70	2130		3.50	1.7
75	2190		3.75	1.7
80	2240		3.99	1.6

《混凝土结构设计规范》（GB 50010—2010）[3]基于式（2.1），通过引入损伤演化参数反映混凝土的弹塑性受力特征，给出了与式（2.1）相同的基于损伤演化参数表达的混凝土本构关系，具体见《混凝土结构设计规范》（GB 50010—2010）附录 C.2。

为简化起见，在混凝土构件正截面承载力计算时，《混凝土结构设计规范》（GB 50010—2010）规定采用由抛物线上升段和水平段组合得到的混凝土受压应力-应变关系曲线（图 2.3），即

$$\begin{cases} 上升段:\ \sigma_c = f_c\left[1-\left(1-\dfrac{\varepsilon_c}{\varepsilon_0}\right)^n\right] & \varepsilon \leqslant \varepsilon_0 \\[3mm] 水平段:\ \sigma_c = f_c & \varepsilon_0 < \varepsilon \leqslant \varepsilon_{cu} \end{cases} \tag{2.2}$$

式中，参数 n 为上升段曲线形状参数，混凝土强度越高，上升段越接近直线，参数 n 越接近于 1。

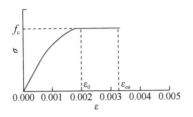

图 2.3　正截面承载力计算用混凝土受压应力-应变曲线[1]

峰值压应变随混凝土强度增加有所增大；ε_{cu} 为混凝土构件正截面承载力达到最大时截面受压边缘的混凝土压应变，ε_{cu} 称为极限压应变，当截面处于非均匀受压时，ε_{cu} 按式（2.3）计算；当截面处于轴心受压时，ε_{cu} 取 ε_0。《混凝土结构设计规范》（GB 50010—2010）根据我国大量的钢筋混凝土构件试验研究的分析，给出式（2.2）参数 n、ε_0、ε_{cu} 的取值为

$$\begin{cases} n = 2 - \dfrac{1}{60}(f_{cu,k}-50) \\[2mm] \varepsilon_0 = 0.002 + 0.5(f_{cu,k}-50)\times 10^{-5} \\[2mm] \varepsilon_{cu} = 0.0033 - (f_{cu,k}-50)\times 10^{-5} \end{cases} \tag{2.3}$$

式中，$f_{cu,k}$ 为混凝土强度等级，即立方体抗压强度标准值。

对各强度等级，上式参数的计算结果列于表 2.2 中。

表2.2　用于正截面承载力计算的混凝土应力-应变关系曲线参数

$f_{cu,k}$	n	ε_0	ε_{cu}
≤C50 抗压强度	2	0.002	0.0033
C60 抗压强度	1.83	0.0025	0.0032
C70 抗压强度	1.67	0.0021	0.0031
C80 抗压强度	1.5	0.0022	0.003

需注意的是，式（2.1）的混凝土单轴受压应力-应变关系用于混凝土单轴受力的全过程分析，而式（2.3）的混凝土单轴受压应力-应变关系仅适用于混凝土构件的正截面承载力极限状态计算。

2.1.2　混凝土单轴受拉应力-应变关系

混凝土单轴受拉应力-应变关系的上升段与受压情况相似，原点切线模量也与受压时基本一致。当应力达到混凝土轴心抗拉强度 f_t 时，弹性特征系数 $\nu \approx 0.5$，则峰值拉应变 ε_{t0} 为

$$\varepsilon_{t0} = \frac{f_t}{E_c'} = \frac{f_t}{0.5E_c} = \frac{2f_t}{E_c} \qquad (2.4)$$

过去一般认为混凝土的受拉破坏是脆性的，即当混凝土拉应力达到 f_t 时，应力将突然降为零，无下降段。近年来随着试验技术的发展，采用控制应变的加载方法，测得混凝土单轴受拉应力-应变关系也有下降段，但下降段很陡（图2.4）。因此，混凝土的实际断裂一般不是发生在出现峰值拉应力（抗拉强度 f_t）时，而是达到极限拉应变 ε_{tu} 时才开裂。混凝土极限拉应变 ε_{tu} 在（0.5~2.7）×10⁻⁴的范围波动，其值极不稳定，离散性也较大，与混凝土的强度、配合比、养护条件有很大关系。

根据试验实测结果分析，我国《混凝土结构设计规范（2015 年版）》（GB 50010—2010）采用清华大学过镇海提出的用混凝土结构全过程受力分析，本章采用的混凝土单轴受拉应力-应变关系全曲线表达式为

$$\begin{cases} y = \dfrac{\sigma}{f_t} = 1.2x - 0.2x^6 & 0 \leq x = \dfrac{\varepsilon}{\varepsilon_{t0}} \leq 1 \\[2mm] y = \dfrac{\sigma}{f_t} = \dfrac{x}{\alpha_t(x-1)^{1.7} + x} & x = \dfrac{\varepsilon}{\varepsilon_{t0}} > 1 \end{cases} \qquad (2.5)$$

式中，ε_{t0} 为相应于峰值拉应力 f_t 的峰值拉应变，$\varepsilon_{t0} = 0.65 f_t^{0.54} \times 10^{-4}$；$\alpha_t$ 为单轴受拉应力-应变曲线下降段参数，$\alpha_t = 0.312 f_t^2$。

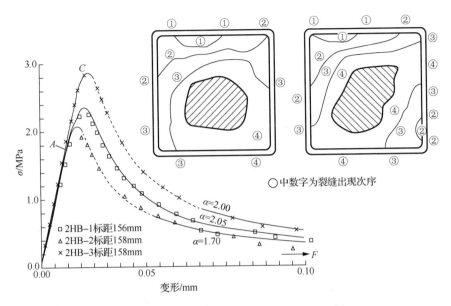

图 2.4　混凝土单轴受拉应力-应变关系曲线[1]

式（2.5）中的有关参数值见表 2.3，表中 f_t 为混凝土轴心抗拉强度代表值，即峰值拉应力，根据结构分析和极限状态验算的需要，轴心抗拉强度代表值可取平均值、标准值或设计值。

表 2.3　混凝土单轴受拉应力-应变关系全曲线参数值

$f_t/(N/mm^2)$	1.0	1.5	2.0	2.5	3.0	3.5	4.0
$\varepsilon_{t0}/10^{-6}$	65	81	95	107	118	128	137
α_t	0.31	0.70	1.25	1.95	2.81	3.82	5.00

2.2　不同应变率下的混凝土性能试验

混凝土在冲击和爆炸荷载下的应变率效应（应变率 $\dot{\varepsilon} \geqslant 1s^{-1}$）已经被广大科技工作者接受，并在国防工程设计规范中有所体现。但是，混凝土在地震作用下的应变率效应（应变率范围是 $10^{-5} \sim 0.1s^{-1}$）还未被广泛关注，在建筑抗震设计规范中没有涉及材料应变率效应的条款。

已有的研究表明[4]：地震作用下结构材料的最大应变率达到 $0.1s^{-1}$ 左右，混凝土在高应变率下会表现出与静荷载作用时不同的力学和变形行为。Malvar 等[5]和 Fu 等[6]分别总结了混凝土的动态抗压、抗拉试验成果。国内的肖诗云[7]和闫东明[8]也对混凝土在地震应变率下动态反应进行了系统的试验和理论研究。对于混凝土材料的受压应变率效应的原因当前有两种解释：黏性效应和惯性效应。现在较为一致的观点是当应变率低于 $10s^{-1}$ 时，应变率效应产生的原因主要归因于黏性效应；当大于 $10s^{-1}$ 时，源于惯性效应[9]。也有学者把 $100s^{-1}$ 作为分界点[10]或者把 $200s^{-1}$ 作为分界点[11]。地震作用下，由于结构材料的应变率一般都低于 $1s^{-1}$，因此在本章的试验结果分析和数值模拟中不考虑惯性作用。

　　近年来，结构模型振动台试验已经成为研究结构抗震性能的重要手段之一。为制作混凝土结构的相似模型，微粒混凝土经常被用于模拟普通混凝土并得到了令人满意的试验结果。微粒混凝土是由几种连续级配的微细骨料按比例混合拌制而成的，它的粗骨料粒径为 2.5～5mm，细骨料的粒径小于 2.5mm，与单独采用一种砂的砂浆混凝土有本质的区别。因此，它可以做出与混凝土完全相似的模型结构，其力学性能与采用同水泥用量的原型结构混凝土极为相近[12]。众所周知，地震作用属于动力荷载的范畴，在地震作用下结构中混凝土材料的力学和变形性能都会受到应变率的影响。关于应变率对混凝土动态性能的影响许多学者已经进行了研究，但对于应变率对微粒混凝土动态性能影响的研究则相对较少。由于振动台试验会受到振动台承载能力和尺寸的限制，通常要按照时间相似常数 t 对原始地震波的时间间隔进行压缩，这也就意味着微粒混凝土的应变率将有可能大于原型混凝土应变率数倍，因此更应考虑材料应变率效应对微粒混凝土力学性能的影响，研究微粒混凝土动态抗压性能具有十分重要的意义。

　　杨政等[13]采用一种特制的刚性辅助装置对 C10、C20、C30 和 C40 级微粒混凝土和普通混凝土的受压应力-应变关系全曲线进行了试验研究，得到了微粒混凝土的主要力学性能与普通混凝土相似的结论。沈德建等[14]通过试验研究了微粒混凝土的动态抗压强度、弹性模量和峰值应力处的应变与初始静载和应变率之间的关系，并考虑了尺寸效应的影响。提出了微粒混凝土在不同应变率下的动态受压本构模型和抗压强度尺寸效应计算公式。

2.2.1　混凝土应变率效应的试验研究

　　笔者进行了强度等级分别是 C30 和 C50 的混凝土在不同加载速率下的单轴抗压强度试验。该试验是在大连理工大学工业装备结构分析国家重点实验室的大型静、动三轴电液伺服试验机上进行的（图 2.5），该设备理论上可以提供最大拉力 100t，最大压力 250t，空载时可以提供的最大加载速率 56mm/s，行程范围是 ±100mm，控制方式有力控制和位移控制，可以实现三角波、正弦波、方波和梯形波等多种加载波形。加载头端部安装了球铰，能够自动校正试件的不均匀受力。在受压方向设有荷载传感器，位移由高精度电感式位移传感器 LVDT 量测，荷载和位移信号转换成数字信号后由计算机采集。

图 2.5   电液伺服试验机

试验所用的 C30 混凝土采用大连水泥厂普通硅酸盐水泥 P·O 42.5；大连华能电厂二级粉煤灰，砂子细度模数 2.9，中砂，石子粒径为 5～25mm；大连盛博建材科技发展有限公司高效减水剂 RW-1，坍落度 180mm。试验所用的 C50 混凝土采用大连小野田水泥厂普通硅酸盐水泥 P·O 42.5R；大连华能电厂二级粉煤灰，砂子细度模数 2.8，中砂，石子粒径为 5～25mm；建科院高效减水剂 DK-4，坍落度 200mm。C30 和 C50 混凝土配合比如表 2.4 所示。

表 2.4   C30 和 C50 混凝土配合比

混凝土标号	水泥/（kg/m³）	砂/（kg/m³）	石子/（kg/m³）	水/（kg/m³）	粉煤灰/（kg/m³）	减水剂/（kg/m³）
C30	350	777	1030	143	65	5.0
C50	440	657	1045	185	70	15.3

试件尺寸为 100mm×100mm×100mm，试块用钢模浇筑后在振动台上振动成型，24h 以后脱模，盖塑料薄膜浇水常温下养护一个星期后。C50 和 C30 的混凝土试件各 30 个。试验时混凝土的龄期为 240 天±10 天。

试件受压面与加载板之间采取的减摩措施是：在三层塑料薄膜之间夹两层黄油，在塑料薄膜和试件受压面之间再涂一层黄油，共计三层塑料薄膜、三层黄油。试验过程分三个步骤完成：首先将试件安装在三轴试验机的竖向加载板之间，调整作动头，使压头靠近试件但不施力。然后控制作动头慢速加到预加荷载 5kN，预加完毕后安放位移传感器 LVDT（量程为 12cm），来测量试件变形。最后，按照试验要求在计算机程序中设定加载速率，正式加载。本次试验采用位移控制加载并且在加载过程中保持恒定，综合考虑试验机的性能和试验所用的材料，进行了四种应变率下的单轴抗压强度的试验，分别是 $10^{-5}s^{-1}$、$10^{-4}s^{-1}$、$10^{-3}s^{-1}$ 和 $10^{-2}s^{-1}$。每个应变率至少三个试件，当发现离散性大时，增加试件数目。试验完毕后，拆下位移传感器，取出试件。

对于 C30 混凝土，当应变率从 $10^{-5}s^{-1}$ 变为 $10^{-4}s^{-1}$、$10^{-3}s^{-1}$、$10^{-2}s^{-1}$ 时，平均抗

压强度分别提高了 4.0%、12.6%、19.4%。C30 混凝土在不同应变率下的抗压强度
如表 2.5 所示，回归分析得到动力提高系数（动态抗压强度或应变与准静态抗压
强度或应变的比值）与应变率的关系式为

$$k_{\mathrm{DIF}}^{\mathrm{c1}} = \frac{f_{\mathrm{cd}}}{f_{\mathrm{c}}} = 1.0 + 0.0648 \lg\left(\frac{\dot{\varepsilon}_{\mathrm{c}}}{\dot{\varepsilon}_{\mathrm{c0}}}\right) \qquad (2.6)$$

式中，f_{cd}、f_{c} 分别为混凝土动态抗压强度和准静态抗压强度；$\dot{\varepsilon}_{\mathrm{c}}$ 为混凝土动态
压应变率；$\dot{\varepsilon}_{\mathrm{c0}}$ 为混凝土准静态压应变率，取 $1\times10^{-5}\mathrm{s}^{-1}$。图 2.6 表示 C30 混凝土试
验数据的拟合情况，可以看出的动静态抗压强度的比值与动静态应变率比值的对
数之间满足明显的线性关系。

表 2.5　C30 混凝土在不同应变率下的抗压强度

应变率/s⁻¹	强度/MPa			平均值/MPa
	1	2	3	
10^{-5}	37.73	38.89	34.2	36.94
10^{-4}	35.77	38.96	40.48	38.40
10^{-3}	38.21	48.27	38.26	41.58
10^{-2}	43.48	40.75	48.06	44.10

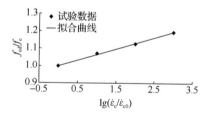

图 2.6　C30 混凝土试验数据的拟合情况

对于 C50 混凝土，当应变率从 $10^{-5}\mathrm{s}^{-1}$ 变为 $10^{-4}\mathrm{s}^{-1}$、$10^{-3}\mathrm{s}^{-1}$、$10^{-2}\mathrm{s}^{-1}$ 时，平均抗
压强度分别提高了 3.3%、6.5%、9.3%，提高值明显小于 C30 混凝土。C50 混凝土
在不同应变率下的抗压强度如表 2.6 所示，回归分析得到动力提高系数（动态抗
压强度或应变与准静态抗压强度或应变的比值）与应变率的关系式为

$$k_{\mathrm{DIF}}^{\mathrm{c2}} = \frac{f_{\mathrm{cd}}}{f_{\mathrm{c}}} = 1.0 + 0.0314 \lg\left(\frac{\dot{\varepsilon}_{\mathrm{c}}}{\dot{\varepsilon}_{\mathrm{c0}}}\right) \qquad (2.7)$$

表 2.6　C50 混凝土在不同应变率下的抗压强度

应变率/s^{-1}	强度/MPa			平均值/MPa
	1	2	3	
10^{-5}	48.08	49.71	49.86	49.22
10^{-4}	52.98	46.94	52.6	50.84
10^{-3}	53.26	50.21	53.79	52.42
10^{-2}	52.68	53.85	54.79	53.77

图 2.7 表示 C50 混凝土试验数据的拟合情况，可以看出动静态抗压强度的比值与动静态应变率比值的对数之间也满足线性关系。

为了验证本章动力提高系数回归方程的可靠性，选用国外的 CEB 模型[7]和国内的孟顺意的模型进行对比。下文对 CEB 模型和孟顺意的模型做了简要介绍。

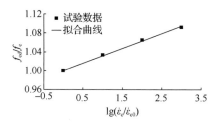

图 2.7　C50 混凝土试验数据的拟合情况

CEB 模型是根据大量文献的试验数据回归分析得到的，是欧洲混凝土协会推荐使用的模型。不同强度混凝土的动力提高系数的表达式为

$$\frac{f_{cd}}{f_c}=\left(\frac{\dot{\varepsilon}_c}{\dot{\varepsilon}_{c0}}\right)^{1.026a}\quad\dot{\varepsilon}\leqslant30\text{s}^{-1}\qquad(2.8)$$

$$a=\left(5+0.75f_{cu}\right)^{-1}\qquad(2.9)$$

式中，f_{cu} 为准静态立方体抗压强度；$\dot{\varepsilon}_0$ 为准静态应变率，$\dot{\varepsilon}_0=3.0\times10^{-5}\text{s}^{-1}$。

孟顺意的模型是根据边长为 100mm 的立方体试块在不同加载速率下的抗压强度试验结果回归分析得到的。设定准静态应变率为 $\dot{\varepsilon}_0=1.0\times10^{-5}\text{s}^{-1}$，测得的混凝土准静态抗压强度为 34.36MPa，混凝土动力提高系数为

$$\frac{f_{cd}}{f_c}=1.008+0.0871\lg\left(\frac{\dot{\varepsilon}}{\dot{\varepsilon}_0}\right)\qquad(2.10)$$

以 C30 混凝土为例，比较了本章模型、CEB 模型和孟顺意模型中的混凝土动力提高系数，如图 2.8 所示。可以看出，这三种模型的动力提高系数相差不大，本章的动力提高系数略低于其他两种模型，这可能由于混凝土试块使用的材料组成和养护条件不同引起的。

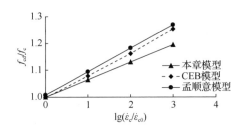

图 2.8　本章模型和其他模型中的混凝土动力提高系数的比较

2.2.2　不同应变率下微粒混凝土抗压性能试验研究

由于振动台模型试验中的构件尺寸相对较小，微粒混凝土试件采用尺寸为 100mm×100mm×100mm 的立方体试件，试块的强度设计等级为 C10 级。试件中作为粗骨料的细石粒径为 2.5～5mm，细骨料为粒径小于 2.5mm 的细砂，采用 325# 普通硅酸盐水泥，其配合比为 m（水泥）：m（砂子）：m（石子）：m（水）＝1：3.26：3.98：0.82，用钢模在振动台上浇筑成型，24h 自然养护脱模后，送入标准养护室养护，试验时龄期超过 28 天。

试验同样采用大连理工大学工业装备结构分析国家重点实验室的大型静、动三轴电液伺服试验机。

综合考虑地震作用下材料的应变率范围和试验系统的能力，试验分别研究了应变率为 $10^{-5}\mathrm{s}^{-1}$、$10^{-4}\mathrm{s}^{-1}$、$10^{-3}\mathrm{s}^{-1}$、$10^{-2}\mathrm{s}^{-1}$ 时微粒混凝土的抗压性能。试件受压面与加载板之间采取减摩措施：在三层塑料薄膜之间夹两层黄油，在塑料薄膜和试件受压面之间再涂一层黄油，共计三层塑料薄膜、三层黄油。试验时，首先将试件放在下部加载板上，通过计算机控制使上部加载板靠近试件，并调整每个球铰使加载板对准试件；然后通过控制油缸使加载板接触试件并预加载至 10kN，观察预加载后试件是否对中，如果没有对中继续调整球铰，确保试件对中准确后安装位移传感器（LVDT），最后，根据试验要求在计算机程序中设定加载速率，进行加载。试验采用位移控制并且在加载过程中保持加载速率恒定，每个应变率至少三个试件，离散较大时，增加试件的数目。

试验得到了不同应变率下微粒混凝土应力-应变关系曲线试验结果如图 2.9 所示。可以看出，微粒混凝土在不同应变率下的应力-应变关系曲线形状具有一定的相似性。

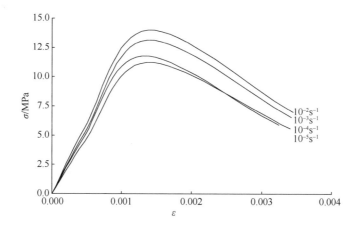

图 2.9　不同应变率下的微粒混凝土应力-应变关系曲线试验结果

　　试验测得的不同应变率下微粒混凝土动态抗压强度值见表 2.7。随着应变率的增加，微粒混凝土极限抗压强度有增大的趋势。以应变率为 10^{-5}s^{-1} 时的强度作为准静态抗压强度，当应变率为 10^{-4}s^{-1}、10^{-3}s^{-1} 和 10^{-2}s^{-1} 时，微粒混凝土的极限抗压强度分别增加 5.3%、17.2% 和 24.7%。

表 2.7　不同应变率下的微粒混凝土的动态抗压强度

应变率/s^{-1}	强度/MPa			平均值/MPa
	1	2	3	
10^{-5}	10.32	11.12	12.17	11.20
10^{-4}	11.73	11.24	12.43	11.80
10^{-3}	12.48	13.12	13.80	13.13
10^{-2}	13.76	13.36	14.79	13.97

　　微粒混凝土的动态抗压强度和静态抗压强度的比值与应变率比值的对数近似呈线性关系（图 2.10），本章中微粒混凝土抗压强度与应变率之间的近似关系为

$$\frac{f_c^d}{f_c^s} = 0.9892 + 0.086\,07 \lg \frac{\dot{\varepsilon}_d}{\dot{\varepsilon}_s} \tag{2.11}$$

式中，f_c^d 为当前应变率下的微粒混凝土极限抗压强度；f_c^s 为准静态应变率下的微粒混凝土极限抗压强度；$\dot{\varepsilon}_d$ 为当前应变率；$\dot{\varepsilon}_s$ 为准静态应变率。

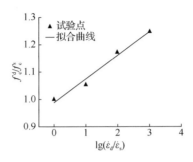

图 2.10　微粒混凝土抗压强度与应变率关系图

试验测得在不同应变率下微粒混凝土峰值应变如表 2.8 所示。微粒混凝土在不同应变率下峰值应力处的应变没有呈现出较为明显的变化规律，但略有增加的趋势。对于本章所采用的微粒混凝土，建议应变值取 0.001 353。

表2.8　不同应变率下微粒混凝土的峰值应变

应变率/s^{-1}	峰值应变/10^{-6}			平均值/10^{-6}
	1	2	3	
10^{-5}	1408	1371	1313	1364
10^{-4}	1333	1228	1329	1297
10^{-3}	1377	1346	1390	1371
10^{-2}	1380	1472	1285	1379

由于试验结果具有一定的离散性，微粒混凝土的弹性模量很难准确得到。本章取 40%峰值应力处的割线弹性模量作为微粒混凝土的弹性模量，如表 2.9 所示。

表2.9　不同应变率下微粒混凝土的弹性模量

应变率/s^{-1}	弹性模量/MPa			平均值/10^{-6}
	1	2	3	
10^{-5}	9 197	9 588	9 666	9 484
10^{-4}	10 219	10 521	10 874	10 538
10^{-3}	11 038	10 854	11 161	11 018
10^{-2}	12 314	11 966	11 413	11 898

微粒混凝土的弹性模量随着应变率的增加有增大的趋势。经过计算分析，准静态应变率为 10^{-5}s^{-1} 时的弹性模量为 9484MPa，当应变率为 10^{-4}s^{-1}、10^{-3}s^{-1} 和 10^{-2}s^{-1} 时，微粒混凝土的弹性模量分别增加 11.1%、16.2%和 25.5%。微粒混凝土的动态弹性模量与静态弹性模量的比值与应变率比值的对数近似呈线性关系（图 2.11），本书中微粒混凝土弹性模量与应变率之间的近似关系为

$$\frac{E_{\rm c}^{\rm d}}{E_{\rm c}^{\rm s}} = 1.009\,74 + 0.081\,42 \lg(\dot\varepsilon_{\rm d}/\dot\varepsilon_{\rm s}) \tag{2.12}$$

式中，$E_{\rm c}^{\rm d}$ 为当前应变率下的微粒混凝土弹性模量；$E_{\rm c}^{\rm s}$ 为准静态应变率下的微粒混凝土弹性模量；$\dot\varepsilon_{\rm d}$ 为当前应变率；$\dot\varepsilon_{\rm s}$ 为准静态应变率。

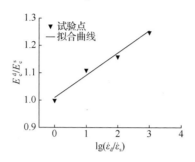

图 2.11　微粒混凝土弹性模量与应变率关系图

2.3　混凝土率相关本构模型

对于普通混凝土，本书基于 ABAQUS 有限元软件，分别采用混凝土损伤塑性模型和 Drucker-Prager 模型对混凝土试块的动态抗压性能进行研究；基于《混凝土结构设计规范》（GB 50010—2010）[3]中混凝土单轴受压应力-应变关系，提出了微粒混凝土单轴受压率相关本构模型；最后将微粒混凝土的动态抗压性能与普通混凝土进行对比。

2.3.1　混凝土单轴率相关本构模型

1. 混凝土单轴受压率相关本构方程

根据 Wakabayashi 等[15]和 Dilger 等[16]的研究结果，混凝土单轴名义受压应力-应变关系曲线形状与应变率无关，因此本章不同的应变率下混凝土单轴名义受压应力-应变关系曲线取相同的表达形式。参考《混凝土结构设计规范》（GB 50010—2010）[3]规定的混凝土单轴受压本构关系，动态抗压强度采用本章的试验结果，本章混凝土单轴受压率相关本构方程为

$$y = a_{\rm a}x + (3 - 2a_{\rm a})x^2 + (a_{\rm a} - 2)x^3 \qquad x \leqslant 1 \tag{2.13}$$

$$y = \frac{x}{a_{\rm d}(x-1)^2 + x} \qquad\qquad x > 1 \tag{2.14}$$

$$x = \frac{\varepsilon}{\varepsilon_{\text{cf}}} , \quad y = \frac{f}{f_{\text{cd}}} \tag{2.15}$$

$$f_{\text{cd}} = f_{\text{c}} k_{\text{DIF}}(\dot{\varepsilon}, f_{\text{cu}}) \tag{2.16}$$

式中，a_{a}、a_{d} 分别为上升段参数和下降段参数；ε_{cf} 为准静态受压峰值应变；f_{cu} 为混凝土准静态立方体抗压强度，k_{DIF} 的表达式见式（2.6）和式（2.7）。

2. 混凝土单轴受拉率相关本构关系

混凝土单轴受拉率相关本构方程为

$$\begin{cases} \sigma = E\varepsilon & \varepsilon < \varepsilon_{\text{tfd}} \\ \sigma = f_{\text{td}} - 0.1E(\varepsilon - \varepsilon_{\text{tfd}}) & \varepsilon \geqslant \varepsilon_{\text{tfd}} \end{cases} \tag{2.17}$$

式中，f_{td} 为当前应变率下的抗拉强度；ε_{tfd} 为当前应变率下的受拉峰值应变；E 为弹性模量，本章假定与应变率无关。

动态抗拉强度与准静态抗拉强度的关系采用 Comité Euro-International du Béton（CEB）模型，即

$$\frac{f_{\text{td}}}{f_{\text{t}}} = \left(\frac{\dot{\varepsilon}}{\dot{\varepsilon}_0}\right)^{1.016\delta} \qquad \dot{\varepsilon} \leqslant 30\text{s}^{-1} \tag{2.18}$$

$$\frac{f_{\text{td}}}{f_{\text{t}}} = \eta\dot{\varepsilon}^{1/3} \qquad \dot{\varepsilon} > 30\text{s}^{-1} \tag{2.19}$$

$$\lg\eta = 6.933\delta - 0.492 \tag{2.20}$$

$$\delta = \frac{1}{10 + \dfrac{f_{\text{cu}}}{2}} \tag{2.21}$$

式中，$\dot{\varepsilon}_0$ 为准静态应变率，取 $3.0 \times 10^{-6}\text{s}^{-1}$；$f_{\text{t}}$ 为准静态应变率下的抗拉强度。

2.3.2 微粒混凝土单轴受压率相关本构模型

不同应变率下微粒混凝土的应力-应变关系具有一定的相似性，并且与普通混凝土的应力-应变关系也具有相似性。因此参考《混凝土结构设计规范》（GB 50010—2010）[3]中的混凝土单轴受压应力-应变曲线方程进行回归，进行归一化处理后的微粒混凝土单轴受压的应力-应变曲线如图 2.12 所示。

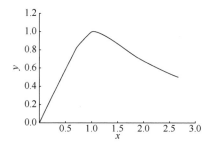

图 2.12　微粒混凝土单轴受压应力-应变曲线

不同应变率下微粒混凝土单轴受压应力-应变曲线方程可按下列公式确定：

$$\sigma_c^m = (1 - d_c^m) E_c^m \varepsilon^m \tag{2.22}$$

当 $x \leqslant 1$ 时

$$d_c^m = 1 - \frac{\rho_c^m n^m}{n^m - 1 + x^{n^m}} \tag{2.23}$$

当 $x > 1$ 时

$$d_c^m = 1 - \frac{\rho_c^m}{\alpha_c^m (x-1)^2 + x} \tag{2.24}$$

$$\rho_c^m = \frac{f_c^d}{E_c^m \varepsilon_c^m} \tag{2.25}$$

$$n^m = \frac{E_c^m \varepsilon_c^m}{E_c^m \varepsilon_c^m - f_c^d} \tag{2.26}$$

$$x^m = \frac{\varepsilon^m}{\varepsilon_c^m} \tag{2.27}$$

式中，α_c^m 为微粒混凝土单轴受压应力-应变曲线下降段的参数值，根据试验结果取值为 $\alpha_c^m = 0.95$；f_c^d 为微粒混凝土的动态抗压强度；ε_c^m 为与 f_c^d 相对应的微粒混凝土峰值压应变，f_c^d 考虑了应变率对抗压强度的影响，随着应变率的增大，峰值应力处的压应变试验结果虽然略有增大但没有呈现出较为明显的变化规律，因此，取用前文给出的建议值 0.001 353 作为微粒混凝土的峰值应力处的应变；E_c^m 为微粒混凝土的弹性模量；d_c^m 为微粒混凝土单轴受压损伤演化参数。

2.3.3　微粒混凝土和普通混凝土动态抗压性能对比

目前，关于混凝土动态抗压性能的研究成果通常基于下式：

$$\frac{f_c^d}{f_{cs}} = a + \alpha \lg(\dot{\varepsilon}_c / \dot{\varepsilon}_{cs}) \tag{2.28}$$

$$\frac{E_c^d}{E_{cs}} = b + \beta \lg(\dot{\varepsilon}_c / \dot{\varepsilon}_{cs}) \tag{2.29}$$

为了验证本章微粒混凝土动态受压本构模型的可靠性，选用沈德建等的微粒混凝土模型[14]和闫东明的普通混凝土模型[8]进行比较。

沈德建的微粒混凝土强度和弹性模量增量与应变率之间的关系是根据100mm×100mm×300mm 的棱柱体试块在不同应变率下的试验结果回归分析得到的，并参考《混凝土结构设计规范》（GB 50010—2010）给出了微粒混凝土动态受压本构模型。准静态应变率为 $10^{-5}s^{-1}$，抗压强度和弹性模量的增量表达式为

$$\frac{f_c^d}{f_{cs}} = 1 + 0.079\,5\lg(\dot{\varepsilon}_c / \dot{\varepsilon}_{cs}) \tag{2.30}$$

$$\frac{E_c^d}{E_{cs}} = 1 + 0.087\,5\lg(\dot{\varepsilon}_c / \dot{\varepsilon}_{cs}) \tag{2.31}$$

闫东明的模型是根据 C10 和 C20 两种强度的立方体试块（边长 100mm）在不同应变率下的抗压强度试验结果回归分析得到的。准静态应变率为 $10^{-5}s^{-1}$，C10 和 C20 混凝土的准静态抗压强度分别为 9.84MPa 和 16.83MPa，抗压强度和弹性模量的增量表达式为

C10 混凝土

$$\frac{f_c^d}{f_{cs}} = 1 + 0.082\,9\lg(\dot{\varepsilon}_c / \dot{\varepsilon}_{cs}) \tag{2.32}$$

$$\frac{E_c^d}{E_{cs}} = 1 + 0.0731\,4\lg(\dot{\varepsilon}_c / \dot{\varepsilon}_{cs}) \tag{2.33}$$

C20 混凝土

$$\frac{f_c^d}{f_{cs}} = 1 + 0.071\,4\lg(\dot{\varepsilon}_c / \dot{\varepsilon}_{cs}) \tag{2.34}$$

$$\frac{E_c^d}{E_{cs}} = 1 + 0.051\,9\lg(\dot{\varepsilon}_c / \dot{\varepsilon}_{cs}) \tag{2.35}$$

本章微粒混凝土动态本构模型与上述模型动态性能、抗压强度和弹性模量的对比分析见表 2.10 和图 2.13。通过与其他模型的比较可以看出，几种模型的动态性能相差不大，在振动台试验中用微粒混凝土来模拟普通混凝土是可行的。

表 2.10　本章模型与其他模型动态性能对比

模型	a	α	b	β	准静态抗压强度/MPa
本章模型	0.989 2	0.086 07	1.009 74	0.081 42	11.20
沈德建模型	1	0.079 5	1	0.087 5	6.67
闫东明模型-C10	1	0.082 9	1	0.073 14	9.84
闫东明模型-C20	1	0.071 4	1	0.051 9	16.89

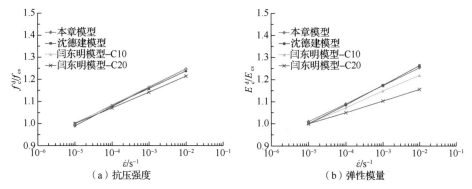

图 2.13　本章模型与其他模型抗压强度、弹性模量对比

2.4　不同应变率下的钢筋性能试验

钢筋在冲击和爆炸荷载下的应变率效应（应变率 $\dot{\varepsilon} \geqslant 1s^{-1}$）已经被广大科技工作者接受，并在国防工程设计规范中有所体现。但是，钢筋在地震作用下的应变率效应还未被广泛关注，在《建筑抗震设计规范》（GB 50011—2010）[17]中关于材料的应变率效应的条款未见报道。在国内，没有针对建筑钢筋在地震作用下的考虑应变率效应的试验。

在振动台试验中，由于受到台面尺寸和承载能力的限制，钢筋混凝土结构的振动台试验模型一般需要根据动力模型相似理论进行缩尺。混凝土可以用微粒混凝土进行模拟，而结构中的钢筋一般是采用镀锌铁丝来模拟。目前在国内还没有针对镀锌铁丝在地震作用下考虑材料应变率效应的拉伸试验和动态本构关系，对于振动台试验模型中经常用来模拟钢筋的镀锌铁丝，研究其在地震作用下的动态力学性能是有必要的。

因此，进行了以下研究工作：①对《建筑抗震设计规范》（GB 50011—2010）中规定使用的建筑钢筋（HPB235、HRB335、HRB400）在地震作用范围内的应变率效应进行试验研究，应变加载、常幅值循环加载和变幅值循环加载，对比分析不同强度、不同直径的钢筋在不同应变率下的力学和变形特性。②对三种不同型号的镀锌铁丝动态拉伸性能进行了试验研究，选用材料在地震作用下可能遇到的应变率范围（0.000 25～0.1s^{-1}），加载方式为拉伸加载，对比分析了三种不同型号的镀锌铁丝在不同应变率下的力学和变形特性，并通过回归分析提出了镀锌铁丝动、静拉伸强度的比值与应变率之间的关系表达式（动力提高系数），并与钢筋的动力提高系数进行了比较分析。

2.4.1　建筑钢筋应变率效应的试验研究

1. 试件设计

材料选用《建筑抗震设计规范》（GB 50011—2010）中规定使用的建筑钢筋，主要有 HPB235、HRB335 和 HRB400，直径均为 14mm。本章所用钢筋的化学组成如表 2.11 所示。将选用的钢筋加工成钢筋棒形试件的尺寸如图 2.14 所示，其中试件（a）36 个，试件（b）12 个，试件（c）48 个，共计 98 个。标距为 25mm。

表 2.11　钢筋的化学组成　　　　　　　　　　　　（单位：%）

材料	C	Si	Mn	P	S	Cr	Ni	Cu	Mo	Nb	Ceq
HPB235	0.17	0.2	0.51	0.031	0.029						
HRB335	0.22	0.51	0.24	0.018	0.023	0.02	0.01	0.01			0.43
HRB400	0.25	0.7	1.43	0.02	0.03	0.04	0.04	0.13	0.01	0.02	0.51

注：化学组成为质量分数。

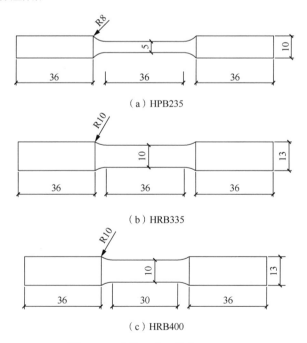

（a）HPB235

（b）HRB335

（c）HRB400

图 2.14　试件尺寸（单位：mm）

2．试验设备

试验在大连理工大学工业装备结构分析国家重点实验室的 MTS New 810 电液伺服材料试验机上进行［图 2.15（a）］。该试验机最大负荷±100kN；频率范围0.001～40Hz；工作活塞最大行程±80mm；可以进行力、位移、应变等方式控制加载。本次试验采用应变控制加载，试验机的液压驱动头由装在试件上的引伸计控制［图2.15（b）］，产生期望的应变和力，并在试验过程中保持应变率恒定。

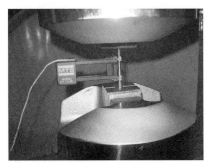

（a）电液伺服材料试验机　　　　　　　　　　（b）引伸计

图 2.15　试验设备

3．试验过程

根据《金属材料　拉伸试验　第 1 部分：室温试验方法》（GB/T 228.1—2010）[18]及选用的试验材料，设定准静态应变率为 $2.5\times10^{-4}s^{-1}$。

试验内容主要有以下几部分。

钢筋 HPB235、HRB335、HRB400 在不同应变率下的单调拉伸加载，并考虑了试件直径对应变率敏感性的影响，选用图 2.14 中的试件（a）和（b），实测的拉伸加载应变-时间曲线见图 2.16（a）。

钢筋 HPB235、HRB335、HRB400 在不同应变率下的常幅值循环加载，幅值应变为 0.02，选用图 2.14 中的试件（c），实测的常幅值循环加载应变-时间曲线见图 2.16（b）。

钢筋 HRB400 在不同应变率下的变幅值循环加载，幅值应变依次为 0.01、0.02、0.03、0.04，选用图 2.14 中的试件（c），实测的变幅值循环加载应变-时间曲线见图 2.16（c）。

以上试验中，应变率均取地震作用下应变率变化范围内的四个典型值分别为 $2.5\times10^{-4}s^{-1}$、$2.5\times10^{-3}s^{-1}$、$2.5\times10^{-2}s^{-1}$ 和 $2.5\times10^{-1.4}s^{-1}$（即 $0.1s^{-1}$），每种情况进行三次试验，试验时温度是 25℃。

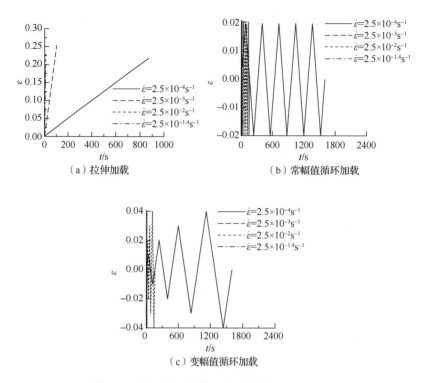

图 2.16　实测不同加载方式下的应变-时间曲线

4. 拉伸加载

图 2.17 表示试件（a）在不同应变率下的拉伸应力-应变曲线。可以看出，随着应变率的增大，三种建筑钢筋的弹性模量基本不变，屈服强度和抗拉强度均提高，屈服平台长度变大，应变硬化的起始应变增大，峰值应变无明显变化，极限延伸率 δ（定义为钢筋拉断后的伸长变形与量测标距的比值）先增大后减小。表 2.12～表 2.16 列出了不同强度的钢筋在不同应变率下的屈服强度、抗拉强度、应变硬化起始应变、峰值应变和极限延伸率。对试验数据进行分析表明，对于三种建筑钢筋 HPB235、HRB335 和 HRB400，当应变率从 $2.5 \times 10^{-4} \mathrm{s}^{-1}$ 变到 $2.5 \times 10^{-1.4} \mathrm{s}^{-1}$，平均屈服强度分别提高 17.5%、9.7%、7.1%，抗拉强度分别提高 4.8%、4.3%、3.7%。由此可见，建筑钢筋的应变率敏感性与钢筋的强度成反比，强度越高，应变率敏感性越小。峰值应变对应变率不敏感，近似认为不随应变率变化的常量，分别为 0.199、0.143、0.121。弹性模量对应变率不敏感，认为是不随应变率变化的常量，分别为 $2.1 \times 10^{5} \mathrm{MPa}$、$2.0 \times 10^{5} \mathrm{MPa}$、$2.0 \times 10^{5} \mathrm{MPa}$。

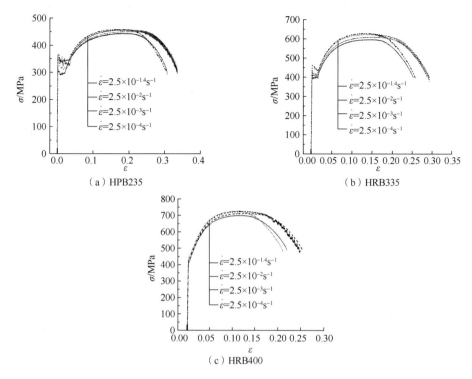

图 2.17 不同应变率下的拉伸应力-应变曲线

表 2.12 不同强度的钢筋在不同应变率下的屈服强度

材料	应变率/s⁻¹	f_{y1} /MPa	f_{y2} /MPa	f_{y3} /MPa	f_u^{avg} /MPa
HPB235	2.5×10^{-4}	286.0	283.4	289.0	286.1
	2.5×10^{-3}	292.5	301.5	309.6	301.2
	2.5×10^{-2}	317.1	330.8	324.8	324.2
	$2.5 \times 10^{-1.4}$	334.6	336.5	337.6	336.2
HRB335	2.5×10^{-4}	396.1	393.8	392.4	394.1
	2.5×10^{-3}	404.3	411.3	404.5	406.7
	2.5×10^{-2}	423.0	423.2	410.4	418.9
	$2.5 \times 10^{-1.4}$	434.2	431.5	430.8	432.2
HRB400	2.5×10^{-4}	409.3	419.5	413.9	414.2
	2.5×10^{-3}	427.1	423.0	423.0	424.4
	2.5×10^{-2}	434.9	438.1	431.5	434.8
	$2.5 \times 10^{-1.4}$	443.1	444.3	443.9	443.8

表 2.13　不同强度的钢筋在不同应变率下的抗拉强度

材料	应变率/s⁻¹	f_{u1}/MPa	f_{u2}/MPa	f_{u3}/MPa	f_u^{avg}/MPa
HPB235	$2.5×10^{-4}$	437.4	434.4	445.7	439.2
	$2.5×10^{-3}$	435.5	448.4	452.7	445.5
	$2.5×10^{-2}$	445.9	464.3	459.0	456.4
	$2.5×10^{-1.4}$	458.4	458.8	464.1	460.4
HRB335	$2.5×10^{-4}$	606.1	599.6	609.2	605.0
	$2.5×10^{-3}$	609.1	619.1	612.4	613.5
	$2.5×10^{-2}$	632.2	625.2	626.4	627.9
	$2.5×10^{-1.4}$	630.7	632.8	630.2	631.2
HRB400	$2.5×10^{-4}$	697.4	714.7	703.3	705.1
	$2.5×10^{-3}$	714.4	707.6	713.0	711.7
	$2.5×10^{-2}$	731.9	727.2	715.8	725.0
	$2.5×10^{-1.4}$	728.9	733.0	731.3	731.1

表 2.14　不同强度的钢筋在不同应变率下的应变硬化起始应变

材料	应变率/s⁻¹	ε_{h1}/10⁻²	ε_{h2}/10⁻²	ε_{h3}/10⁻²	ε_h^{avg}/10⁻²
HPB235	$2.5×10^{-4}$	2.086	2.301	2.212	2.200
	$2.5×10^{-3}$	3.396	2.906	2.970	3.091
	$2.5×10^{-2}$	4.039	3.49	3.56	3.696
	$2.5×10^{-1.4}$	4.411	4.079	3.495	3.995
HRB335	$2.5×10^{-4}$	1.586	1.635	1.477	1.566
	$2.5×10^{-3}$	1.627	1.687	1.673	1.662
	$2.5×10^{-2}$	1.801	1.810	1.669	1.760
	$2.5×10^{-1.4}$	1.954	1.897	1.910	1.920
HRB400	$2.5×10^{-4}$	0.471	0.450	0.439	0.453
	$2.5×10^{-3}$	0.469	0.478	0.459	0.469
	$2.5×10^{-2}$	0.473	0.492	0.497	0.487
	$2.5×10^{-1.4}$	0.556	0.583	0.584	0.574

表 2.15　不同强度的钢筋在不同应变率下的峰值应变

材料	应变率/s^{-1}	ε_{f1}/10^{-2}	ε_{f2}/10^{-2}	ε_{f3}/10^{-2}	ε_f^{avg}/10^{-2}
HPB235	2.5×10^{-4}	20.498	19.465	17.687	19.217
	2.5×10^{-3}	24.246	19.445	21.698	21.796
	2.5×10^{-2}	17.868	19.055	20.586	19.170
	$2.5\times10^{-1.4}$	21.370	18.738	18.394	19.501
HRB335	2.5×10^{-4}	16.039	14.942	16.126	15.702
	2.5×10^{-3}	14.624	14.405	14.070	14.366
	2.5×10^{-2}	13.562	13.743	14.738	14.014
	$2.5\times10^{-1.4}$	12.899	13.943	12.844	13.229
HRB400	2.5×10^{-4}	11.888	13.210	12.223	12.440
	2.5×10^{-3}	12.586	12.157	12.285	12.343
	2.5×10^{-2}	11.319	11.949	11.671	11.646
	$2.5\times10^{-1.4}$	10.855	12.388	12.089	11.777

表 2.16　不同强度的钢筋在不同应变率下的极限延伸率

材料	应变率/s^{-1}	δ_1/10^{-2}	δ_2/10^{-2}	δ_3/10^{-2}	δ_{avg}/10^{-2}
HPB235	2.5×10^{-4}	27.170	29.013	30.623	28.935
	2.5×10^{-3}	30.684	30.271	33.717	31.557
	2.5×10^{-2}	31.090	33.523	33.604	32.739
	$2.5\times10^{-1.4}$	31.697	29.960	30.463	30.707
HRB335	2.5×10^{-4}	31.905	25.057	30.835	29.266
	2.5×10^{-3}	30.517	28.516	29.057	29.363
	2.5×10^{-2}	25.971	27.627	29.114	27.571
	$2.5\times10^{-1.4}$	25.632	25.658	25.279	25.523
HRB400	2.5×10^{-4}	21.534	23.344	21.681	22.186
	2.5×10^{-3}	25.276	24.255	25.046	24.859
	2.5×10^{-2}	23.616	24.691	24.558	24.288
	$2.5\times10^{-1.4}$	21.027	22.699	23.937	22.554

以 HRB400 为例，对比了直径不同的两种试件［试件（a）和试件（b）］的应变率敏感性，结果发现虽然同一应变率下不同直径的特征强度和特征应变有些差异，但是不同直径试件的强度和变形特征值的应变率敏感性基本不变，如图 2.18 所示。为简化起见，可以认为钢筋的应变率敏感性与直径无关。

根据试件（a）的试验结果，回归分析得到如下方程，用来表达动力提高系数 k_{DIF}（动态特征强度或应变与准静态特征强度或应变的比值）与钢筋准静态屈服强度和应变率的关系[19]。

$$\frac{f_{\mathrm{yd}}}{f_{\mathrm{ys}}} = 1.0 + c_{\mathrm{f}} \lg \frac{\dot{\varepsilon}_{\mathrm{s}}}{\dot{\varepsilon}_{\mathrm{s0}}}, \quad c_{\mathrm{f}} = 0.1709 - 3.289 \times 10^{-4} f_{\mathrm{ys}} \tag{2.36}$$

$$\frac{f_{\mathrm{ud}}}{f_{\mathrm{us}}} = 1 + c_{\mathrm{u}} \lg \frac{\dot{\varepsilon}_{\mathrm{s}}}{\dot{\varepsilon}_{\mathrm{s0}}}, \quad C_{\mathrm{u}} = 0.027\,38 - 2.982 \times 10^{-5} f_{\mathrm{ys}} \tag{2.37}$$

$$\frac{\varepsilon_{\mathrm{hd}}}{\varepsilon_{\mathrm{hs}}} = 1 + c_{\mathrm{h}} \lg \frac{\dot{\varepsilon}_{\mathrm{s}}}{\dot{\varepsilon}_{\mathrm{s0}}}, \quad C_{\mathrm{h}} = 0.9324 - 0.002\,12 f_{\mathrm{ys}} \tag{2.38}$$

式中，$\dot{\varepsilon}_{\mathrm{s}}$ 为当前的应变率；$\dot{\varepsilon}_{\mathrm{s0}}$ 为准静态应变率，这里取为 $\dot{\varepsilon}_{\mathrm{s0}} = 2.5 \times 10^{-4}\,\mathrm{s}^{-1}$；$f_{\mathrm{ys}}$、$f_{\mathrm{yd}}$ 分别为静态和动态屈服强度；f_{us}、f_{ud} 分别为静态和动态抗拉强度；$\varepsilon_{\mathrm{hs}}$、$\varepsilon_{\mathrm{hd}}$ 分别为静态和动态应变硬化的起始应变；C_{f}、C_{u}、C_{h} 分别是由静态屈服强度 f_{ys} 表示的参数。

为了验证动力提高系数回归方程的可靠性，选用国外影响比较大的 CEB 模型和国内的林峰的模型[20]进行对比。下文对 CEB 模型和林峰的模型做了简要介绍。

CEB 模型是根据德国规范中推荐使用的 BST420/500 RU 热轧钢筋在 $\dot{\varepsilon} < 10\mathrm{s}^{-1}$ 时的拉伸试验结果得到的，钢筋标号的数字代表屈服强度。CEB 模型给出钢筋的屈服强度和抗拉强度随应变率的变化规律为

$$\frac{f_{\mathrm{td}}}{f_{\mathrm{ys}}} = 1.0 + \left(\frac{6.0}{f_{\mathrm{ys}}}\right) \ln\left(\frac{\dot{\varepsilon}_{\mathrm{s}}}{\dot{\varepsilon}_{\mathrm{s0}}}\right) \tag{2.39}$$

$$\frac{f_{\mathrm{td}}}{f_{\mathrm{us}}} = 1.0 + \left(\frac{6.0}{f_{\mathrm{us}}}\right) \ln\left(\frac{\dot{\varepsilon}_{\mathrm{s}}}{\dot{\varepsilon}_{\mathrm{s0}}}\right) \tag{2.40}$$

取准静态应变率为 $\dot{\varepsilon}_{\mathrm{s0}} = 5.0 \times 10^{-5}\,\mathrm{s}^{-1}$。

林峰的模型是根据建筑钢筋 HPB235、HRB335 和 HRB400 在应变率范围为 $2\mathrm{s}^{-1} \leqslant \dot{\varepsilon} \leqslant 80\mathrm{s}^{-1}$ 时的拉伸试验结果回归得到的，并证明可以外推至 $\dot{\varepsilon} < 2\mathrm{s}^{-1}$ 的情况。给出的屈服强度和抗拉强度随应变率的变化规律为

$$\frac{f_{\mathrm{yd}}}{f_{\mathrm{ys}}} = 1 + \frac{D_1}{f_{\mathrm{ys}}} \ln \frac{\dot{\varepsilon}_{\mathrm{s}}}{\dot{\varepsilon}_{\mathrm{s0}}} \tag{2.41}$$

$$\frac{f_{\mathrm{ud}}}{f_{\mathrm{us}}} = 1 + \frac{D_2}{f_{\mathrm{us}}} \ln \frac{\dot{\varepsilon}_{\mathrm{s}}}{\dot{\varepsilon}_{\mathrm{s0}}} \tag{2.42}$$

取准静态应变率为 $\dot{\varepsilon}_{\mathrm{s0}} = 3.0 \times 10^{-4}\,\mathrm{s}^{-1}$，对于三种建筑钢筋 HPB235、HRB335 和 HRB400，D_1 分别取 10.05、8.73、8.72；D_2 分别取 6.38、6.54、6.54。

以 HRB400 钢筋为例，本章模型与 CEB 模型和林峰模型中动力提高系数的对

比如图 2.18 所示，对比可见：CEB 模型的动力提高系数稍显偏高，林峰模型的动力提高系数与本章的基本一致，但总的说来三种模型差别不大。本章动力提高系数回归方程的适用范围是 $235\text{MPa} \leqslant f_{ys} \leqslant 430\text{MPa}$，比 CEB 模型适用范围大；且本章回归方程中的系数是准静态屈服强度的函数，应用起来比林峰的模型方便，因此本章提出的动力提高系数的回归方程比较实用。

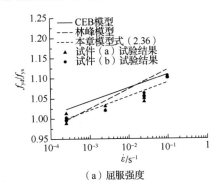

（a）屈服强度

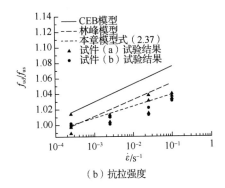

（b）抗拉强度

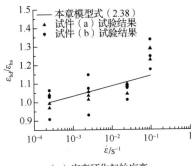

（c）应变硬化起始应变

图 2.18　本章模型及其他模型动力提高系数的对比

5. 等幅循环加载

图 2.19 比较了三种钢筋在应变率分别为 $2.5 \times 10^{-4} s^{-1}$ 和 $2.5 \times 10^{-2} s^{-1}$、应变幅值为 0.02 时的滞回曲线，为了清晰起见，只选择了有代表性滞回环进行比较。在应变等于 0.02 时，HPB235 钢筋处于屈服阶段，而 HRB335 钢筋和 HRB400 钢筋处于强化阶段。

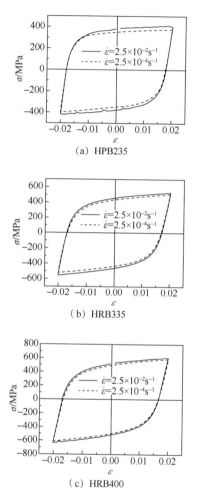

图 2.19　不同钢筋在不同应变率下的滞回曲线

图 2.19 可见，随着应变率的提高，三种钢筋 HPB235、HRB335、HRB400 的强度和滞回耗能能力均提高，而屈服强度较低的钢筋（如 HPB235）的强度提高幅度比屈服强度较高的钢筋（如 HRB335、HRB400）大，同一种钢筋在不同应变率下的滞回环相似。同一应变率下，钢筋 HPB235、HRB335、HRB400 的滞回环依次越来越窄。由试验现象可知，在循环到第 4~5 周时滞回曲线基本稳定。

6. 变幅值循环加载

图 2.20 比较了钢筋 HRB400 在应变率分别为 $2.5×10^{-4}s^{-1}$ 和 $2.5×10^{-1.4}s^{-1}$ 时的变幅值循环加载时的滞回曲线，结果表明，钢筋强度随应变率的提高而提高，不同应变率下滞回环相似。为了建立钢筋动态循环本构模型，图 2.21 对比了不同应变率下钢筋 HRB400 在循环加载下的骨架曲线与单调加载时的拉伸曲线。对比可见，同一应变率下钢筋循环加载的骨架曲线与单调加载拉伸曲线基本重合，由此为建立钢筋动态循环本构模型奠定了基础。

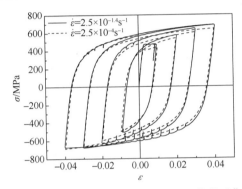

图 2.20　钢筋 HRB400 在不同应变率下的滞回曲线

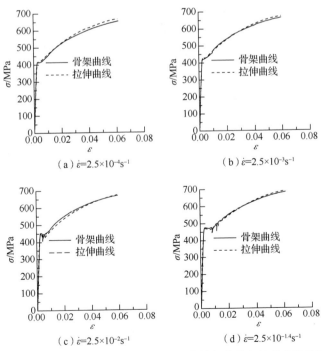

（a）$\dot{\varepsilon}=2.5×10^{-4}s^{-1}$　　　　　　　　（b）$\dot{\varepsilon}=2.5×10^{-3}s^{-1}$

（c）$\dot{\varepsilon}=2.5×10^{-2}s^{-1}$　　　　　　　　（d）$\dot{\varepsilon}=2.5×10^{-1.4}s^{-1}$

图 2.21　不同应变率下的钢筋 HRB400 的骨架曲线与拉伸曲线的对比

2.4.2 镀锌铁丝应变率效应的试验研究

1. 试验设备

采用大连理工大学工业装备结构分析国家重点实验室 MTS New 810 电液伺服材料试验机进行加载，如图 2.22 所示。按照试验要求在计算机程序中设定加载速率，并在试验过程中保持应变率恒定。

2. 试验方案及过程

根据《金属材料　拉伸试验　第 1 部分：室温试验方法》（GB/T 228.1—2010）[18]以及选用的试验材料，设定准静态应变率为 $2.5 \times 10^{-4} s^{-1}$。由于镀锌铁丝的型号是通过直径来区分的，而不同型号的镀锌铁丝在力学性能上会存在一些差别，因此取用三种比较常用的镀锌铁丝直径 1.6mm、2mm、2.8mm 在不同应变率下进行单调拉伸加载试验，标距取为 50mm，应变率取地震作用应变率变化范围内的四个典型值分别为 $2.5 \times 10^{-4} s^{-1}$、$2.5 \times 10^{-3} s^{-1}$、$2.5 \times 10^{-2} s^{-1}$、$2.5 \times 10^{-1.4} s^{-1}$（即 $0.1 s^{-1}$），每种情况进行三次试验，试验时室温是 25℃。

图 2.22　试验设备

3. 不同应变率下镀锌铁丝应力-应变曲线

图 2.23 为镀锌铁丝拉伸试验后的破坏形态，图 2.24 为镀锌铁丝在不同应变率下的拉伸应力-应变曲线。表 2.17～表 2.21 分别列出了三种不同型号的镀锌铁丝在不同应变率下的屈服强度、抗拉强度、应变硬化起始应变、峰值应变和极限延伸率。随着应变率的提高，镀锌铁丝的弹性模量基本保持不变，分别为 72 023MPa、71 371MPa、73 235MPa。屈服强度与抗拉强度均有提高，应变率增大过程中，屈服强度分别提高了 20.68%、12.11% 和 9.14%，抗拉强度分别提高了 8.72%、5.99%

和 3.15%。应变硬化起始应变有增大的趋势，但不十分明显，应变硬化起始应变近似认为是不随应变率变化的常量，三种不同型号的镀锌铁丝的应变硬化起始应变分别为 0.794×10^{-2}、1.699×10^{-2}、0.671×10^{-2}。极限应变也没有表现出明显的应变率敏感性，近似认为是不随应变率变化的常量，三种不同型号的镀锌铁丝的峰值应变均值分别为 22.84×10^{-2}、21.11×10^{-2}、18.29×10^{-2}。随着应变率的提高，极限延伸率呈现出先增大后减小的趋势。

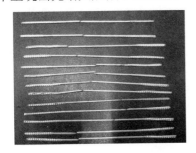

（a）直径为 1.6mm

（b）直径为 2mm

（c）直径为 2.8mm

图 2.23　镀锌铁丝拉伸试验后的破坏形态

根据三种不同型号的镀锌铁丝试件试验结果，回归分析得到如下方程，用来表达镀锌铁丝动、静态拉伸强度与应变率的关系。

$$\frac{f_{yd}}{f_{ys}}=1.0+0.0456\lg\left(\frac{\dot{\varepsilon}_w}{\dot{\varepsilon}_{w0}}\right) \tag{2.43}$$

$$\frac{f_{ud}}{f_{us}}=1.0+0.0212\lg\left(\frac{\dot{\varepsilon}_w}{\dot{\varepsilon}_{w0}}\right) \tag{2.44}$$

式中，$\dot{\varepsilon}_w$ 为当前应变率；$\dot{\varepsilon}_{w0}$ 为准静态应变率，取 $\dot{\varepsilon}_{w0}=2.5\times10^{-4}\mathrm{s}^{-1}$；$f_{ys}$、$f_{yd}$ 分别为静态和动态屈服强度，f_{us}、f_{ud} 分别为静态和动态抗拉强度。

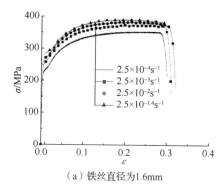

（a）铁丝直径为1.6mm

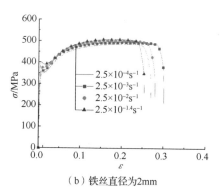

（b）铁丝直径为2mm

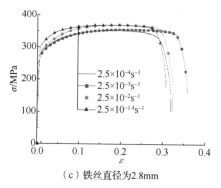

（c）铁丝直径为2.8mm

图 2.24　镀锌铁丝在不同应变率下拉伸应力-应变曲线

表 2.17　镀锌铁丝在不同应变率下的屈服强度

直径/mm	应变率/s^{-1}	f_{y1}/MPa	f_{y2}/MPa	f_{y3}/MPa	f_y^{avg}/MPa
1.6	$2.5×10^{-4}$	237.32	240.09	238.25	238.55
	$2.5×10^{-3}$	247.14	254.59	252.44	251.39
	$2.5×10^{-2}$	268.42	257.49	267.28	264.40
	$2.5×10^{-1.4}$	297.52	280.45	285.72	287.90
2	$2.5×10^{-4}$	358.09	354.66	351.26	354.67
	$2.5×10^{-3}$	366.18	363.06	355.69	361.64
	$2.5×10^{-2}$	372.90	377.36	377.09	375.78
	$2.5×10^{-1.4}$	398.06	393.76	401.04	397.62
2.8	$2.5×10^{-4}$	269.71	273.58	277.34	273.54
	$2.5×10^{-3}$	279.65	279.91	278.66	279.41
	$2.5×10^{-2}$	289.60	283.20	284.60	285.80
	$2.5×10^{-1.4}$	310.01	296.09	289.51	298.54

表 2.18　镀锌铁丝在不同应变率下的抗拉强度

直径/mm	应变率/s^{-1}	f_{u1}/MPa	f_{u2}/MPa	f_{u3}/MPa	f_u^{avg}/MPa
1.6	$2.5×10^{-4}$	353.38	355.12	360.53	356.34
	$2.5×10^{-3}$	356.18	370.53	373.66	366.79
	$2.5×10^{-2}$	382.98	375.13	373.45	377.19
	$2.5×10^{-1.4}$	393.46	378.61	390.18	387.42
2	$2.5×10^{-4}$	488.71	485.82	484.53	486.35
	$2.5×10^{-3}$	501.45	494.75	487.77	494.66
	$2.5×10^{-2}$	496.59	504.25	500.90	500.58
	$2.5×10^{-1.4}$	517.41	509.11	519.89	515.47
2.8	$2.5×10^{-4}$	351.65	352.72	353.20	352.52
	$2.5×10^{-3}$	352.74	355.55	353.29	353.86
	$2.5×10^{-2}$	352.42	365.70	369.67	362.60
	$2.5×10^{-1.4}$	367.27	365.37	358.25	363.63

表 2.19　镀锌铁丝在不同应变率下的应变硬化起始应变

直径/mm	应变率/s^{-1}	ε_{h1} /10^{-2}	ε_{h2} /10^{-2}	ε_{h3} /10^{-2}	ε_{h}^{avg} /10^{-2}
1.6	2.5×10^{-4}	0.710	0.697	0.721	0.709
	2.5×10^{-3}	0.769	0.703	0.711	0.728
	2.5×10^{-2}	0.821	0.784	0.819	0.808
	2.5×10$^{-1.4}$	0.928	0.927	0.939	0.931
2	2.5×10^{-4}	1.506	1.600	1.411	1.506
	2.5×10^{-3}	1.622	1.449	1.504	1.525
	2.5×10^{-2}	1.862	1.769	1.863	1.831
	2.5×10$^{-1.4}$	1.887	1.912	1.960	1.920
2.8	2.5×10^{-4}	0.624	0.614	0.656	0.631
	2.5×10^{-3}	0.666	0.765	0.632	0.688
	2.5×10^{-2}	0.657	0.728	0.723	0.703
	2.5×10$^{-1.4}$	0.619	0.623	0.736	0.659

表 2.20　镀锌铁丝在不同应变率下的峰值应变

直径/mm	应变率/s^{-1}	ε_{u1} /10^{-2}	ε_{u2} /10^{-2}	ε_{u3} /10^{-2}	ε_{u}^{avg} /10^{-2}
1.6	2.5×10^{-4}	23.52	25.16	21.44	23.37
	2.5×10^{-3}	26.46	24.74	23.52	24.91
	2.5×10^{-2}	25.01	21.57	21.31	22.63
	2.5×10$^{-1.4}$	18.84	22.81	19.69	20.45
2	2.5×10^{-4}	24.40	24.48	24.32	24.40
	2.5×10^{-3}	22.37	20.18	20.88	21.14
	2.5×10^{-2}	19.49	19.86	18.23	19.19
	2.5×10$^{-1.4}$	19.77	19.25	20.08	19.70
2.8	2.5×10^{-4}	18.31	17.94	18.02	18.09
	2.5×10^{-3}	18.20	22.03	17.88	19.37
	2.5×10^{-2}	19.99	16.20	20.09	18.76
	2.5×10$^{-1.4}$	16.06	16.21	18.53	16.93

表 2.21　镀锌铁丝在不同应变率下的极限延伸率

直径/mm	应变率/s^{-1}	δ_1 /%	δ_2 /%	δ_3 /%	δ_{avg} /%
1.6	2.5×10^{-4}	27.96	28.38	29.12	28.49
	2.5×10^{-3}	33.22	29.90	29.88	31.00
	2.5×10^{-2}	29.84	28.68	29.34	29.29
	$2.5\times10^{-1.4}$	27.96	26.66	28.56	27.73
2	2.5×10^{-4}	26.64	26.54	25.17	26.12
	2.5×10^{-3}	29.88	27.96	24.68	27.51
	2.5×10^{-2}	23.46	25.74	23.04	24.08
	$2.5\times10^{-1.4}$	28.92	23.16	25.22	25.77
2.8	2.5×10^{-4}	30.12	29.25	28.13	29.17
	2.5×10^{-3}	29.32	33.22	28.36	30.30
	2.5×10^{-2}	29.32	25.94	32.44	29.23
	$2.5\times10^{-1.4}$	28.08	27.14	29.67	28.30

2.5　钢筋率相关本构模型

地震作用下结构中材料的最大应变率达到 $0.1s^{-1}$ 左右，钢筋和混凝土在高应变率下会表现出与静荷载作用时不同的力学和变形行为，因此在钢筋混凝土结构抗震分析中应该采用材料的率相关本构关系。

在国内，没有针对建筑钢筋在地震作用下的考虑应变率效应的试验，只有针对机械钢材在快速加工荷载下考虑应变率效应的试验[21]。虽然应变率范围与地震作用接近，但已有试验都只是定性的分析，没有进行定量的分析并给出实用的本构模型。

镀锌铁丝作为模型材料在进行振动台试验的过程中也同样会产生应变率效应。

2.5.1　钢筋动态循环本构模型

1. 本构模型

1）骨架曲线

根据试验结果，相同应变率下循环加载的骨架曲线与单调加载的拉伸曲线相一致，故骨架曲线采用单调加载时的动态强度特征值和变形特征值的方程式（2.36）～式（2.38），不考虑屈服段钢筋强度的变化，建立的骨架曲线本构关系为

$$
\sigma_{env} = \begin{cases} E\varepsilon & \varepsilon < f_{yd}/E \\ f_{yd} & f_{yd}/E \leqslant \varepsilon \leqslant \varepsilon_{hd} \\ f_{ud} - \left(f_{ud} - f_{yd}\right)\left(\dfrac{\varepsilon_u - \varepsilon}{\varepsilon_u - \varepsilon_{hd}}\right)^c & \varepsilon_{hd} < \varepsilon \leqslant \varepsilon_u \end{cases} \tag{2.45}
$$

式中，E 为弹性模量；ε_u 为峰值应变；c 为表示硬化段曲率大小的量，取 2～6，其他量与上文相同。本模型假定钢筋的拉压骨架曲线相同，只需对公式的正负号做适当改变。

2）滞回规则

滞回规则应能反映钢筋的包辛格效应以及变形耗能能力等基本特性，同时相关的参数采用上文的动态参量。为简化起见，本模型不考虑由于循环塑性应变累积而导致的应变硬化的起始应变减小。

钢筋在加载、卸载、再加载过程中（图 2.25）的应力-应变关系用下式确定

$$
\sigma = \sigma_{env} - \left(\sigma_{env} - \sigma_{rev}\right) f(\varepsilon) \tag{2.46}
$$

$$
f(\varepsilon) = 1 - \frac{\beta\Delta\varepsilon}{\left[1 + \left(\beta\Delta\varepsilon\right)^R\right]^{\frac{1}{R}}} \tag{2.47}
$$

$$
\beta = \frac{E}{\sigma_{env} - \sigma_{rev}} \tag{2.48}
$$

$$
\Delta\varepsilon = \varepsilon - \varepsilon_{rev} \tag{2.49}
$$

$$
R = R_0 - \frac{a_1\xi}{a_2 + \xi} \tag{2.50}
$$

$$
\xi = \frac{\varepsilon_{zmn} - \varepsilon_{zmp}}{\varepsilon_{yd}} \tag{2.51}
$$

$$
\varepsilon_{yd} = \frac{f_{yd}}{E} \tag{2.52}
$$

式中，σ_{rev}、ε_{rev} 为卸载或反向加载时起点的应力和应变；R 反映了加载曲线的曲率。

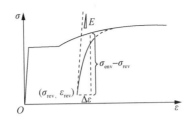

图 2.25　滞回模型的再加载曲线示意图

为了考虑钢筋发生塑性变形后的等向强化，假定骨架曲线沿应变轴发生移动，从而可以使应力-应变滞回曲线从骨架曲线内部逼近，并取得其值。骨架曲线的移动距离为

$$\varepsilon_{zm} = \varepsilon_{rev} - \frac{\sigma_{rev}}{E} \tag{2.53}$$

在整个加载过程中，正向和负向移动的最大值计为 ε_{zmp} 和 ε_{zmn} 被储存起来，并在加载过程中不断更新，用来确定骨架曲线的位置，并用来更新塑性应变变量 ξ。在骨架曲线的移动过程中（图 2.26），正向的骨架曲线只能沿应变轴的负向移动，负向的骨架曲线只能沿应变轴的正向移动。

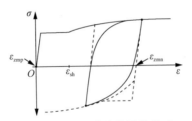

图 2.26　骨架曲线位置的移动

发生塑性变形后，钢筋的骨架曲线采用下式表示

$$\begin{cases} \sigma_{env} = \sigma_{yd} & \left(|\varepsilon - \varepsilon_{zm}| \leqslant \varepsilon_{hd} \text{且} \Delta\varepsilon_{zm} \leqslant \varepsilon_{hd}\right) \\ \sigma_{env} = \sigma_{ud} - \left(\sigma_{ud} - \sigma_{yd}\right)\left(\dfrac{\varepsilon_u - |\varepsilon - \varepsilon_{zm}|}{\varepsilon_u - \varepsilon_{hd}}\right)^c & \left(\varepsilon - \varepsilon_{zm} \leqslant \varepsilon_{hd} \text{且} \Delta\varepsilon_{zm} > \varepsilon_{hd}\right) \text{或} \left(|\varepsilon - \varepsilon_{zm}| > \varepsilon_{hd}\right) \end{cases} \tag{2.54}$$

其中，$\Delta\varepsilon_{zm} = \varepsilon_{zmn} - \varepsilon_{zmp}$；当钢筋受压时，$\sigma_{env}$ 应改变为负值。

2. 与试验结果的对比

以钢筋 HRB400 为例，取模型参数 $c = 3$，$R_0 = 25$，$a_1 = 22.5$，$a_2 = 0.1$ 及钢筋参数 $\varepsilon_{hs} = 0.005\,02$，$\varepsilon_u = 0.125$，$E = 2.0 \times 10^5 \text{MPa}$，$f_{ys} = 420.5\text{MPa}$，$f_{us} = 703.5\text{MPa}$，编制 FORTRAN 程序，对单调拉伸加载、等幅循环加载和变幅循环

加载进行了模型和试验结果的对比，如图 2.27 所示。对比结果表明，本章模型与试验结果吻合较好，由此证明了所提出模型的有效性。

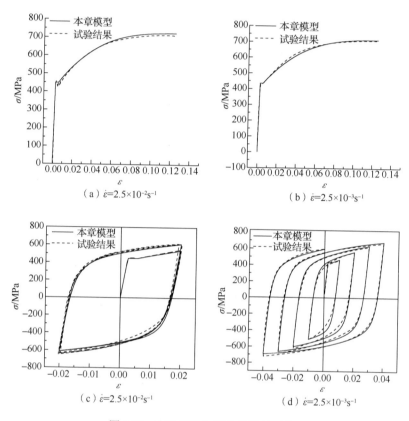

（a）$\dot{\varepsilon}=2.5\times10^{-2}s^{-1}$　　　　　　　（b）$\dot{\varepsilon}=2.5\times10^{-3}s^{-1}$

（c）$\dot{\varepsilon}=2.5\times10^{-2}s^{-1}$　　　　　　　（d）$\dot{\varepsilon}=2.5\times10^{-3}s^{-1}$

图 2.27　本章模型与试验结果的对比

2.5.2　镀锌铁丝与钢筋动态拉伸性能对比

目前，比较典型的钢筋动态拉伸本构模型有国内的李敏-李宏男模型[22]、林峰模型[20]和国外影响较大的 CEB 模型[23]。

李敏-李宏男的模型是根据建筑钢筋 HPB235、HRB335 和 HRB400 在地震作用应变率范围内（2.5×10^{-4}）～（$2.5\times10^{-1.4}$）s^{-1} 的拉伸试验结果回归分析得到的，适用的范围是 235MPa$\leqslant f_{ys}\leqslant$430MPa。屈服强度、抗拉强度与应变率之间的关系如式（2.36）和式（2.37）所示。

林峰模型中的屈服强度、抗拉强度与应变率的变化规律如式（2.41）和式（2.42）所示。CEB 模型的屈服强度、抗拉强度与应变率的变化规律如式（2.39）和式（2.40）所示。

由于 CEB 模型仅适用于 420MPa 的钢筋，为了验证本章镀锌铁丝动、静拉伸强度比值与应变率关系回归方程的可靠性，选取李敏–李宏男模型、林峰模型进行对比。本章镀锌铁丝的屈服强度范围是 239～355MPa，以 HRB335 钢筋为例，本章模型与其他模型动力提高系数（动态、静态屈服/抗拉强度比值）与应变率关系的对比如图 2.28 所示。

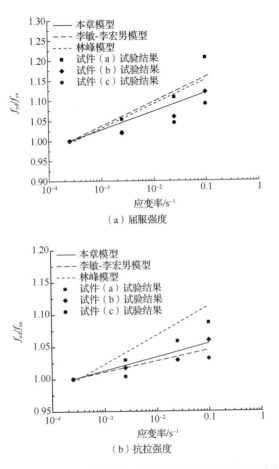

图 2.28　本章模型与其他模型动力提高系数与应变率关系的对比

可以看到，本章镀锌铁丝屈服强度和抗拉强度的动力提高系数与李敏–李宏男模型、林峰模型基本一致，林峰模型是基于应变率范围较大的动态拉伸试验结果得到，因此抗拉强度动力提高系数稍大。本章试验的应变率范围与李敏–李宏男模型相同，屈服强度与抗拉强度动力提高系数更为接近。结果表明，镀锌铁丝的动态拉伸性能与钢筋较为相似，能够模拟钢筋的动态拉伸性能，可以应用于钢筋混凝土结构模型振动台试验中。

2.6　混凝土及钢筋材料性能的数值模拟

ABAQUS 是大型通用的有限元软件，可以分析复杂的固体力学系统，模拟高度非线性问题。本节采用 ABAQUS 有限元软件中的混凝土损伤塑性模型和 Drucker-Prager 模型[24]分别对混凝土材料的率相关行为进行数值模拟，并与试验结果进行了对比，讨论了这两个模型模拟混凝土动态特性时存在的问题。基于钢筋试验结果，建立钢筋的动态循环本构模型，分别采用本章提出的动态循环本构模型和 ABAQUS 有限元软件对试验进行了数值模拟。

2.6.1　混凝土应变率效应的数值模拟

1. 混凝土损伤塑性模型

1）混凝土损伤塑性模型介绍

ABAQUS 中的损伤塑性模型用于模拟混凝土、砂浆等准脆性材料的行为，旨在捕捉相对较低围压（低于 4～5 倍单轴受压强度）下出现于准脆性材料中的不可逆损伤效应，如不相等的抗拉、抗压强度，抗压强度 10 倍或更高倍于抗拉强度，受拉软化行为，受压先强化后软化行为，受拉以及受压不同的弹性刚度退化行为，反复荷载作用下刚度的恢复效应等。为了避免在柯西应力空间中存在软化段屈服面收缩的问题，该模型是在有效应力空间内利用塑性力学基本公式构建的本构方程，其基本框架如下所述。

a. 本构关系。

本构关系表达式为

$$\sigma = (1-d)E_0(\varepsilon - \varepsilon^{pl}) \tag{2.55}$$

$$\bar{\sigma} = \frac{\sigma}{1-d} \tag{2.56}$$

式中，σ 为柯西应力；$\bar{\sigma}$ 为有效应力；d 为损伤变量；ε 为应变；ε^{pl} 为塑性应变；E_0 为初始弹性模量。

混凝土包含损伤的单轴拉、压应力-应变关系如图 2.29 所示。

b. 损伤演化规律。

损伤演化规律表达式为

$$d = d(\bar{\sigma}, \tilde{\varepsilon}^{pl}) \tag{2.57}$$

$$\dot{\tilde{\varepsilon}}^{pl} = h(\bar{\sigma}, \tilde{\varepsilon}^{pl}) \cdot \dot{\varepsilon}^{pl} \tag{2.58}$$

式中，$\tilde{\varepsilon}^{pl}$ 为等效塑性应变；$h(\bar{\sigma}, \tilde{\varepsilon}^{pl})$ 为硬化矩阵；$\dot{\tilde{\varepsilon}}^{pl}$ 为等效塑性应变率；$\dot{\varepsilon}^{pl}$ 为塑性应变率。

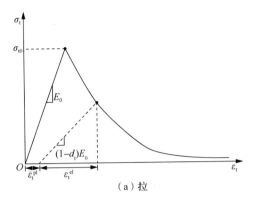

（a）拉

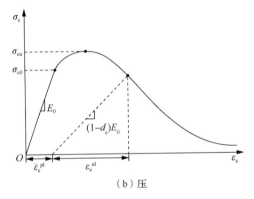

（b）压

$\tilde{\varepsilon}_t^{pl}$ —混凝土的受拉等效塑性应变；　ε_t^{el} —考虑损伤的混凝土受拉弹性应变；

$\tilde{\varepsilon}_c^{pl}$ —混凝土的受压等效塑性应变；　ε_c^{el} —考虑损伤的混凝土受压弹性应变。

图 2.29　混凝土单轴拉、压应力-应变关系

c. 屈服函数。

屈服函数是有效应力空间中的一个曲面，该曲面决定着屈服和损伤的状态，屈服函数的表达式为

$$F(\bar{\sigma}, \tilde{\varepsilon}^{pl}) = \frac{1}{1-\alpha}\left(\bar{q} - 3\alpha\bar{p} + \beta(\tilde{\varepsilon}^{pl})\langle\hat{\bar{\sigma}}_{max}\rangle - \gamma\langle-\hat{\bar{\sigma}}_{max}\rangle\right) - \bar{\sigma}_c(\tilde{\varepsilon}_c^{pl}) \leqslant 0 \quad (2.59)$$

$$\beta(\tilde{\varepsilon}^{pl}) = \frac{\bar{\sigma}_c(\tilde{\varepsilon}_c^{pl})}{\bar{\sigma}_t(\tilde{\varepsilon}_t^{pl})}(1-\alpha) - (1+\alpha) \quad (2.60)$$

式中，α、γ 均为无量纲材料常数；$\bar{p} = -\frac{1}{3}I$：$\bar{\sigma}$ 为有效静水压力；$\bar{q}$ 为 Mises 等效有效应力，$\bar{q} = \sqrt{\frac{3}{2}\bar{S}:\bar{S}}$，其中 $\bar{S}$ 为有效应力偏量，$\bar{S} = \bar{p}I + \bar{\sigma}$。

d. 流动法则。

混凝土损伤塑性模型采用非关联流动准则，即

$$\dot{\varepsilon}^{pl} = \dot{\lambda} \frac{\partial G(\bar{\sigma})}{\partial \bar{\sigma}} \tag{2.61}$$

$$G = \sqrt{\left(\in \sigma_{t0} \tan \psi\right)^2 + \bar{q}^2} - \bar{p} \tan \psi \tag{2.62}$$

式中，$\dot{\lambda}$ 为塑性因子；G 为流动势，是 Drucker-Prager 双曲线函数；ψ 为高围压下子午面内的剪胀角；$\in$ 为函数趋近于渐近线的速率的参数。

e. 应变率效应。

原模型是基于等效单轴拉压应力-应变关系的率无关三维本构模型，ABAQUS 将其扩展为率相关三维本构模型。具体方法是将原静态的等效单轴拉压本构关系换成动态等效单轴拉压本构关系，基于此单轴动态本构模型构建三维动态本构模型。

2）混凝土单轴率相关本构方程

定义混凝土损伤塑性模型，需要提供混凝土的单轴本构数据，本章使用的混凝土单轴受压、受拉率相关本构方程在第 2.3.1 节中已述。

3）有限元模型

采用有限元软件 ABAQUS 对上述试验进行数值模拟，所采用的有限单元尺寸为 10mm×10mm×10mm，混凝土采用 8 节点六面体减缩积分单元 C3D8R，利用 explicit 求解器求解，混凝土采用损伤塑性模型模拟，参数取值为：密度 2400kg/m³，泊松比 0.2，剪胀角 30°，流动参数 0.1，双轴与单轴抗压强度比值 1.16，不变量应力比 0.6667，C30 混凝土的弹性模量 31 867.0MPa，C50 混凝土的弹性模量 34 436.0MPa。由于该模型不能模拟损伤的率相关行为，所以本次模拟没有考虑拉压损伤。

4）模拟结果

采用上述参数，模拟得到的混凝土试块的应力-应变关系曲线如图 2.30 所示。总的趋势与试验结果一致：随着应变率的提高，混凝土抗压强度提高，强度高的混凝土对应变率的敏感性小。但是模拟曲线不能反映混凝土初始弹性模量随应变率的变化。表 2.22 表示试验结果和模拟结果的抗压强度的对比，可以看出模拟值非常接近试验值，最大相差 1.4%，可以满足工程计算的精度要求。

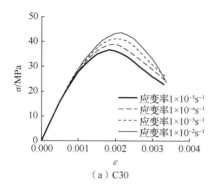

（a）C30

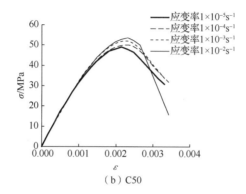

（b）C50

图 2.30　混凝土试块的应力-应变关系曲线

表 2.22　试验结果和模拟结果的抗压强度的对比

应变率/s⁻¹	抗压强度					
	C30 试验值/MPa	C30 模拟值/MPa	误差/%	C50 试验值/MPa	C50 模拟值/MPa	误差/%
1×10^{-5}	36.94	36.70	−0.6	49.22	49.07	−0.3
1×10^{-4}	39.58	39.02	−1.4	50.84	50.18	−1.3
1×10^{-3}	41.58	41.27	−0.7	52.42	51.97	−0.9
1×10^{-2}	44.13	43.74	−0.9	53.77	53.65	−0.2

2. 扩展的 Drucker-Prager 模型

1）扩展的 Drucker-Prager 模型介绍

ABAQUS 对经典的 Drucker-Prager 模型进行了扩展，扩展的 Drucker-Prager 模型的屈服面在 π 平面上不是圆形的，屈服面在子午面上包括线性模型、双曲线模型和指数模型。扩展的模型可以模拟材料的如下特性：拉压强度的差异、静水压力效应、应变率效应和剪胀性。本节使用线性 Drucker-Prager 模型对混凝土动态特性进行模拟，该模型主要包括屈服准则和流动法则。

　　a. 屈服准则。

　　屈服准则的表达式为

$$F = t - p \tan \beta - d = 0 \tag{2.63}$$

其中，t 为偏应力参数，定义为

$$t = \frac{q}{2}\left[1 + \frac{1}{k} - \left(1 - \frac{1}{k}\right)\left(\frac{r}{q}\right)^3\right] \tag{2.64}$$

式中，k 为三轴拉伸屈服应力与三轴压缩屈服应力之比（图 2.31），当 $k = 1$ 时，屈服面在 π 平面上为 von Mises 圆，为保证屈服面外凸，要求 $0.778 \leqslant k \leqslant 1.0$；$q$ 为 Mises 等效应力，定义为 $q = \sqrt{\frac{2}{3}(S:S)}$；$r$ 是第三应力不变量，定义为 $r = \left(\frac{9}{2}S:S:S\right)^{\frac{1}{3}}$，其中 S 是偏应力张量；β 为摩擦角，通常 $\beta \leqslant 71.5°$；d 为材料的黏聚力，黏聚力可以由单轴压缩、单轴拉伸或者单轴剪切参数定义，本章选择单轴压缩试验参数定义为 $d = \left(1 - \frac{1}{3}\tan \beta\right)\sigma_{\mathrm{c}}$；$p$ 为等效围压应力，$p = -\frac{1}{3}(\sigma_{11} + \sigma_{22} + \sigma_{33})$。

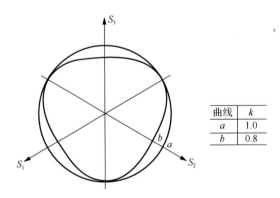

图 2.31　π 平面上的屈服面

b. 流动规则。

G 为塑性流动势，表达式为

$$G = t - p \tan \psi \tag{2.65}$$

式中，ψ 为 p-t 平面上的剪胀角，如图 2.32 所示。

对于非相关联流动法则，塑性应变方向和塑性势函数 G 正交，有

$$\mathrm{d}\varepsilon^{\mathrm{pl}} = \frac{\mathrm{d}\overline{\varepsilon}^{\mathrm{pl}}}{c} \frac{\partial G}{\partial \sigma} \tag{2.66}$$

式中，c 为与硬化参数有关的常量。

在通过单轴压缩试验定义材料强化时，流动法则要求 $\psi \leqslant 71.5°$。当 $\psi = \beta$ 时，为相关联流动法则。

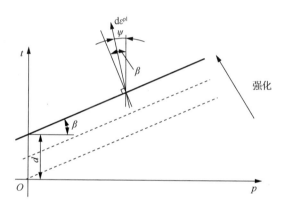

图 2.32　P-t 平面的流动方向

2）有限元模型

模型采用的有限单元尺寸为 10mm×10mm×10mm，采用 8 节点六面体减缩积分单元 C3D8R，利用 Dynamic，implicit 求解器求解，混凝土采用线性 Drucker-Prager 模型模拟，参数取值为：密度 2400kg/m³，泊松比 0.2，剪胀角 30.0°，摩擦角 30.0°，$k = 0.78$，C30 混凝土的弹性模量 31 867.0MPa，C50 混凝土的弹性模量 34 436.0MPa。采用方程式（2.13）～式（2.16）作为单轴受压率相关本构方程。

3）模拟结果

采用 Drucker-Prager 模型，模拟得到的混凝土试块的应力-应变关系曲线如图 2.33 所示。总的趋势与试验结果一致：随着应变率的提高，混凝土抗压强度提高，强度高的混凝土对应变率的敏感性小，还可以看出模拟曲线不能反映混凝土初始弹性模量随应变率的变化。表 2.23 表示试验结果和模拟结果的抗压强度的对比，可以看出模拟值非常接近试验值，可以满足工程计算的精度要求。

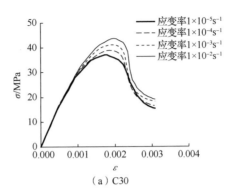

（a）C30

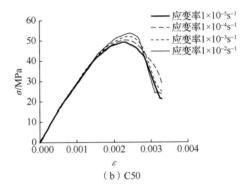

（b）C50

图 2.33　采用 Drucker-Prager 模型时混凝土试块的应力-应变关系曲线

表 2.23　试验结果和模拟结果的抗压强度的对比

应变率/s⁻¹	抗压强度					
	C30 试验值/MPa	C30 模拟值/MPa	误差/%	C50 试验值/MPa	C50 模拟值/MPa	误差/%
$1×10^{-5}$	36.94	37.11	0.5	49.22	49.26	0.1
$1×10^{-4}$	39.58	39.01	-1.4	50.84	50.48	-0.7
$1×10^{-3}$	41.58	41.35	-0.6	52.42	52.06	-0.7
$1×10^{-2}$	44.13	43.71	-1	53.77	53.59	-0.3

2.6.2　钢筋应变率效应数值模拟

采用通用有限元分析软件 ABAQUS 对本章试验中的 HRB400 钢筋在不同加载速率下的变幅值加载的情况进行数值模拟。钢筋长度为标距长度 25mm，使用 2 结点线性空间桁架单元 T3D2，采用双线性随动硬化模型模拟钢筋，该模型可以模拟屈服面形状和大小的变化和 Baushinger 效应，并且可以考虑快速加载时钢筋的应变率效应。使用的材料参数有弹性模量 200 000MPa，泊松比 0.3，屈服强度 420.5MPa。使用命令*Cyclic hardening，rate=$\dot{\varepsilon}^{pl}$ 来考虑屈服面的率相关效应，由于抗拉强度的应变率效应很小，所以在模拟中不予考虑。

因为计算涉及快速加载，所以选用 Explicit 显式求解器，采用中心差分法显式地对运动方程在时间域上进行积分，利用上一个增量步的平衡方程动态地计算下一个增量步的状态，不需要进行迭代计算，故不存在收敛问题。对 HRB400 钢筋在 $2.5×10^{-4}s^{-1}$ 和 $2.5×10^{-1.4}s^{-1}$ 两种应变率下的变幅值加载的有限元数值模拟和试验结果的比较如图 2.34 示。由图 2.34 可以看出，采用双线性随动硬化模型的有限元模拟结果和试验结果趋势是一致的，可以模拟出钢筋的率相关效应和 Baushinger 效应。

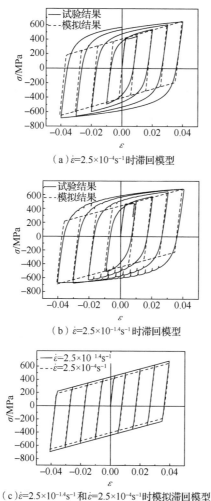

（a）$\dot{\varepsilon}=2.5×10^{-4}s^{-1}$ 时滞回模型

（b）$\dot{\varepsilon}=2.5×10^{-1.4}s^{-1}$ 时滞回模型

（c）$\dot{\varepsilon}=2.5×10^{-1.4}s^{-1}$ 和 $\dot{\varepsilon}=2.5×10^{-4}s^{-1}$ 时模拟滞回模型

图 2.34　有限元数值模拟和试验结果的比较

参 考 文 献

[1] 叶列平. 混凝土结构（上册）[M]. 北京：中国建筑工业出版社, 2012.

[2] 中华人民共和国建设部. 混凝土结构设计规范：GB 50010—2002[S]. 北京：中国建筑工业出版社, 2002.

[3] 中华人民共和国住房和城乡建设部. 混凝土结构设计规范（2015 年版）：GB 50010—2010[S]. 北京：中国建筑工业出版社, 2010.

[4] WAKABAYASHI M N T, IWAI S, HAYASHI Y. Effect of strain rate on the behavior of structural members subjected to earthquake force [C]. Earthquake Engineering Research Institute. IN Proceeding 8th world conference on earthquake engineer, San Francisco 1984.

[5] MALVAR L J, ROSS C A. Review of strain rate effects for concrete in tension[J]. ACI Materials Journal, 1998, 95: 735-739.

[6] FU H, ERKI M, SECKIN M. Review of effects of loading rate on concrete in compression[J]. Journal of Structural Engineering, 1991, 117(12): 3645-3659.

[7] 肖诗云. 混凝土率型本构模型及其在拱坝动力分析中的应用[D]. 大连：大连理工大学, 2002.

[8] 闫东明. 混凝土动态力学性能试验与理论研究[D]. 大连：大连理工大学, 2006.

[9] GEORGIN J F, REYNOUARD J M. Modeling of structures subjected to impact: concrete behaviour under high strain rate[J]. Cement & Concrete Composites, 2003, 25(1): 131-143.

[10] LI Q M, MENG H. About the dynamic strength enhancement of concrete-like materials in a split Hopkinson pressure bar test[J]. International Journal of Solids & Structures, 2003, 40(2): 343-360.

[11] ZHOU X, HAO H. Modelling of compressive behaviour of concrete-like materials at high strain rate[J]. International Journal of Solids & Structures, 2008, 45(17): 4648-4661.

[12] 杨俊杰. 相似理论与结构模型试验[M]. 武汉：武汉理工大学出版社, 2005.

[13] 杨政, 廖红建, 楼康禺. 微粒混凝土受压应力应变全曲线试验研究[J]. 工程力学, 2002, 19 (2): 90-94.

[14] 沈德建, 吕西林. 模型试验的微粒混凝土力学性能试验研究[J]. 土木工程学报, 2010 (10): 14-21.

[15] WAKABAYASHI M, NAKAMURA T, YOSHIDA N, et al. Dynamic loading effects on the structural performance of concrete and steel materials and beams [C]. Earthquake Engineering Research Institute in Proceedings of Seventh World Conference on Earthquake Engineering, 1980.

[16] DILGER W H, KOCH R, KOWALCZYK R. Ductility of plain and confined concrete under different strain rates[J]. Journal of the American Concrete Institute, 1984, 81(1): 73-81.

[17] 中华人民共和国住房和城乡建设部, 中华人民共和国国家质量监督检验检疫总局.建筑抗震设计规范（2016 年版）：GB50011—2010[S]. 北京：中国建筑工业出版社, 2002.

[18] 中华人民共和国国家质量监督检验检疫总局, 中国国家标准化委员会. 金属材料　拉伸试验　第 1 部分：室温试验方法：GB/T 228.1—2010[S]. 北京：中国标准出版社, 2011.

[19] 李敏. 材料的率相关性对钢筋混凝土结构动力性能的影响[D]. 大连：大连理工大学, 2011.

[20] 林峰, 顾祥林, 匡昕昕, 等. 高应变率下建筑钢筋的本构模型[J]. 建筑材料学报, 2008, 11 (1): 14-20.

[21] 宋军. 应变率敏感材料物理参量的研究及其工程应用[D]. 北京: 清华大学, 1990.

[22] 李敏, 李宏男. 建筑钢筋动态试验及本构模型[J]. 土木工程学报, 2010 (4): 70-75.

[23] VAN MIER J G M. Fracture processes of concrete[M]. New York: CRC press, 2017.

[24] DRUCKER D C, PRAGER W. Soil mechanics and plastic analysis or limit design[J]. Quarterly Applied Mathematics, 1952, 10(2): 157-165.

第3章 钢筋混凝土梁非线性动力特性

在研究钢筋混凝土梁非线性动力特性之前需要对钢筋混凝土梁进行恢复力模型分析。钢筋混凝土梁的恢复力模型是基于大量试验中所得的荷载与变形的曲线经过适当的简化，抽象成为一种实用的数学模型。钢筋混凝土梁的恢复力模型不仅代表梁在卸去外荷载作用下恢复表形的能力，同样也是钢筋混凝土梁在地震作用下弹塑性反应的具体表现。

但是已有的研究表明：地震作用下结构材料的最大应变率达到 $0.1s^{-1}$ 左右，钢筋和混凝土在高应变率下会表现出与静荷载作用时不同的力学和变形行为。一致的结论是随着应变率的提高，钢筋的屈服强度提高，弹性模量保持不变，且静屈服强度越大，对应变率的敏感性越小；混凝土的抗拉强度、抗压强度、弹性模量和下降段坡度均提高，且静抗压强度越大，对应变率的敏感性越小，并且认为当应变率低于 $10s^{-1}$ 时，混凝土的应变率敏感性主要归因于黏性效应。因此，由钢筋和混凝土组成的钢筋混凝土构件的力学和变形性能也将与加载速率有关。

本章试验研究了加载速率对钢筋混凝土梁力学和变形性能的影响。主要考虑的参数有：混凝土强度、钢筋强度、剪跨比、加载速率和加载模式。根据试验结果，分析讨论了加载速率对梁的承载能力、延性、刚度、耗能能力、破坏形态的影响。基于 ABAQUS 有限元软件建立了钢筋混凝土梁的计算模型，对梁试件在不同工况下的动态性能进行了有限元数值模拟，并对其他参数进行了讨论分析。鉴于基于 Timoshenko 梁理论的纤维模型有广泛的应用范围，并且有很强的适用性，为了精确描述钢筋混凝土构件在地震作用下的反应，基于该梁理论和纤维模型理论，考虑材料的应变率效应，建立了钢筋混凝土构件的动态纤维单元模型，并且添加到 FEAPpv 有限元计算程序中，对钢筋混凝土构件在不同加载速率下的反应进行了非线性有限元分析，研究了加载速率对钢筋混凝土构件性能的影响。

3.1 钢筋混凝土梁恢复力模型

3.1.1 钢筋混凝土梁恢复力模型主要特征[1]

钢筋混凝土梁恢复力模型由骨架曲线和滞回规则组成，滞回规则一般要确定正负向加卸载过程中的路线及刚度退化、强度退化和捏缩效应等特征。

1. 刚度退化

反复循环加载过程中，在构件开裂以前，加载及卸载刚度基本上等于初始加载刚度，卸载时残余变形很小；开裂后，卸载及加载刚度均明显退化，退化的程度随位移幅值的增大以及循环次数的增多逐渐加剧，大部分现有的模型中，将卸载刚度及再加载刚度表示为与位移幅值（位移延性比）有关的函数。

轴压比 N/N_0 作为影响构件滞回性能的重要因素，直接影响着构件的卸载刚度。图 3.1 为郭子雄等[2]研究所得不同轴压比下试件的随位移延性比 u/u_y 与卸载刚度退化率 β（β 为卸载刚度与初始刚度的比值）的关系，可以看出，轴压比的增加减缓了卸载刚度的退化，且减缓的程度随着位移延性比增加而增大。Sharma 等[3]分析指出纵向配筋率的增加减缓了刚度的退化，这主要是因为纵向配筋率的增加提高了耗能性能，而较高卸载刚度标志着构件具有较强的耗能能力，故随着纵向配筋率的增加，卸载刚度的退化减弱。

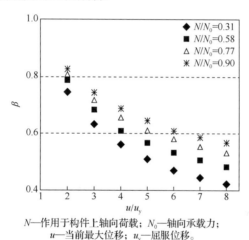

N—作用于构件上轴向荷载；N_0—轴向承载力；
u—当前最大位移；u_y—屈服位移。

图 3.1　不同轴压比下试件的位移延性比与卸载刚度退化率的关系[2]

2. 强度退化

在同一个位移等级下反复循环加载时，随着循环次数的增加，达到同样变形量的荷载值逐渐减小，该现象称为强度退化，如图 3.2（a）所示荷载-位移曲线中 A～F 点均表现出了明显的强度退化。较早、较快的强度退化会降低构件的承载力，进而影响整个结构。恢复力模型中考虑强度退化率的一种常用方式为将再加载路径指向比该方向上位移幅值更大的某个点，即超前指向；或者指向该方向上当前位移幅值点考虑强度折减后对应的点。强度退化程度与很多因素有关，包括起控制作用的变形成分、混凝土的约束、抗剪能力、加载历程以及轴向荷载。Ozcebe 等[4]对试验中不同循环次数（i）下位移延性比（u/u_y）与强度退化值（V_m'/V_m）之间的关系进行了研究，结果如图 3.2（b）所示。随着位移延性比及循环次数的增加，强度退化程度逐渐增加。

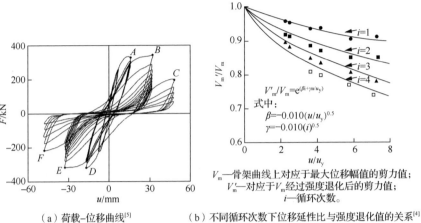

（a）荷载–位移曲线[5]　　　　　（b）不同循环次数下位移延性比与强度退化值的关系[4]

图 3.2　强度退化

3. 捏缩效应

　　恢复力模型中，一般是采用在加载路径上设置捏缩点、将再加载路径表示为刚度不同的两段的方式来考虑捏缩效应，此模型称为捏缩型恢复力模型。捏缩点的确定受多种因素的影响，如剪跨比、轴压比、体积配箍率。Ozcebe 等[4]对不同轴压比下（0~0.17）位移延性比对捏缩效应的影响进行了研究，试验所得结果如图 3.3 所示。从图中可以看出，随着轴压比的增加，反向加载时滞回曲线的滑移现象减弱。郭子雄等[2]在研究中对轴压比 0~0.9 的试验结果进行了分析，得出了与 Ozcebe 等[4]一致的结论，并指出这主要是由于较大轴压比下试件的裂面效应减弱所造成的。Sharma 等[3]通过对大量试验数据分析得出了随着箍筋体积配箍率的减小或轴压比的减小，捏缩效应更加明显的结论，与郭子雄等[2]的分析不同，该研究主要从约束的角度对上述现象进行了解释。剪跨比作为影响钢筋混凝土柱破坏形式的重要参数，必然会影响滞回曲线的捏缩程度，Roufaiel 等[6]研究发现，随着钢筋混凝土构件剪跨比的减小，滞回曲线的捏缩程度加剧。

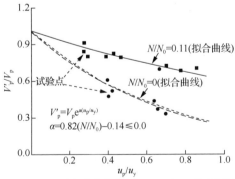

V_P—加载方向上最近一个卸载点的荷载值；u_P—与 V_P 相对应的位移值；
u_y—屈服位移；V_P'—考虑捏缩效应将 V_P 降低后的荷载值；N/N_0—轴压比。

图 3.3　不同轴压比下位移延性比对捏缩效应的影响[4]

3.1.2　典型钢筋混凝土梁恢复力模型

国外对普通钢筋混凝土构件滞回特性的研究始于 20 世纪 60 年代。首次由 Penizen（1962 年）根据钢材试验提出的双折线（Bi-linear）模型[7]，由于其简单，在钢筋混凝土结构的弹塑性分析中得到广泛应用。根据曲线的形状，恢复型的简化可分为曲线型和折线型两种。

1. 曲线型恢复力模型

1964 年 Jennings 首次采用对称的 Ramberg-Osgood 曲线构造了一个曲线型的恢复力模型，并把它用于一般屈服结构的弹塑性反应分析中。曲线型恢复力模型给定的刚度是连续变化的，与工程实际较为接近，具有模拟精度高的特点，但公式复杂，计算量大。在非线性地震反应分析中，曲线型恢复力模型在刚度确定和计算方法的选择上有诸多不便，故实际应用时通常选用折线型恢复力模型。

2. 折线型恢复力模型

1962 年，Penizen 提出双折线（Bi-linear）模型[7]如图 3.4 所示。该恢复力模型通过钢材的材性试验结果，综合考虑了钢材的包辛格效应和塑性应变强化，以双折线骨架曲线为基础，正向加载的初始刚度 K_0 即为 OA 段的斜率，由屈服强度 F_y 与屈服位移 u_y 的比值确定，加载路径通过 AB 时，其刚度为 K_1，当从 B 点开始卸载时，卸载刚度 K_2 与初始加载刚度 K_0 一致，正向卸载刚度与反向加载刚度路径一致，即 BC 段，C 点为反向屈服点，BC 在竖向坐标轴的投影为 $2F_y$，该模型简单实用，但是由于没有考虑到刚度退化情况，目前仅适用于钢结构的恢复力模型，钢筋混凝土结构很少使用；1973 年 Clough 考虑了在反复荷载作用下非线性结构的刚度退化，对双折线模型进行修改，提出了退化的双折线模型（Clough 模型[8]）如图 3.5 所示，该模型的加载路径与（Bi-linear）模型类似，但是该模型在正向卸载至零点 C 处再加载有了明确的指向，首次反向加载点指向反向屈服点，此时的反向加载刚度 K_3 由线段 CD 的斜率确定，此时卸载，卸载路径沿着 DO 进行，卸载刚度与初始加载刚度 K_0 一致，再加载则沿着线段 OAB 进行。当反向再加载时指向历史最大位移点 E，此时卸载路径沿着线段 EF 进行，再加载则按照线段 FB 进行。1970 年 Takeda 等[9]根据大量的钢筋混凝土试验的滞回规律，用结构在开裂段、屈服段的骨架曲线对 Clough 模型进行了修正，得到 Takeda 模型，该模型与 Clough 模型极为相似，仅是在滞回规则上考虑更多；后来 Park、Reinhorn 以及 Kunnath 提出了带有刚度退化的一种三折线恢复力模型，该模型在 Clough 模型指向最大位移点的基础之上对卸载刚度的路径有了明确的规定，其卸载路径指向骨架曲线弹性段的某一固定点，图 3.6 中正向卸载点 G 和反向卸载点 I，若从 G 点卸载，卸载刚度 K_3 由线段 GH 的斜率确定，反向加载至反向屈服点 D 时，卸载

路径沿着线段 *DO* 进行，正向加载路径为 *OABG*，反向加载至反向最大点 *E* 时，卸载路径沿着线段 *EF* 进行，正向加载路径为 *FBG*，反向加载至点 *I* 时，卸载路径沿着 *IJ* 进行，加载路径沿着 *JG* 进行。

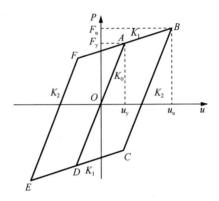

图 3.4　Bi-linear 模型

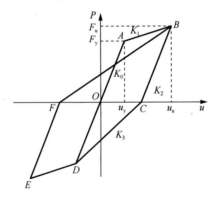

图 3.5　Clough 模型

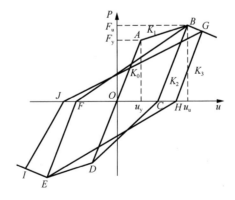

图 3.6　三折线恢复力模型

1991 年，杜修力等[10]研究了在低周荷载作用下钢筋混凝土结构的疲劳损伤恢复力模型，该模型的骨架曲线具有负刚度，且同时包含强度和刚度的退化段；2016 年，汪瓅帆[11]考虑楼板协同工作的钢筋混凝土梁的恢复力模型，通过试验提供的滞回曲线以及正反向卸载刚度的计算公式，证明了此恢复力模型与试验值吻合度较高，为楼板协同工作的结构提供了理论支持。

3.2　不同加载速率下的钢筋混凝土梁性能试验

地震作用下，材料的应变率效应对钢筋混凝土构件的影响只有很少的研究。Bischoff 等[12]试验研究了两种不同加载速率下（10in/s 和 0.1in/s）（1in=25.4mm）双筋钢筋混凝土简支梁在循环加载时的行为，结果发现高速加载下，梁的屈服强度在钢筋首次屈服时提高了，但是梁的最大强度不受加载速率的影响。Mutsuyoshi 等[13]试验研究了钢筋混凝土桥墩在不同加载速率下（0.1cm/s、10cm/s 和 100cm/s）的动态反应，结果发现循环加载时，加载速率只影响钢筋首次屈服时的强度，不影响承载力，并且认为这一现象是由于钢筋在从弹性到塑性转变的过程中，应变率很大，钢筋和梁的屈服强度提高了。Shah 等[14]试验研究了梁柱结点在两种循环加载频率下（2.5×10⁻³Hz 和 1.0Hz）的动态反应，结果发现高速加载下，试件的最大承载能力提高，刚度下降较快，损伤较大，耗能较多。Kulkarni 等[15]试验研究了两种不同加载速率下（38cm/s 和 0.000 71cm/s）单筋钢筋混凝土梁在单调加载时的行为，结果发现随着加载速率的提高，梁的承载力提高了，部分梁的破坏模式从静态加载时的剪切破坏变成了动态加载时的弯曲破坏。Fu 等[16]总结了加载速率对钢筋混凝土构件和结构的影响。结论是随着加载速率的提高，钢筋混凝土构件的抗弯能力提高，如果这个提高值非常大，可以让构件的破坏模式从延性破坏变成脆性破坏。由于上述观点存在有争议，本节进行试验研究了加载速率对钢筋混凝土梁力学和变形性能的影响。

3.2.1　试件设计

本次试验共 16 根梁，长度均为 2500mm，矩形截面尺寸为 150mm ×250mm，保护层厚度 30mm。纵筋直径 18mm，纵筋配筋率为 1.6%，箍筋直径 6.5mm，箍筋间距 200mm，箍筋配筋率为 0.22%。试件设计考虑的主要参数有：混凝土强度等级（C30 和 C50），纵筋强度等级（HRB 335 和 HRB 400），剪跨比（λ=5.5 和 λ=3.0），加载方式（单调加载和循环加载），加载速率（0.05mm/s 和 30mm/s）。试验梁尺寸和配筋示意图如图 3.7 所示，详细的试件参数如表 3.1 所示。

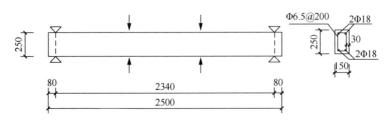

图 3.7　试验梁尺寸和配筋示意图（单位：mm）

表 3.1　试件参数

试件编号	混凝土抗压强度/MPa	纵筋屈服强度/MPa	箍筋屈服强度/MPa	剪跨比	加载速率/（mm/s）	加载方式
B30-MS1	36.94	381.62	388.9	5.5	0.05	单调
B30-MD1	36.94	381.62	388.9	5.5	30	单调
B30-CS1	36.94	381.62	388.9	5.5	0.05	循环
B30-CD1	36.94	381.62	388.9	5.5	30	循环
B30-MS2	36.94	381.62	388.9	3	0.05	单调
B30-MD2	36.94	381.62	388.9	3	30	单调
B30-CS2	36.94	381.62	388.9	3	0.05	循环
B30-CD2	36.94	381.62	388.9	3	30	循环
B50-MS1	49.22	428.25	388.9	5.5	0.05	单调
B50-MD1	49.22	428.25	388.9	5.5	30	单调
B50-CS1	49.22	428.25	388.9	5.5	0.05	循环
B50-CD1	49.22	428.25	388.9	5.5	30	循环
B50-MS2	49.22	428.25	388.9	3	0.05	单调
B50-MD2	49.22	428.25	388.9	3	30	单调
B50-CS2	49.22	428.25	388.9	3	0.05	循环
B50-CD2	49.22	428.25	388.9	3	30	循环

注：试件编号的含义是 B—梁试件；30—C30 混凝土；50—C50 混凝土；S—准静态加载；D—快速加载；M—单调加载；C—循环加载；1—剪跨比为 5.5；2—剪跨比为 3。

3.2.2　试验装置和量测内容

　　本试验是在大连理工大学自主研发的大型静、动三轴电液伺服试验机上进行的，设备参数同 2.2 节，将水平方向的加载头沿伸缩滑道拉开，就可以进行梁的试验，试验装置如图 3.8 所示。梁试件以简支方式放置在试验机上，当剪跨比为 5.5 时，为三点加载，当剪跨比为 3 时，为四点加载。试验前设计一套装置，该装置可以约束梁端的上下运动，并且使加载点随加载头按照设定的行程运动，固定装置如图 3.9 示。设备的控制装置如图 3.10 所示，其中图 3.10（a）为控制面板，可以设定加载程序，观察仪器运行状态，图 3.10（b）为油压控制系统，根据试验需求设定油压。

图 3.8　试验装置

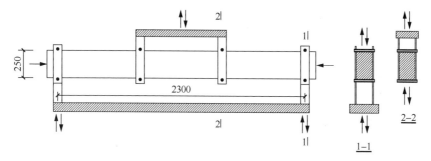

图 3.9　固定装置（单位：mm）

（a）控制面板

（b）油压控制系统

图 3.10　控制装置

　　在梁跨中的 4 根纵筋处和剪跨段的箍筋高度中心贴应变片测量钢筋的应变，钢筋应变片的布置如图 3.11 所示，钢筋应变片的标距是 2mm。在梁跨中的混凝土上下外表面上贴应变片测量混凝土的应变，混凝土应变片的标距是 10mm。在梁跨中放置一个量程为 ±100mm 的位移传感器和一个量程为 50t 的力传感器测量跨中的挠度和荷载，并且在支座处各放置一个量程 ±50mm 的位移传感器测量支座沉降。使用美国 Ni-DAQ 数据采集系统（图 3.12），通过 LabVIEW 编程，使该系统可以同步采集应变、位移和力的数据，且可以实现高频采样和低频采样。在本试验中，慢速时采样频率为100Hz，快速时采样频率是10kHz。

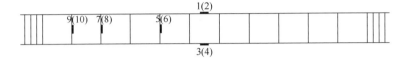

图 3.11　钢筋应变片的布置

（a）　　　　　　　　　　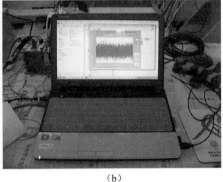（b）

图 3.12　Ni-DAQ 数据采集系统

3.2.3　加载制度

本试验有两种加载方式，一种是单调加载，另外一种是三角波循环加载。循环加载的幅值是屈服位移的整数倍，每个幅值循环一次，循环加载方式如图 3.13 所示。屈服位移（u_y）定义为纵筋首次屈服时梁的跨中位移。当剪跨比是 5.5 时，屈服位移是 9mm；当剪跨比是 3 时，屈服位移是 10mm。采用位移控制模式加载，加载时速率保持不变，慢速加载速率为 0.05mm/s，这个速率与准静态加载速率相对应；快速加载速率为 30mm/s，这个速率与地震作用时的快速加载速率相对应。

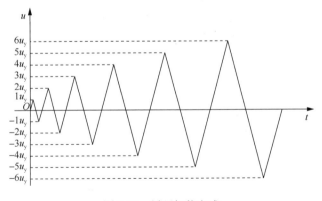

图 3.13　循环加载方式

3.2.4　试验结果

1. 应变分析

根据系统采集的数据，发现慢速加载时梁跨中受拉钢筋的应变率量级是 $10^{-5}s^{-1}$，快速加载时梁跨中受拉钢筋的应变率量级是 $10^{-3}s^{-1}$，剪跨段箍筋的最大应变率量级是 $10^{-3}s^{-1}$。快速加载时的应变率量级在地震作用下结构材料的应变率范围内（$10^{-5} \sim 10^{-1}s^{-1}$），因此试验结果对研究地震作用下钢筋混凝土结构和构件的反应有一定的意义。

2. 荷载位移曲线

由试验得到的不同加载速率下的钢筋混凝土梁的跨中荷载-挠度曲线如图 3.14 所示，不同加载速率下的钢筋混凝土梁的试验结果列于表 3.2。从试验结果可以得到如下规律：随着加载速率的提高，各种工况下梁的承载力均有提高，梁材料的强度越高，提高得越少。原因是在不考虑惯性力的作用时，梁承载力的提高源于材料的率相关效应，混凝土和钢筋都是率相关材料，并且应变率敏感性与强度成反比。因此材料强度越高，梁的承载力提高得越小。

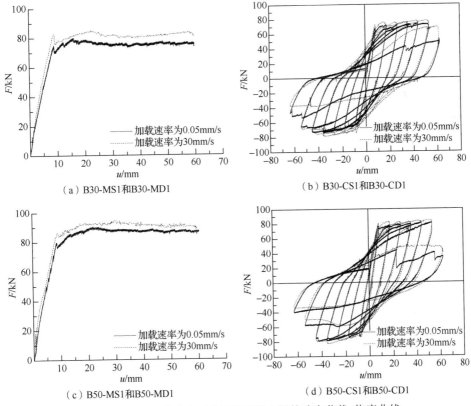

（a）B30-MS1和B30-MD1　　　　（b）B30-CS1和B30-CD1

（c）B50-MS1和B50-MD1　　　　（d）B50-CS1和B50-CD1

图 3.14　不同加载速率下的钢筋混凝土梁的跨中荷载-挠度曲线

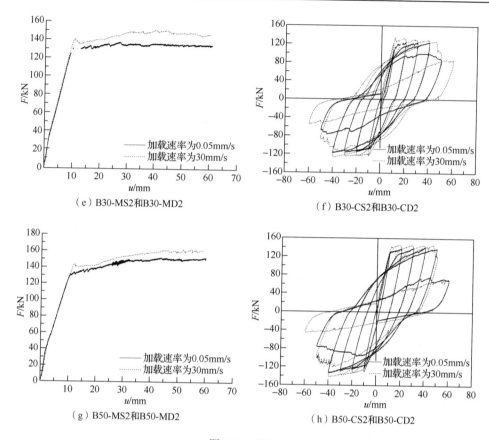

（e）B30-MS2和B30-MD2

（f）B30-CS2和B30-CD2

（g）B50-MS2和B50-MD2

（h）B50-CS2和B50-CD2

图 3.14（续）

表 3.2　不同加载速率下的钢筋混凝土梁的试验结果

试件编号	剪跨比	加载速率/（mm/s）	加载方式	破坏模式	承载能力/kN	强度增加率/%
B30-MS1	5.5	0.05	单调		79.95	
B30-MD1	5.5	30	单调		84.99	6.30
B30-CS1	5.5	0.05	循环	弯曲破坏	76.17/−74.02	
B30-CD1	5.5	30	循环	弯曲破坏	79.61/−78.07	4.52/5.47
B30-MS2	3	0.05	单调		137.79	
B30-MD2	3	30	单调		150.99	9.60
B30-CS2	3	0.05	循环	弯剪破坏	124.88/−116.73	
B30-CD2	3	30	循环	弯剪破坏	133.67/−125.7	7.04/7.68
B50-MS1	5.5	0.05	单调		90.85	
B50-MD1	5.5	30	单调		94.78	4.30
B50-CS1	5.5	0.05	循环	弯曲破坏	81.00/−79.84	
B50-CD1	5.5	30	循环	弯曲破坏	84.14/−83.04	3.88/4.0

续表

试件编号	剪跨比	加载速率/（mm/s）	加载方式	破坏模式	承载能力/kN	强度增加率/%
B50-MS2	3	0.05	单调		152.03	
B50-MD2	3	30	单调		162.08	6.61
B50-CS2	3	0.05	循环	弯剪破坏	140.26/−133.85	
B50-CD2	3	30	循环	弯剪破坏	146.12/−141.81	4.18/5.95

从结果还可以看出，对于具有相同材料强度的梁，当加载速率提高，剪跨比越大，承载能力提高得越小。这是因为加载速率是相对于加载点的，当剪跨比为 5.5 时，加载点在跨中，而当剪跨比为 3 时，加载点与跨中的距离是 537mm，因此在剪跨比为 3 的梁上的实际加载速率比剪跨比为 5.5 的梁快，承载力提高得也多。

对于具有相同的材料强度和剪跨比的梁，当加载速率提高，循环加载时的承载力比单调加载时提高得少。这个现象可能是因为在动态循环转折点的位置，钢筋和混凝土的位移率或者应变率几乎为零，而单调加载时，钢筋和混凝土的位移率或者应变率大于零，因此循环加载对加载速率的敏感性比单调加载时的小。

3. 骨架曲线

骨架曲线是依次连接同方向各次循环加载的峰值点所形成的曲线，能够较明确地反映构件的强度和变形的性能。图 3.15 表示不同加载速率下循环加载时梁的骨架曲线。从图 3.15 中可以看出，快速加载时，各种循环加载工况下的骨架曲线在上升段和屈服段时梁的承载力均有提高，而在下降段时梁的承载力下降得略快［图 3.15（a）、（b）和（d）］。

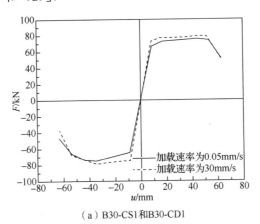

（a）B30-CS1和B30-CD1

图 3.15　不同加载速率下循环加载时梁的骨架曲线

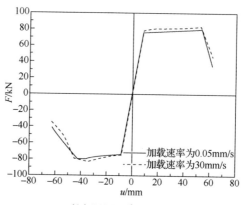

（b）B50-CS1和B50-CD1

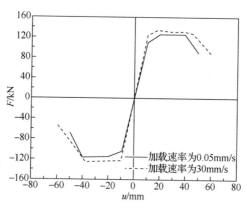

（c）B30-CS2和B30-CD2

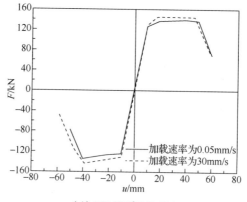

（d）B50-CS2和B50-CD2

图 3.15（续）

4. 延性

在结构抗震设计中，延性是反映构件塑性变形能力和抗震性能的重要指标。本章以延性系数 μ_Δ 来衡量构件的延性，μ_Δ 值大，延性越好。定义表达式为

$$\mu_\Delta = \frac{u_u}{u_y} \tag{3.1}$$

式中，u_u 为梁破坏时的跨中挠度，定义为梁的最大荷载下降到85%时所对应的挠度；u_y 为梁屈服时的跨中挠度，定义为梁下部钢筋首次屈服时的挠度。

以正向加载为例（受压为正），不同试件的延性系数如表 3.3 所示。由表 3.3 可知，对于具有相同强度和相同剪跨比的梁，随着加载速率的提高，延性下降；对于具有相同加载速率的梁，混凝土强度越高的梁的延性越小，剪跨比越小的梁延性越小。

表 3.3　试件的延性系数

试件编号	剪跨比	加载速率/(mm/s)	u_y/mm	u_u/mm	μ_Δ
B30-CS1	5.5	0.05	9.27	57.76	6.23
B30-CD1	5.5	30	9.52	56.83	5.97
B30-CS2	3	0.05	10.28	44.52	4.33
B30-CD2	3	30	11.53	49.63	4.3
B50-CS1	5.5	0.05	9.11	56.03	6.15
B50-CD1	5.5	30	9.61	56.24	5.85
B50-CS2	3	0.05	10.78	52.5	4.87
B50-CD2	3	30	12.7	50.26	3.96

5. 刚度

构件的刚度定义为滞回环对角线的斜率。不同循环加载工况下梁的刚度-延性系数曲线如图 3.16 所示。从图 3.16 可以看出，随着延性系数的增大，构件的刚度减小；快速加载时构件的刚度下降得比较快。

6. 耗能能力

如图 3.17 所示，一个滞回环包围的面积表示荷载正反交变一周时构件吸收的能量，滞回环饱满者有利于结构抗震。本章采用等效黏滞阻尼比 h_e 来反映构件的能量耗散，计算公式为

$$h_e = \frac{1}{2\pi} \cdot \frac{S_{(ABC+CDA)}}{S_{(OBE+ODG)}} \tag{3.2}$$

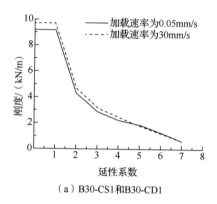

（a）B30-CS1和B30-CD1

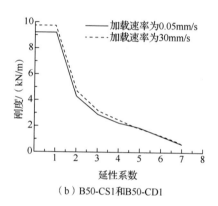

（b）B50-CS1和B50-CD1

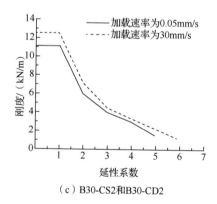

（c）B30-CS2和B30-CD2

图 3.16　不同循环加载工况下梁的刚度-延性系数曲线

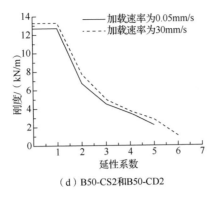

（d）B50-CS2和B50-CD2

图 3.16（续）

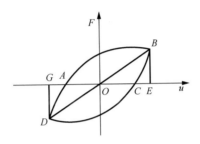

图 3.17　滞回环示意图

图 3.18 表示不同循环加载工况下等效黏滞阻尼比-位移曲线。从图 3.18 中可以看出，快速加载比慢速加载等效黏滞阻尼比大，材料强度高的试件的黏滞阻尼比对加载速率不敏感，剪跨比大的黏滞阻尼比较小。

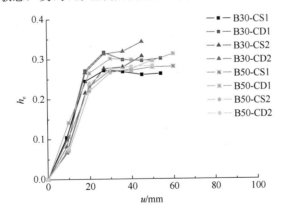

图 3.18　不同循环加载工况下等效黏滞阻尼比-位移曲线

7. 破坏模式

单调加载时，由于梁试件的截面上下对称配筋，在跨中位移加载到 90mm 时，承载能力仍没有下降，考虑设备的最大行程，没有继续增大位移，因此没有得到破坏时的形态。图 3.19 表示不同循环加载工况下梁的破坏形态。当剪跨比为 5.5 时，发生弯曲破坏，在加载点的左右两侧对称分布有 x 形裂缝，动态加载和静态加载破坏形态相似，如图 3.19（a）、（b）所示。当剪跨比为 3 时，发生剪切破坏，在纯弯段均匀分布有竖向裂缝，剪跨段有 x 型裂缝并且关于梁的中心点对称。相对于静态加载，动态加载时跨中的裂缝间距较大，且裂缝数量较少，如图 3.19（c）、（d）所示，其原因可能是相对于动态加载，静态加载时钢筋和混凝土之间的黏结力分布比较均匀。这个现象与文献 Shah 等[14]中的现象一致。

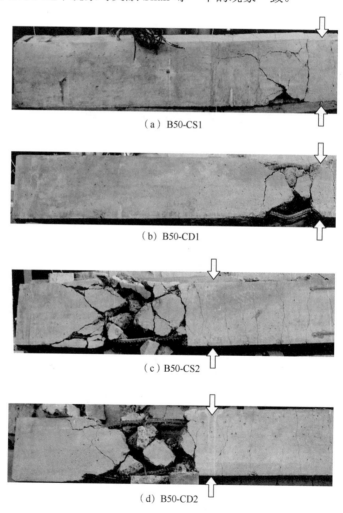

（a）B50-CS1

（b）B50-CD1

（c）B50-CS2

（d）B50-CD2

图 3.19　不同循环加载工况下梁的破坏形态

3.3　钢筋混凝土梁动态性能的数值模拟

3.3.1　计算模型

采用有限元方法对钢筋混凝土构件进行数值模拟时，需要对构件进行离散化。钢筋混凝土构件由钢筋和混凝土两种材料构成，根据对这两种材料处理方式不同，钢筋混凝土有限元模型通常分为三类：分离式模型、组合式模型和整体式模型。分离式模型适合模拟简单的构件，整体式模型适合模拟复杂的结构，组合式模型两者均可模拟。本章主要模拟钢筋混凝土梁的受力性能，故选用分离式模型对梁进行建模。

采用 ABAQUS 通用有限元软件对上述试验中的钢筋混凝土梁进行建模，由于梁试件对称，为了提高计算效率、节省计算时间，只对一半梁进行建模。钢筋混凝土采用 8 节点六面体减缩积分单元 C3D8R，纵筋和箍筋采用 2 节点空间桁架单元 T3D2，通过 Embeded 方式嵌入混凝土中，钢筋和混凝土之间的黏结滑移以及裂缝间的应力传递通过*tension stiffening 命令近似模拟。混凝土单元的尺寸是 20mm×20mm×20mm，钢筋单元的尺寸是 20mm。采用位移控制模式对梁试件进行加载，为了避免加载点应力集中，在加载点处放置刚性块，通过控制刚性块的位移间接对梁试件进行加载。该梁的有限元模型如图 3.20 所示。由于模拟主要关心加载速率对钢筋混凝土梁性能的影响，故采用 Dynamic/Explicit 求解器进行显式求解。

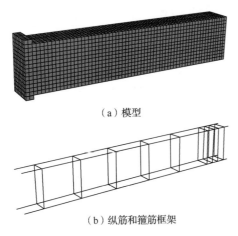

（a）模型

（b）纵筋和箍筋框架

图 3.20　钢筋混凝土梁的有限元模型

3.3.2　材料模型

1. 钢筋模型

钢筋模型应能够模拟屈服面形状和大小的变化及包辛格效应，并且还可考虑快速加载时钢筋的应变率效应。但是由于试验测得的最大钢筋应变基本处于屈服阶段或者刚刚进入强化段，因此本章不考虑钢筋的强化，采用 Mises 模型来模拟钢筋，采用式（2.36）来模拟钢筋屈服强度的应变率效应，钢筋模型所用的材料参数如表 3.4 所示。

表 3.4　钢筋模型材料的参数

钢筋类型	屈服强度/MPa	弹性模量/MPa
HPB235	388.9	210 000
HRB335	381.62	200 000
HRB400	428.25	200 000

2. 混凝土模型

采用 ABAQUS 中的混凝土损伤塑性模型来模拟混凝土，该模型可以模拟不相等的抗拉、抗压强度，受拉软化行为，受压先强化后软化行为，受拉以及受压不同的弹性刚度退化行为，应变率效应等。本次模拟使用 2.3.1 节中的混凝土单轴抗拉和抗压率相关本构关系。考虑混凝土受压损伤系数为 d_c，受拉损伤系数为 d_t，取值范围为 $0 \leq d_t, d_c \leq 1$。综合损伤系数 d 关系式为

$$1-d = (1-s_t d_c)(1-s_c d_t) \quad 0 \leq s_t, \ s_c \leq 1 \tag{3.3}$$
$$s_t = 1 - w_t H(\sigma) \tag{3.4}$$
$$s_c = 1 - w_c H(\sigma) \tag{3.5}$$
$$H(\sigma) = \begin{cases} 1.0 & \sigma > 0 \\ 0.0 & \sigma < 0 \end{cases} \tag{3.6}$$

式中，w_t、w_c 为权重因子，控制着荷载反向时受拉和受压刚度的恢复程度，取值范围是 $0 \leq w_t, \ w_c \leq 1$。

当荷载由受拉转向受压时，$w_c = 1.0$ 表示混凝土刚度完全恢复，也就是混凝土受压刚度因裂缝闭合而恢复；当荷载由受压转向受拉时，$w_t = 0$ 表示刚度没有恢复，也即受拉刚度得不到恢复；此时单轴循环荷载作用下的应力-应变关系曲线如图 3.21 所示。本章取 $w_c = 1.0$，$w_t = 0$。

按照弹性余能等效原理：在损伤状态下的真实应力和应变对应的弹性余能和未损伤状态下有效应力和有效应变对应的弹性余能相等，得到混凝土拉压损伤系数定义为

$$\begin{cases} d_c = 1.0 - \sqrt{E_c / E_0} \\ d_t = 1.0 - \sqrt{E_t / E_0} \end{cases} \tag{3.7}$$

式中，E_t、E_c 分别为拉、压割线弹性模量；E_0 为拉、压初始弹性模量。

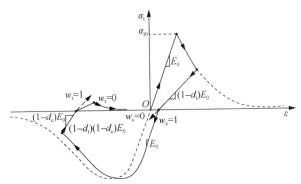

图 3.21　单轴循环荷载作用下的应力-应变关系曲线（$w_c = 1.0$，$w_t = 0$）

由本章试验得到 100mm×100mm×100mm 的混凝土试块的抗压强度，除以转换系数 1.05，得到混凝土立方体抗压强度 f_{cu}，根据大量试验结果[17]，采用下式计算得到混凝土棱柱体抗压强度 f_c 为

$$f_c = 0.8 f_{cu} \tag{3.8}$$

混凝土棱柱体抗拉强度 f_t 的计算式为

$$f_t = 0.26 f_{cu}^{2/3} \tag{3.9}$$

混凝土模型所用材料的参数如表 3.5 所示。

表 3.5　混凝土模型材料的参数

混凝土类型	f_{cu} /MPa	f_c /MPa	f_t /MPa	E_0 /MPa	剪胀角/(°)	f_{b0} / f_{c0}	K	a_a	a_d
C30	35.18	28.14	2.79	31 867	30	1.16	0.667	2.03	1.36
C50	46.88	37.5	3.38	34 436	30	1.16	0.667	1.9	1.94

注：f_{b0} / f_{c0} 表示双轴极限抗压应力与单轴极限抗压应力之比；K 是拉伸子午面上和压缩子午面上的第二应力不变量之比，本章取 ABAQUS 中的默认值；a_a 和 a_d 分别是混凝土单轴抗压应力-应变曲线中的上升段参数和下降段参数，可以查规范[18]得到。

剪胀角是用来表示材料在剪切过程中体积变化率的一个物理量。它可以在 p-q 平面中测得（p 表示静水压应力，q 表示 Mises 等效应力）。剪胀角比较抽象，它的确定可以通过试算得到。图 3.22 表示剪胀角分别是 15°、30°、45°、55° 时试件 B30-MS2 的跨中荷载-位移曲线。可以看出，随着剪胀角的增大，模拟的试件承载力增大，其中剪胀角为 30°、45° 和 55° 时的承载力差别不大，根据他人的经验[19, 20]及本章的试验数据，以下模拟均选用剪胀角等于 30°。

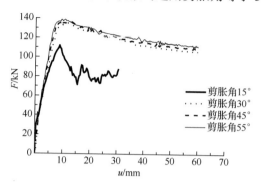

图 3.22　不同剪胀角下钢筋混凝土梁的跨中荷载-位移曲线

3.3.3　试件的惯性作用和材料的应变率效应

根据试验结果，随着加载速率的提高，钢筋混凝土构件的承载力提高，其原因可能有两方面：一是惯性作用，二是材料的应变率效应。下面设计了一组工况来说明本次试验中哪个因素起主要作用。以 B30-MD2 为例，采用上述有限元模型建立一对模型，均以 30mm/s 的速率加载，其中一个采用材料率相关本构关系，另外一个采用率无关本构关系。也即，前一个模型既考虑了惯性作用，又考虑了材料的应变率效应；而后一个模型只考虑了惯性作用。如图 3.23 所示，采用率相关本构关系的有限元模型的模拟结果（承载力是 150.8kN）跟试验结果（承载力是 150.99kN）最接近，而采用率无关本构关系的有限元模型的模拟结果（承载力是 135.1kN）低于试验结果。因此在本次试验中，材料的应变率效应对构件承载力的提高起主要作用。

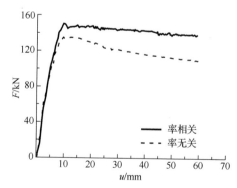

图 3.23　快速加载下钢筋混凝土梁采用不同工况时的荷载-位移曲线

3.3.4　分析结果

　　计算得到钢筋混凝土梁的最大自振频率为 87.079Hz，远远大于本章加载的最大频率 0.83Hz，加上 3.3.3 小节的讨论，因此可以忽略掉惯性作用对构件受力特性的影响。对表 3.1 中各种工况下的梁试件进行数值模拟得到的跨中荷载-位移曲线如图 3.24 所示，表 3.6 对比了各种工况下模拟结果和试验结果的承载力。从模拟结果可以看出：加载速率越大，梁的承载力越高；材料强度越低，应变率敏感性越大。相对于试验结果，不同加载速率下，模拟结果在循环加载和单调加载时的承载力差别不大，模拟结果的承载力下降偏快。这可能由于计算模型没有单独考虑钢筋和混凝土的黏结滑移，以及材料模型不够准确造成的。但总体来讲，采用本章的材料率相关模型和计算模型可以模拟梁试件在不同加载速率下的主要特征。

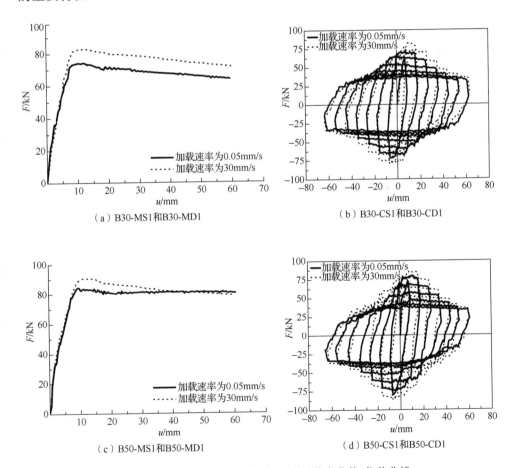

图 3.24　钢筋混凝土梁数值模拟得到的跨中荷载-位移曲线

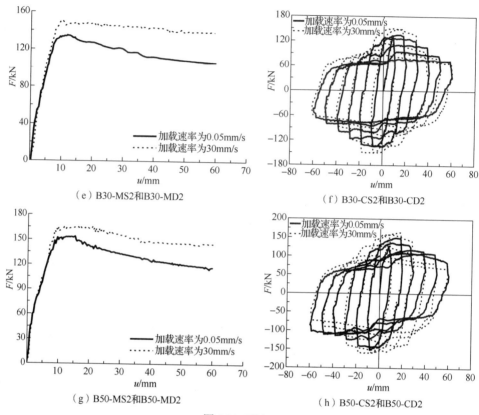

（e）B30-MS2和B30-MD2　　　　　　　　（f）B30-CS2和B30-CD2

（g）B50-MS2和B50-MD2　　　　　　　　（h）B50-CS2和B50-CD2

图 3.24（续）

表 3.6　模拟结果和试验结果的承载力对比

试件编号	剪跨比	加载速率/（mm/s）	加载方式	试验结果/kN	模拟结果/kN
B30-MS1	5.5	0.05	单调	79.95	74.5
B30-MD1	5.5	30	单调	84.99	82.9
B30-CS1	5.5	0.05	循环	76.17/-74.02	71.1/-71.9
B30-CD1	5.5	30	循环	79.61/-78.07	82.4/-80.2
B30-MS2	3	0.05	单调	137.79	135.1
B30-MD2	3	30	单调	150.99	150.8
B30-CS2	3	0.05	循环	124.88/-116.73	134.6/-135.7
B30-CD2	3	30	循环	133.67/-125.7	150.4/-150.4
B50-MS1	5.5	0.05	单调	90.85	84.6
B50-MD1	5.5	30	单调	94.78	90.7
B50-CS1	5.5	0.05	循环	81.00/-79.84	80.4/-79.1
B50-CD1	5.5	30	循环	84.14/-83.04	86.3/-85.4
B50-MS2	3	0.05	单调	152.03	153.6
B50-MD2	3	30	单调	162.08	165.9
B50-CS2	3	0.05	循环	140.26/-133.85	149.6/-152.0
B50-CD2	3	30	循环	146.12/-141.81	164.2/-161.0

3.3.5 参数分析

上面试验研究了混凝土强度、剪跨比、加载方式对钢筋混凝土梁动态特性的影响，本节采用数值模拟的方法补充研究箍筋间距和纵筋配筋率对梁动态特性的影响。

1. 箍筋间距

以试件 B30-MS1 和 B30-MD1 为基准进行参数分析。图 3.25 表示当其他参数不变，箍筋间距分别是 100mm、150mm 和 200mm 时的梁在不同加载速率下的跨中荷载-位移曲线。从图中数据可以得出，当加载速率从 0.05mm/s 变为 30mm/s 时，承载力分别提高了 12.1%、11.4%、11.3%。可以看出箍筋间距越大，对加载速率的敏感性越小，但是总的来讲，箍筋间距对加载速率不敏感。

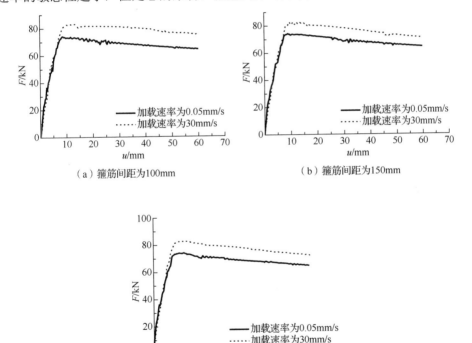

（a）箍筋间距为100mm　　　　　（b）箍筋间距为150mm

（c）箍筋间距为200mm

图 3.25　不同箍筋间距的梁在不同加载速率下的跨中荷载-位移曲线

2. 纵筋配筋率

以试件 B30-MS1 和 B30-MD1 为基准进行参数分析。图 3.26 表示当其他参数不变，纵筋直径分别是 12mm、18mm、22mm，纵筋配筋率分别是 0.7%、1.6%和 2.4%时的梁在不同加载速率下的跨中荷载-位移曲线。从图中数据可以得出，当加载速率从 0.05mm/s 提高到 30mm/s，承载能力提高 11.2%、11.3%、12.2%。可以看出纵筋配筋率越高，对加载速率的敏感性越大，但是总的来讲，纵筋配筋率对加载速率不敏感。

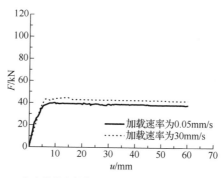

（a）纵筋直径为12mm，纵筋配筋率为0.7%

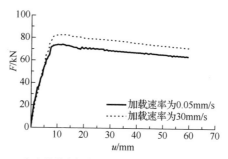

（b）纵筋直径为18mm，纵筋配筋率为1.6%

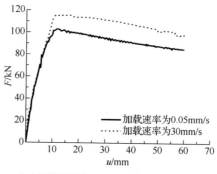

（c）纵筋直径为22mm，纵筋配筋率为2.4%

图 3.26　不同纵筋直径、纵筋配筋率的梁在不同加载速率下的跨中荷载-位移曲线

3.4　钢筋混凝土梁的动态恢复力模型

　　钢筋混凝土框架结构是钢筋混凝土结构中应用最为广泛的结构体系形式之一，同时又是其他结构体系形式如框架剪力墙结构、框架筒体结构的重要组成部分，因而一直是国内外学者进行结构抗震研究的主要对象。由于钢筋和混凝土材料的非线性、两者之间的黏结滑移非线性及几何非线性等问题的存在，必须对钢筋混凝土框架结构进行非线性分析。钢筋混凝土结构整体分析模型主要有层间模型、实体单元模型和杆系模型。层间模型计算简单明了，但是用在实际结构中还有困难，主要因为难以具体确定层间的剪切及弯曲刚度以及剪弯耦合问题。实体单元模型建立在材料的弹塑性本构关系的基础上，精度较高，理论上适用于任何构件单元或结构的非线性分析，但是由于模型的使用需要较大的计算机内存，耗时巨大，一般用于结构构件或连续结构（大坝）的非线性动力分析[20]。杆系模型以结构杆件为基本单元，梁、柱、墙均简化为以其轴线表示的杆件，将其质量堆聚在节点处或者采用考虑杆件质量分布的单元质量矩阵。杆系结构的优点是能明确表示构件在地震作用下每一时刻的受力与弹塑性状态，结构的总刚度由各单元的刚度装配而成。就目前计算机发展与应用水平来说，杆系有限单元模型是结构非线性地震反应分析精度与分析复杂性之间的一种最佳平衡点，它既能考察结构整体的地震反应，又能较细致的考察构件层次的地震响应，满足实际工程应用的绝大多数需要[21, 22]。

　　杆系模型的研究工作主要集中在单元模型上，主要有集中塑性铰模型、分布塑性铰模型和纤维模型。纤维模型可以考虑轴力和弯曲的耦合作用，可以考虑不同截面尺寸和材料组成的构件，是目前最为精细的杆系模型。随着计算机技术的飞速发展及有限元分析技术的引入，纤维模型作为解决复杂空间受力的恢复力模型计算的一种手段已逐渐为人们所认识，现已成功地应用于结构的三维地震反应计算中，并且还被应用到钢管混凝土构件、CFRP 外包钢筋混凝土构件、组合梁构件的滞回性能和非线性反应分析中，都取得了很好的结果。

　　纤维模型的理论基础是杆件结构力学[23]，对于梁单元，主要有基于经典梁弯曲理论的梁单元和基于 Timoshenko 梁理论的梁单元，后者不仅使梁单元降低了交界面上的连续性要求，而且考虑了横向剪切变形的影响，从而扩大了它的应用范围。对于只考虑弯曲变形的纤维单元模型，一般假设单元轴向位移为线性分布，横向位移为三次分布，目前大多数的纤维模型都是这种模型。比如国内的叶列平等[24]开发了纤维模型 THUFIBER 程序和 NAT-PPC 程序，分别对普通和预应力混凝土结构进行了三维非线性地震反应分析；艾庆华[25]编制了纤维模型的有限元程序对桥梁结构进行了非线性有限元分析；陈滔[26]将三维纤维模型加入 FEAPpv 有限元程序中，并对钢筋混凝土框架结构进行了地震反应分析。对于基于 Timoshenko

梁理论的纤维模型，现在也有一些应用，比如尚晓江[27]将考虑剪切变形的纤维单元模型加入 ABAQUS 有限元软件中，并应用到型钢混凝土框架-核心筒结构的抗震分析中；徐国林[28]将考虑剪切变形的纤维单元加入 MSC.MARC 有限元软件中，并且应用到巨型钢框架结构非线性抗震分析中，都取得了较好的结果。

鉴于基于 Timoshenko 梁理论的纤维模型有广泛的应用范围，并且有很强的适用性，为了精确描述钢筋混凝土构件在地震作用下的反应，本章基于 Timoshenko 梁理论和纤维模型理论，考虑材料的应变率效应，建立了钢筋混凝土构件的动态纤维单元模型，并且添加到 FEAPpv 有限元计算程序中，对钢筋混凝土构件在不同加载速率下的反应进行了非线性有限元分析，研究了加载速率对钢筋混凝土构件性能的影响。

3.4.1 动态纤维模型

1. 纤维模型及 Timoshenko 梁弯曲理论

1）纤维模型

纤维模型将构件在长度方向上分成许多单元，一般将单元的中截面取做参考截面，将截面划分成一系列小微元，这样构件在空间上被离散成像纤维一样的细小柱，形成纤维模型，如图 3.27 所示。假定每根纤维的应力状态为单向应力状态，横截面变形符合平截面假定，纤维材料的应力-应变关系采用较为成熟的单轴恢复力材料模型，也可通过对单轴应力-应变关系进行适当的修正以达到更好地考虑截面的实际受力的目的，如箍筋的约束效应。该模型的计算结果精度高，可以考虑变轴力及弯矩与轴力相互作用，可以对不同横截面的构件进行非线性分析，是目前最为精细的有限元杆系模型，在框架结构和桥梁结构的地震反应分析中得到较为广泛的应用[25,26]。

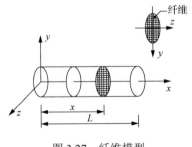

图 3.27 纤维模型

2）Timoshenko 梁弯曲理论[23]

经典的梁单元是基于变形前垂直于中面的截面变形后仍保持垂直的 Kirchhoff 假设。这种单元的适用条件是梁的高度远小于跨度，可以忽略横向剪切变形的影响。但在实际工程中，也常常会遇到需要考虑横向剪切变形影响的情况。比如高度相对跨度不太小的高梁，此时梁内的横向剪切力所产生的剪切变形将引起梁的附加挠度，并使原来垂直于中面的截面变形后不再和中面垂直，且发生翘曲。Timoshenko 梁弯曲理论可以考虑剪切变形，假设原来垂直于中面的截面变形后仍保持平面，考虑剪切变形影响的梁变形几何描述如图 3.28 所示。

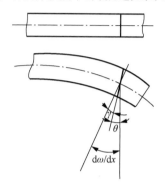

图 3.28　考虑剪切变形影响的梁变形几何描述

图中 γ 表示截面和中面相交处的剪切应变，并且有如下关系式

$$\gamma = \frac{\mathrm{d}\omega}{\mathrm{d}x} - \theta \tag{3.10}$$

其中，θ 是截面的转动角；x 是分析点距原点距离；ω 是截面挠度。在经典的梁弯曲理论中，忽略剪切变形，即认为 $\gamma = 0$，所以 $\frac{\mathrm{d}\omega}{\mathrm{d}x} = \theta$，即截面转动等于挠度曲线切线的斜率，从而使截面保持和中面垂直。在考虑剪切变形的情况下，梁的曲率变化 κ 按几何学定义为 $\kappa = -\frac{\mathrm{d}\theta}{\mathrm{d}x}$，但是不能进一步写成 $\kappa = -\frac{\mathrm{d}^2\omega}{\mathrm{d}x^2}$。

有两种方法可以构造考虑剪切变形的梁单元。一种方法仍以挠度为基本未知量，该挠度由弯曲变形引起的法向位移和剪切变形引起的附加法向位移叠加而成。另一种可以考虑剪切变形的梁单元也叫 Timoshenko 梁单元，专指挠度和截面转动各自独立插值的梁单元。这种单元的表达格式非常简单，和轴力单元类似，但是当采用精确积分计算时，当梁变得很薄时会发生剪切锁死现象。为了避免剪切锁死，可以采用减缩积分，也即采用比精确积分要求少的积分点数。本章采用的是第二种方法构造考虑剪切变形的梁单元。

2. 动态纤维单元模型的构建

1）基本假定

① 构件在各受力阶段一定标距范围内的平均应变和平均应变率满足平截面假定。

② 不考虑钢筋与混凝土之间的滑移。

③ 组成截面的各纤维受力和变形状态采用各自的动态单轴应力-应变曲线来描述。

④ 不考虑构件的扭转变形和几何非线性。

⑤ 应力、应变以受拉为正，弯矩、曲率、转角以顺时针转向为正。

2）单元力和变形的定义

首先建立单元局部坐标系，梁单元包含两个节点 1 和 2，单元局部坐标的 x 轴定义为节点 1 和 2 处截面形心的连线，且由 1 指向 2，如图 3.29 所示。单元力和变形矢量的定义为

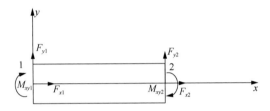

图 3.29　单元局部坐标系

单元杆端力矢量：$\boldsymbol{F}^{e} = \begin{bmatrix} F_{x1} & F_{y1} & M_{xy1} & F_{x2} & F_{y2} & M_{xy2} \end{bmatrix}^{T}$

单元杆端位移矢量：$\boldsymbol{d}^{e} = \begin{bmatrix} u_1 & v_1 & \theta_1 & u_2 & v_2 & \theta_2 \end{bmatrix}^{T}$

单元杆端速率矢量：$\boldsymbol{r}^{e} = \begin{bmatrix} \dot{u}_1 & \dot{v}_1 & \dot{\theta}_1 & \dot{u}_2 & \dot{v}_2 & \dot{\theta}_2 \end{bmatrix}^{T}$

截面内力矢量：$\boldsymbol{F}^{s} = \begin{bmatrix} N & Q & M \end{bmatrix}^{T}$

截面变形矢量：$\boldsymbol{d}^{s} = \begin{bmatrix} \varepsilon & \gamma & \varphi \end{bmatrix}^{T}$

截面变形率矢量：$\boldsymbol{r}^{s} = \begin{bmatrix} \dot{\varepsilon} & \dot{\gamma} & \dot{\varphi} \end{bmatrix}^{T}$

3）几何变形协调方程

梁单元的任意截面处的线位移 u、v 和角位移 θ 独立插值

$$u = \sum_{i=1}^{2} N_i u_i, \quad v = \sum_{i=1}^{2} N_i v_i, \quad \theta = \sum_{i=1}^{2} N_i \theta_i \tag{3.11}$$

采用线性形函数：

$$N_1 = \frac{1}{2}(1-\zeta), \quad N_2 = \frac{1}{2}(1+\zeta) \tag{3.12}$$

$$\zeta = \frac{2(x-x_c)}{l} \quad (-1 \leqslant \zeta \leqslant 1) \tag{3.13}$$

$$x_c = \frac{x_1 + x_2}{2} \tag{3.14}$$

式中，ζ 为单元的自然坐标；x_1、x_2 为单元节点的坐标；x 为单元任意截面处的轴向坐标；x_c 为单元中点坐标；单元长度为 l。

变形和位移的关系为

$$\varepsilon = \frac{\mathrm{d}u}{\mathrm{d}x}, \quad \gamma = \frac{\mathrm{d}v}{\mathrm{d}x} - \theta, \quad \varphi = \frac{\mathrm{d}\theta}{\mathrm{d}x} \tag{3.15}$$

由此得到变形矩阵为

$$\boldsymbol{B} = \begin{bmatrix} \mathrm{d}/\mathrm{d}x & 0 & 0 \\ 0 & \mathrm{d}/\mathrm{d}x & -1 \\ 0 & 0 & \mathrm{d}/\mathrm{d}x \end{bmatrix} \begin{bmatrix} N_1 & 0 & 0 & N_2 & 0 & 0 \\ 0 & N_1 & 0 & 0 & N_2 & 0 \\ 0 & 0 & N_1 & 0 & 0 & N_2 \end{bmatrix} \tag{3.16}$$

计算得

$$\boldsymbol{B} = \frac{1}{l} \begin{bmatrix} -1 & 0 & 0 & 1 & 0 & 0 \\ 0 & -1 & -\dfrac{l(1-\zeta)}{2} & 0 & 1 & -\dfrac{l(1+\zeta)}{2} \\ 0 & 0 & -1 & 0 & 0 & 1 \end{bmatrix} \tag{3.17}$$

截面变形为

$$\boldsymbol{d}^s = \begin{bmatrix} \varepsilon & \gamma & \varphi \end{bmatrix}^{\mathrm{T}} = \boldsymbol{B} \cdot \boldsymbol{d}^e \tag{3.18}$$

截面变形的增量形式为

$$\Delta \boldsymbol{d}^s = \begin{bmatrix} \Delta\varepsilon & \Delta\gamma & \Delta\varphi \end{bmatrix}^{\mathrm{T}} = \boldsymbol{B} \cdot \Delta \boldsymbol{d}^e \tag{3.19}$$

假设截面变形率和速率的关系与截面变形和位移的关系一样，故截面变形率为

$$\boldsymbol{r}^s = \begin{bmatrix} \dot{\varepsilon} & \dot{\gamma} & \dot{\varphi} \end{bmatrix}^{\mathrm{T}} = \boldsymbol{B} \cdot r^e \tag{3.20}$$

4）截面分析

将与构件轴线垂直的截面分为若干小面积，每一个小面积作为一根纤维，纤维的位置等效在面积的中心，根据平截面假定，纤维的轴向正应变和轴向正应变率可以分别表达为

$$\varepsilon_i = \varepsilon + \varphi y_i \tag{3.21}$$

$$\dot{\varepsilon}_i = \dot{\varepsilon} + \dot{\varphi} y_i \tag{3.22}$$

式中，y_i 为纤维中心点在截面主轴 y 上的坐标；ε、$\dot{\varepsilon}$ 分别为截面中心的应变和应变率；φ、$\dot{\varphi}$ 分别为截面关于主轴 y 的曲率和曲率速率。轴向正应变写成增量

的形式为

$$\Delta \varepsilon_i = \Delta \varepsilon + \Delta \varphi y_i \qquad (3.23)$$

以增量形式表达各纤维的轴向应力-应变关系为

$$\Delta \sigma_i = E_t \left(\dot{\varepsilon}_i \right) \Delta \varepsilon_i \qquad (3.24)$$

式中，E_t 为纤维的切线弹性模量，是轴向应变率的函数。

切向应力-应变关系为

$$\Delta \tau = \frac{1}{k} G_t \left(\dot{\gamma} \right) \Delta \gamma \qquad (3.25)$$

式中，G_t 为切线剪切模量，是切向应变率的函数；k 为调整系数，对于矩形截面为 3/2。

截面所有纤维提供的合轴力、合剪力和合弯矩增量分别为

$$\Delta N = \sum \Delta \sigma_i A_i \qquad (3.26)$$

$$\Delta Q = \sum \Delta \tau A_i \qquad (3.27)$$

$$\Delta M = \sum \Delta \sigma_i A_i y_i \qquad (3.28)$$

由此得到截面切线刚度矩阵

$$\boldsymbol{D} = \begin{bmatrix} \sum E_t A_i & 0 & \sum E_t A_i y_i \\ 0 & \sum \dfrac{1}{k} G_t A_i & 0 \\ \sum E_t A_i y_i & 0 & \sum E_t A_i y_i^2 \end{bmatrix} \qquad (3.29)$$

截面内力增量为

$$\Delta \boldsymbol{F}^s = \begin{bmatrix} \Delta N & \Delta Q & \Delta M \end{bmatrix}^T = \boldsymbol{D} \cdot \Delta \boldsymbol{d}^s \qquad (3.30)$$

5）平衡分析

根据虚功原理，对于任意增量的虚位移 $\Delta \boldsymbol{d}^{e*}$，有

$$\begin{aligned} \left(\Delta \boldsymbol{d}^{e*} \right)^T \Delta \boldsymbol{P}^e &= \int_0^L \left(\Delta \boldsymbol{d}^{s*} \right)^T \Delta \boldsymbol{F}^s \mathrm{d}x \\ &= \int_0^L \left(\boldsymbol{B} \Delta \boldsymbol{d}^{e*} \right)^T \boldsymbol{D} \boldsymbol{B} \Delta \boldsymbol{d}^e \mathrm{d}x \\ &= \left(\Delta \boldsymbol{d}^{e*} \right)^T \int_0^L \boldsymbol{B}^T \boldsymbol{D} \boldsymbol{B} \mathrm{d}x \cdot \Delta \boldsymbol{d}^e \\ &= \left(\Delta \boldsymbol{d}^{e*} \right)^T \int_0^L \boldsymbol{B}^T \Delta \boldsymbol{F}^s \mathrm{d}x \end{aligned} \qquad (3.31)$$

两边消去虚位移增量，得到小变形条件下增量形式的单元刚度方程为

$$\Delta \boldsymbol{P}^{\mathrm{e}} = \boldsymbol{K}^{\mathrm{e}} \Delta \boldsymbol{d}^{\mathrm{e}} \tag{3.32}$$

单元刚度矩阵 $\boldsymbol{K}^{\mathrm{e}}$ 和单元节点力增量 $\Delta \boldsymbol{P}^{\mathrm{e}}$ 的表达式分别为

$$\boldsymbol{K}^{\mathrm{e}} = \int_0^L \boldsymbol{B}^{\mathrm{T}} \boldsymbol{D} \boldsymbol{B} \mathrm{d}x \tag{3.33}$$

$$\Delta \boldsymbol{P}^{\mathrm{e}} = \int_0^L \boldsymbol{B}^{\mathrm{T}} \Delta \boldsymbol{F}^{\mathrm{s}} \mathrm{d}x \tag{3.34}$$

为了避免剪切锁死，采用一点减缩积分，积分点位于单元中点。

3. 纤维材料的动态本构模型

本章研究的纤维材料包括混凝土和钢筋两种，由上面的推导可以看出，单元的刚度矩阵和节点力的形成需要材料的单轴本构关系，这类本构模型是当前研究的比较成熟的一类，尤其对于材料的率相关本构模型，三轴试验和本构模型研究的非常少，还没有形成统一的认识，采用综合考虑其他因素（如箍筋约束作用）的等效的单轴本构模型是目前比较合理的选择。

在循环加载时，纤维材料的应力值和切线弹性模量与加载历史有关，计算时需要存储加载过程中的历史变量，同时还得考虑材料的软化现象，因此应该选用既能反映材料的主要受力和变形特征又计算简化的本构模型。本章选用的材料循环本构模型基于下面两个方面的简化：一是假定骨架曲线和单调加载应力-应变曲线重合，这个假设跟已有的试验现象一致；二是材料的滞回规则采用折线型。

1）混凝土动态单轴循环本构模型

对混凝土而言，箍筋约束对其应力-应变关系产生重要影响，这种影响通过对混凝土单轴本构关系进行适当修正来考虑。本章混凝土动态单轴循环本构模型包括两个部分：拉压骨架曲线和滞回规则。其中受压骨架曲线选用 Soroushian 模型[29]，通过修改素混凝土的峰值应力、峰值应变以及软化段斜率来考虑箍筋和应变率的影响。受拉骨架曲线上升段为直线，到达抗拉强度以后认为不能再承受拉力，没有下降段。率相关特性通过修改素混凝土的峰值应力来考虑加载速率的影响。下面分别具体介绍混凝土的拉压骨架曲线和滞回规则。

a. 混凝土受压骨架曲线及滞回规则。

混凝土受压骨架曲线选用 Soroushian 模型[29]，该模型考虑了箍筋的约束作用和率相关性，其表达式为

$$\sigma_{c} = \begin{cases} k_1 k_2 f_c \left[\dfrac{2\varepsilon}{k_1 \varepsilon_0} - \left(\dfrac{\varepsilon}{k_1 \varepsilon_0} \right)^2 \right] & \varepsilon \leqslant k_1 \varepsilon_0 \\ k_1 k_2 f_c \left[1 - z(\varepsilon - k_1 \varepsilon_0) \right] \geqslant 0.2 k_1 k_2 f_c & \varepsilon > k_1 \varepsilon_0 \end{cases} \tag{3.35}$$

$$k_1 = 1 + \frac{\rho_s f_{yh}}{f_c} \tag{3.36}$$

$$k_2 = \frac{f_{cd}}{f_c} \tag{3.37}$$

$$z = \frac{0.5}{\dfrac{3 + 0.29 f_c}{145 f_c - 1000} + 0.75 \rho_s \sqrt{\dfrac{h}{s}} - k_1 \varepsilon_0} \tag{3.38}$$

式中，k_1 为考虑箍筋约束的强度增大系数；k_2 为考虑材料率相关效应的强度增大系数；z 为应变软化段的斜率；f_{cd} 为混凝土动态抗压强度；f_c 为准静态抗压强度；ε_0 为准静态峰值应变（本章等于 0.002）；ρ_s 为箍筋体积配箍率；f_{yh} 为箍筋准静态屈服强度；h 为从箍筋外边缘算起的核心混凝土宽度；s 为箍筋间距。

包络线上的切线模量用下面分段函数来表达

$$E_c = \begin{cases} k_1 k_2 f_c \left[\dfrac{2}{k_1 \varepsilon_0} - \dfrac{2\varepsilon}{(k_1 \varepsilon_0)^2} \right] & \varepsilon \leqslant \varepsilon_{cf} \\ -z k_1 k_2 f_c & \varepsilon > \varepsilon_{cf} \end{cases} \tag{3.39}$$

滞回规则参照"焦点模型"的处理方式[30]，忽略再加载时的刚度退化效应以及等应变循环的松弛效应，受压包络线上任意点 (ε, σ) 处卸载路径为该点和坐标 $\left(-\dfrac{f_c}{E_0}, -f_c \right)$ 点连线的方向，如图 3.30 所示。

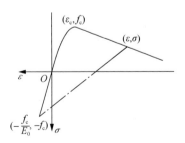

图 3.30　混凝土纤维受压本构模型

b. 混凝土受拉骨架曲线及滞回规则。

混凝土受拉骨架曲线的表达式为

$$\sigma_{\mathrm{t}} = \begin{cases} E_{\mathrm{td}}\varepsilon & \varepsilon \leqslant f_{\mathrm{td}} / E_{\mathrm{td}} \\ 0.0 & \varepsilon > f_{\mathrm{td}} / E_{\mathrm{td}} \end{cases} \tag{3.40}$$

式中，f_{td} 为混凝土动态抗拉强度；E_{td} 为混凝土动态受拉弹性模量。

受拉包络线上任意点 (ε, σ) 处的卸载路径为该点和相对受拉零点的连线，当应变大于峰值应变以后，混凝土不再承受拉力。

2）钢筋动态循环本构模型

钢筋的骨架曲线是双折线，其中第一段为理想弹性，第二段为屈服后的强化段，其表达式为

$$\sigma_{\mathrm{s}} = \begin{cases} E_{\mathrm{s}}\varepsilon & \varepsilon < \varepsilon_{\mathrm{yd}} \\ f_{\mathrm{yd}} + E_{\mathrm{p}}\left(\varepsilon - \varepsilon_{\mathrm{yd}}\right) & \varepsilon \geqslant \varepsilon_{\mathrm{yd}} \end{cases} \tag{3.41}$$

$$\varepsilon_{\mathrm{yd}} = \frac{f_{\mathrm{yd}}}{E_{\mathrm{s}}} \tag{3.42}$$

式中，E_{s} 为初始弹性模量；E_{p} 为强化弹性模量；$\varepsilon_{\mathrm{yd}}$ 为钢筋动态屈服应变；f_{yd} 为钢筋动态屈服强度。

钢筋的滞回规则参照文献[31]，采用如图 3.31 所示的模型。钢筋卸载至零应力时的刚度取为初始刚度，由于纤维模型不能直接反映钢筋和混凝土之间的黏结性能，考虑到循环加载会引起钢筋和混凝土之间的黏结性能的退化，该模型将钢筋卸载至零应力以后再加载的路径设为指向最大应力点。

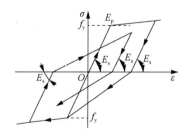

图 3.31　钢筋动态循环本构模型

3）纤维动态抗剪本构关系

本模型只考虑约束混凝土的抗剪性能而忽略纵筋的抗剪能力。对于混凝土的抗剪性能，可以查到的文献比较少。一般认为混凝土的抗剪强度与抗拉强度值相近，但是混凝土的剪应变，特别是峰值剪应变远大于轴心受拉的相应应变，也大

于相同应力下单轴受拉和受压应变之和。本章采用混凝土抗剪强度和峰值剪应变的表达式以及剪应力-剪应变曲线的表达式。跟混凝土抗拉和抗压性能类似，混凝土的抗剪性能同样存在着应变率敏感性，周秋景等[32]和 Suzuki 等[33]研究了混凝土类脆性材料的抗剪性能的率相关性，本章采用 Suzuki 给出的混凝土剪切强度的动力增大系数来考虑抗剪性能的率相关性。在钢筋混凝土构件中，混凝土受到箍筋的约束，其抗剪性能会受到影响，这个因素也在本章中进行考虑。

下面介绍本章用到的混凝土抗剪本构关系。

约束混凝土动态剪应力-剪应变关系的表达式为

$$\tau = \tau_{pd}\left[1.9\left(\frac{\gamma}{\gamma_{pd}}\right) - 1.7\left(\frac{\gamma}{\gamma_{pd}}\right)^3 + 0.8\left(\frac{\gamma}{\gamma_{pd}}\right)^4\right] \tag{3.43}$$

约束混凝土动态切线剪切模量 G_{td} 的表达式为

$$G_{td} = \frac{\tau_{pd}}{\gamma_{pd}}\left[1.9 - 5.1\left(\frac{\gamma}{\gamma_{pd}}\right)^2 + 3.2\left(\frac{\gamma}{\gamma_{pd}}\right)^3\right] \tag{3.44}$$

约束混凝土动态抗剪强度 τ_{pd} 的表达式为

$$\tau_{pd} = k_3 \times 0.39 \times (k_1 f_{cu})^{0.57} \tag{3.45}$$

约束混凝土动态峰值剪应变 γ_{pd} 的表达式为

$$\gamma_{pd} = (176.8 + 83.56\tau_{pd}) \times 10^{-6} \tag{3.46}$$

$$k_1 = 1 + \frac{\rho_s f_{yh}}{f_c} \tag{3.47}$$

$$k_3 = \frac{\tau_{pd}}{\tau_{ps}} = 2.79 + 0.638\lg\dot{\gamma} + 0.057\left(\lg\dot{\gamma}\right)^2 \tag{3.48}$$

式中，k_1 为考虑箍筋约束的强度增大系数，其表达式与上文约束混凝土抗压本构关系中的相同；k_3 为考虑率相关性的抗剪强度的增大系数，取自文献[29]，其适用的应变率范围是 $10^{-6} \sim 10^{-1} \text{s}^{-1}$。

3.4.2 非线性有限单元分析方法的实现

1. FEAPpv 有限元计算程序介绍

FEAPpv（finite element analysis program-personal version）是美国加州大学伯

克利分校的 Taylor 教授主持开发的有限元程序平台，主要用于学习有限元编程方法和求解中小型问题[34]。该平台的源程序免费对公众开放，源程序下载网址是http://www.ce.berkeley.edu/projects/feap/feappv/，目前的最新版本是 FEAPpvv2.2。源程序用 Fortran 语言编写，并且运用了一种简单的内存管理方法，以有效地利用有限的主内存资源，将信息写到磁盘上，同时也给读者带来了一些不方便：程序不容易读懂。现有的版本允许两种处理方式：批处理和交互式。待求解问题的有限元模型可以用任何能编辑 ASCII 码的编辑器编写成输入文件。程序还包含有简单的图形功能，可以显示一维、二维模型的网格，也可以显示变形后的或带有参考构型的计算结果。该有限元平台规模相对比较小，同时提供二次开发的接口，研究者可以仅仅编写自己感兴趣的材料、单元或者计算方法的子程序，而不必将有限元计算的整个过程的代码全部完成，这样将大大减少工作量。

该有限元程序可以分为以下四个基本部分。

（1）数据输入模块。该模块要求给出必要的几何信息、材料特性、荷载数据、边界条件等。可以通过一个文件读入，也可以由用户通过键盘或鼠标输入。

（2）单元库和材料库。该模块提供的单元有实体单元、梁单元、杆单元、板单元、壳单元、膜单元、热传导单元等，提供的材料模型有各向同性线弹性模型、各向异型线弹性模型、黏弹性模型、塑性模型、热传导材料模型等，并且还提供了二次开发单元模型或者材料本构关系的接口，方便用户编制自己需要的单元类型和材料本构关系。本章就是利用这一接口功能添加动态纤维单元模型和相应的材料动态本构模型。

（3）求解模块。该模块需要用户确定求解问题的种类，然后选择相应的命令语言。该模块可以解决的问题有线性静态问题、线性动态问题、非线性静态问题、一阶非线性动态问题、二阶非线性动态问题，可以选用的方法有直接法、牛顿法、修正的牛顿法、增量法、弧长法和增量迭代法等。这个模块是比较有特色的一部分，用户只需要输入宏命令，就可以解决上述问题。比如输入 tang, 1 就可以求解线性静态问题。另外该模块还提供了二次开发计算方法的接口，方便用户添加特殊的算法。

（4）结果处理模块。可以输出节点位移、节点力等。

FEAPpv 单元模块的接口为

```
Subroutine elmtnn (d, ul, xl, ix, tl, s, r, ndf, ndm, nst, isw)
```

其中，nn 值从 1 到 5，也就是用户最多可以添加 5 个自定义单元，d 为单元参数（如弹性模量、材料强度、截面尺寸等），ul 为单元节点位移（包括当前位移、位移增量、速率、加速率等），xl 为单元节点坐标，ix 为单元节点序列号，tl 为单元节点温度，s 为单元刚度矩阵或者质量矩阵，r 为单元余量向量，ndf 为每一节点的自由度数（最大值），ndm 为有限元模型的空间维数，nst 定义了 s 的大小，isw 定义单元控制参数。用户的任务是利用已知的变量（d, ul, xl, ix, tl, ndf, ndm, nst）求出 s 和 r。

FEAPpv 材料本构模型的接口为

```
Subroutine umod1d (umat, eps, td, d, ud, hn, h1, nh, ii, istrt, sig,
dd, isw)
```

其中，umat 为用户材料的类型，eps 为当前的应变，td 为温度变量，d 为系统的材料参数，ud 为用户材料参数，hn 为上一步的历史变量，h1 为当前步的历史变量，nh 为历史变量的个数，ii 为每个单元需要调用材料本构的次数，istrt 为迭代的开始条件，sig 为当前的应力，dd 为切线弹性模量，isw 为单元控制参数。用户的任务是利用已知的变量（umat, eps, td, d, ud, hn, h1, nh, ii, istrt, isw）求出当前的应力 sig 和切线弹性模量 dd。

2. 非线性有限元计算方法

本章的有限元计算方法的选择需要考虑非线性和负刚度两个方面的问题，下面分别进行讨论。

非线性问题可以分为三类，分别是几何非线性、材料非线性及边界条件非线性。本章主要考虑的是材料非线性，包括材料率相关性、弹塑性和路径相关性。材料非线性问题的解法主要有迭代法、增量法和增量迭代法。其中迭代法常用的有三种，分别是常刚度迭代法（修正的 Newton-Raphson 方法）、割线刚度迭代法和切线刚度迭代法（Newton-Raphson 方法）。增量法也有三种，分别是始点刚度增量法（欧拉法）、平均刚度增量法和中点刚度增量法。增量迭代法是这两类方法的结合。迭代法使用比较方便，计算量较小，但是存在收敛性问题，而增量法具有普遍适用性，除了加工软化材料外，能够用于几乎一切类型的非线性形态，包括动态问题、性能与加载路径有关的材料等，并且不存在收敛性问题，只需要减小步长，增加计算工作量，就可以达到需要的精度。

实际上迭代法和增量法并非完全独立，对于切线刚度迭代法，当在每个增量中，只应用单一的 Newton-Raphson 迭代，则这个过程等价于通过增量直接向前积分的问题，也就是等价于始点刚度增量法。本章采用单一的 Newton-Raphson 迭代也就是始点刚度增量法来求解非线性问题，下文介绍一下始点刚度增量法。

增量法的基本思想是将荷载划分成许多小的荷载部分，计算时每次只施加一级荷载增量。在施加每级增量的区间内，假设方程是线性的，即假设刚度矩阵 $[K]$

为固定值，但在各级增量中，$[K]$ 则取不同的值。每施加一级荷载增量 $[\Delta p]$ 可以得到相应的位移增量 $[\Delta \delta]$，累加这些位移增量可以得到任一级荷载时的总位移。增量法是用一系列线性问题去逼近非线性问题，实质上是用分段线性去代替非线性曲线。

设荷载分成 m 个增量，则施加了 n 个增量之后，总荷载和总位移为

$$[p] = \sum_{i=1}^{n}[\Delta p_i] \tag{3.49}$$

$$[\delta_n] = [\delta_{n-1}] + [\Delta \delta_n] \tag{3.50}$$

计算第 n 个位移增量时，刚度矩阵采用上一级荷载增量结束时的线性刚度矩阵 $[K_{n-1}]$，始点增量法的总体平衡方程是

$$[K_{n-1}][\Delta \delta_n] = [\Delta p_n] \tag{3.51}$$

由于需要考虑结构达到极限荷载以后的下降段，此时的刚度矩阵不是正定的，对于这种"负刚度"的问题，各国学者提出了不少算法，主要有：逐步搜索法、虚加刚性弹簧法、位移控制法、强制迭代法、弧长法等，本章选用位移控制法来求解负刚度问题。

3. 有限元计算方法的实现

本章基于 FEAPpv 有限元程序平台，利用二次开发的接口，编制动态纤维单元以及钢筋和混凝土动态循环本构模型，并添加到 FEAPpv 有限元源程序中，采用位移控制法和增量法，对钢筋混凝土构件的动态特性进行数值模拟。

钢筋混凝土构件动态纤维单元的分析流程图如图 3.32 所示，整个计算程序的总流程图如图 3.33 所示，由于本章选择增量法来求解非线性问题，所以不需要进行是否收敛的判断。

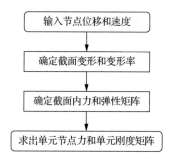

图 3.32　动态纤维单元的分析流程图

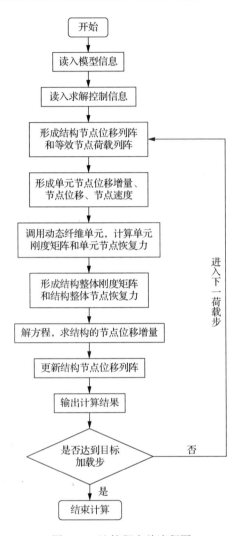

图 3.33　计算程序总流程图

3.4.3　数值模拟

1. 混凝土和钢筋材料的动态特性

1）混凝土动态特性验证

悬臂的等截面素混凝土直杆，一端完全固定，另一端仅允许轴向伸缩。在其自由端以不同的速率施加强迫的轴向位移，考察截面积分点的应力-应变关系。混凝土材料的准静态棱柱体抗压强度为 36.94MPa。图 3.34 显示了混凝土在不同压应变率下受压应力-应变关系曲线。可以看出，随着应变率的增加，混凝土峰值应力增加，下降段坡度增加，弹性模量增加，这些特性均与混凝土的动态特性一致。图 3.35 显示了不同应变率下混凝土的拉压循环应力-应变曲线，可以看出，本章选用的模型不仅可以模拟混凝土材料的率相关性，还可模拟循环加载下混凝土的刚度退化特性。

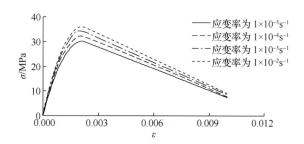

图 3.34　不同压应变率下的受压应力-应变曲线

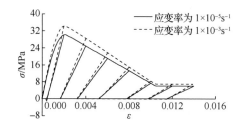

图 3.35　不同应变率下的混凝土拉压循环应力-应变曲线

2）钢筋动态特性验证

悬臂等截面钢梁，一端固定，另一端允许轴向伸缩。在自由端以不同的速率施加轴向拉压位移，得到截面积分点处的钢筋在不同应变率下的拉压循环应力-应变曲线如图 3.36 所示。可以看出，本章的模型可以模拟钢筋在动态循环加载时的主要特性，如率相关性和包率格效应。

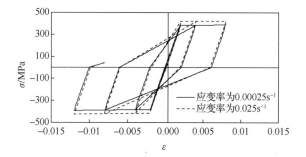

图 3.36　不同应变率下的钢筋拉压循环应力-应变曲线

2. Kulkarni 梁的试验

1）试验概况

Kulkarni 等[15]做了一系列钢筋混凝土梁在静态和动态加载下的试验，这里选用其中有代表性的两对梁进行数值模拟，梁的尺寸如表 3.7 所示。两对梁的剪跨比和材料强度不同，横截面尺寸相同。每对梁中一个做准静态加载，另外一个做快速加载。钢筋混凝土梁采用简支方式，跨中的集中荷载通过分配梁传到主梁上，梁截面下部配 3 根纵筋，截面尺寸及加载示意图如图 3.37 所示。试验采用位移控制的单调加载，采用的两种加载速率分别是 0.000 71cm/s 和 38cm/s。

表 3.7　梁的尺寸

试件	剪跨比	加载点间距离/mm	支座间距/mm	钢筋抗拉强度/MPa	混凝土抗压强度/MPa
梁 A（2 根）	5.0	152	1672	518	46.2
梁 B（2 根）	4.5	305	1673	518	45

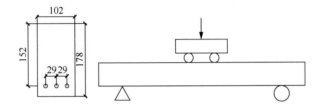

图 3.37　截面尺寸及加载示意图（单位：mm）

2）材料动态本构模型

钢筋和混凝土的本构模型采用第 3.4.1 节介绍的本构模型，材料的动力增大系数的表达式如下所示。

a. 混凝土单轴抗压强度动力增大系数。

$$\frac{f_{cd}}{f_c} = 0.022\ln\frac{\dot{\varepsilon}_c}{\dot{\varepsilon}_{c0}} + 0.9973 \tag{3.52}$$

式中，f_{cd} 为混凝土动态抗压强度；f_c 为准静态抗压强度；$\dot{\varepsilon}_c$、$\dot{\varepsilon}_{c0}$ 分别为当前压应变率和准静态压应变率，这里取 $\dot{\varepsilon}_{c0} = 3.0\times10^{-5}\,\mathrm{s}^{-1}$。

b. 混凝土单轴抗拉强度动力增大系数。

$$\frac{f_{td}}{f_t} = 0.0714\ln\frac{\dot{\varepsilon}_t}{\dot{\varepsilon}_{t0}} + 0.9883 \tag{3.53}$$

式中，f_{td}、f_t 分别为当前拉应变率 $\dot{\varepsilon}_t$ 和准静态拉应变率 $\dot{\varepsilon}_{t0}$ 下的抗拉强度，这里取 $\dot{\varepsilon}_{t0} = 3.0\times10^{-5}\,\mathrm{s}^{-1}$。

c. 钢筋屈服强度动力增大系数。

钢筋采用理想弹塑性模型，其屈服强度的动力增大系数为

$$\frac{f_{yd}}{f_{ys}} = 0.0124\ln\frac{\dot{\varepsilon}_s}{\dot{\varepsilon}_{s0}} + 0.9832 \tag{3.54}$$

式中，f_{yd}、f_{ys} 分别为当前参考应变率 $\dot{\varepsilon}_s$ 和准静态参考应变率 $\dot{\varepsilon}_{s0}$ 下的屈服强度，这里取 $\dot{\varepsilon}_{s0} = 3.0 \times 10^{-5}\,\mathrm{s}^{-1}$。

3）模拟结果

采用上述钢筋混凝土的动态本构模型和有限元计算程序对试验进行数值模拟，将梁沿梁轴线划分 22 个单元，每个单元沿截面高度划分 40 个混凝土纤维和 3 个钢筋纤维，采用增量法计算，模拟得到的两对梁在不同加载速率下的跨中荷载-位移曲线如图 3.38 所示。从模拟结果和试验结果的比较，可以看出，随着加载速率的提高，钢筋混凝土梁 A 和梁 B 的峰值荷载提高，刚度变化不大，模拟结果与试验结果比较吻合。

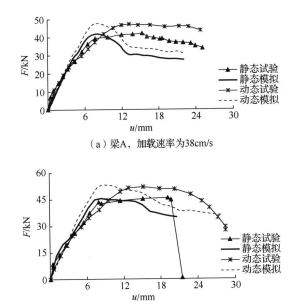

（a）梁A，加载速率为38cm/s

（b）梁B，加载速率为0.00071cm/s

图 3.38　不同加载速率下梁的跨中荷载-位移曲线

以梁 A 为例，分析讨论动态加载时不同位置纤维的应变率的变化规律。图 3.39（a）表示不同时刻下单元受压区最外侧的混凝土纤维的应变率沿轴线的分布规律。由图可以看出构件跨中的应变率最大，沿轴线向支座处依次减小，原因是相同时

间段内，跨中变形比较大。t=0.0198s 时跨中的应变率比 t=0.0066s 时的大，原因是 t=0.0198s 之前，钢筋还未屈服，在 t=0.0198s 之后，钢筋屈服，钢筋屈服后应变变化得比较快。图 3.39（b）表示单元受拉区最外侧混凝土纤维和受压区最外侧混凝土纤维在 t=0.0198s 时的应变率沿轴线的分布规律，可以看出受拉区边缘纤维的应变率比受压区边缘纤维的应变率大。图 3.39（c）表示钢筋在不同时刻的应变率沿轴线的分布规律，其规律与图 3.39（a）相似，其应变率量级是 $10^{-1}\mathrm{s}^{-1}$，这与文章实测的一致。图 3.40 表示不同时刻跨中截面上混凝土纤维的应变率随截面高度（y）的分布规律。可以看出，应变率沿截面的变化规律与应变一致，也符合平截面假定，随着荷载的增加，受拉区增大，受压区减小。

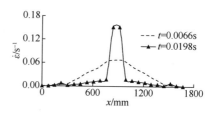

（a）不同时刻受压区混凝土纤维

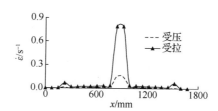

（b）t=0.0198s时受压区和受拉区混凝土纤维

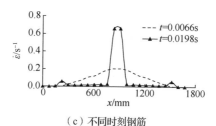

（c）不同时刻钢筋

图 3.39　单元纤维的应变率沿轴线的分布规律

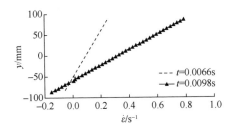

图 3.40　混凝土纤维的应变率随截面高度的分布规律

3. 本章梁的试验

采用本章建立的动态纤维模型，对本章的试验进行数值模拟。考虑到试验梁的对称性，取梁的一半作为研究对象，根据试算结果，沿轴线划分为 2 个单元，每个单元沿截面高度划分 10 个混凝土纤维和 4 个钢筋纤维，可以满足精度要求。采用增量法对有限元模型进行计算。

1）材料的动态本构模型

钢筋和混凝土的本构模型采用第 3.4.1 节介绍的本构模型，材料的动力增大系数的表达式如下所示。

a. 混凝土抗压强度动力增大系数。

对于 C30 混凝土，其单轴抗压强度动力增大系数为

$$\frac{f_{cd}}{f_c} = 1.0 + 0.064\,8\lg\left(\frac{\dot{\varepsilon}_c}{\dot{\varepsilon}_{c0}}\right) \tag{3.55}$$

对于 C50 混凝土，其单轴抗压强度动力增大系数为

$$\frac{f_{cd}}{f_c} = 1.0 + 0.031\,4\lg\left(\frac{\dot{\varepsilon}_c}{\dot{\varepsilon}_{c0}}\right) \tag{3.56}$$

式中，f_{cd} 为混凝土动态抗压强度；f_c 为准静态抗压强度；$\dot{\varepsilon}_c$、$\dot{\varepsilon}_{c0}$ 分别为当前压应变率和准静态压应变率，这里取 $\dot{\varepsilon}_{c0} = 1.0 \times 10^{-5}\,\mathrm{s}^{-1}$。

b. 混凝土抗拉强度动力增大系数。

动态抗拉强度与准静态抗拉强度的关系采用 CEB 模型，即所示

$$\frac{f_{td}}{f_t} = \left(\frac{\dot{\varepsilon}_t}{\dot{\varepsilon}_{t0}}\right)^{1.016\delta} \qquad \dot{\varepsilon}_t \leqslant 30\mathrm{s}^{-1} \tag{3.57}$$

$$\frac{f_{td}}{f_t} = \eta \dot{\varepsilon}_t^{1/3} \qquad \dot{\varepsilon}_t > 30s^{-1} \tag{3.58}$$

$$\lg \eta = 6.933\delta - 0.492 \tag{3.59}$$

$$\delta = \frac{1}{10 + \dfrac{f_{cu}}{2}} \tag{3.60}$$

动态抗拉弹性模量与准静态抗拉弹性模量的关系为

$$\frac{E_{td}}{E_t} = \left(\frac{\dot{\varepsilon}_t}{\dot{\varepsilon}_{t0}} \right)^{0.016} \tag{3.61}$$

式中，$\dot{\varepsilon}_{t0}$ 为准静态拉应变率，取 $\dot{\varepsilon}_{t0} = 3.0 \times 10^{-6} s^{-1}$。

c. 钢筋屈服强度动力增大系数。

钢筋采用双折线强化模型，其强化模量取为初始弹性模量的 1/200。屈服强度的动力增大系数为

$$\frac{f_{yd}}{f_{ys}} = 1.0 + c_f \lg \frac{\dot{\varepsilon}_s}{\dot{\varepsilon}_{s0}} \tag{3.62}$$

$$c_f = 0.1709 - 3.289 \times 10^{-4} f_{ys} \tag{3.63}$$

式中，f_{yd}、f_{ys} 分别为当前参考应变率和准静态参考应变率下的屈服强度，这里取 $\dot{\varepsilon}_{s0} = 2.5 \times 10^{-4} s^{-1}$。

2）模拟结果

图 3.41 对比了不同加载速率下单调加载时的试验结果和模拟结果。图 3.42 对比了不同加载速率下循环加载时的试验结果和模拟结果。表 3.8 给出了不同工况下试验结果和模拟结果的承载力对比。结果表明，在剪跨比为 3 时单调加载工况下模拟结果和试验结果相差较大，其他工况结果较为接近。以工况 B50-CD1 和 B50-CD2 为例，其跨中单元受压区边缘混凝土纤维的平均应变率分别是 0.006 07s⁻¹ 和 0.006 93s⁻¹，可见剪跨比为 3 时梁材料的变形速率比剪跨比为 5.5 时的大，这也解释了相同的梁，剪跨比越小，对加载速率敏感性越大的试验现象。

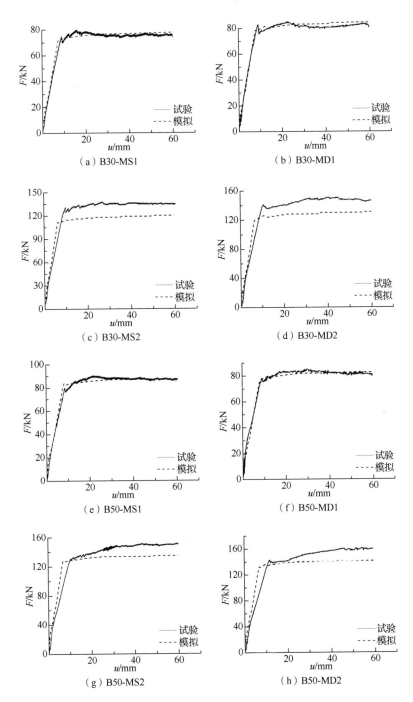

图 3.41　单调加载时试验结果和模拟结果的比较

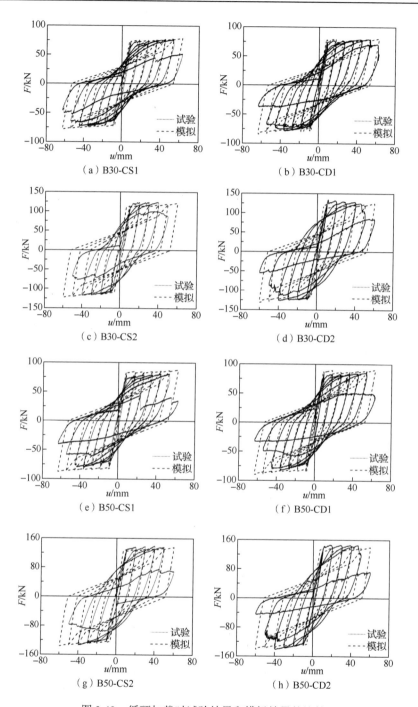

图 3.42　循环加载时试验结果和模拟结果的比较

表 3.8　试验结果和模拟结果的承载力对比

试件编号	剪跨比	加载速率/（mm/s）	加载方式	试验结果/kN	模拟结果/kN
B30-MS1	5.5	0.05	单调	79.95	77.7
B30-MD1	5.5	30	单调	84.99	84.5
B30-CS1	5.5	0.05	循环	76.17/-74.02	78.3/-78.2
B30-CD1	5.5	30	循环	79.61/-78.07	80.9/-83.6
B30-MS2	3	0.05	单调	137.79	120.1
B30-MD2	3	30	单调	150.99	130.6
B30-CS2	3	0.05	循环	124.88/-116.73	122.1/-121.6
B30-CD2	3	30	循环	133.67/-125.7	126.3/-130.5
B50-MS1	5.5	0.05	单调	90.85	87.4
B50-MD1	5.5	30	单调	94.78	91.9
B50-CS1	5.5	0.05	循环	81.00/-79.84	87.6/-87.4
B50-CD1	5.5	30	循环	84.14/-83.04	89.4/-90.9
B50-MS2	3	0.05	单调	152.03	134.9
B50-MD2	3	30	单调	162.08	141.9
B50-CS2	3	0.05	循环	140.26/-133.85	136.5/-136.0
B50-CD2	3	30	循环	146.12/-141.81	139.4/-141.8

参 考 文 献

[1] 张艳青, 贡金鑫, 韩石. 钢筋混凝土杆件恢复力模型综述（Ⅰ）[J]. 建筑结构, 2017, 47（9）: 70-75.

[2] 郭子雄, 吕西林. 高轴压比 RC 框架柱恢复力模型试验研究[J]. 土木工程学报, 2004, 37（5）: 32-38.

[3] SHARMA A, ELIGEHAUSEN R, REDDY G R. Pivot hysteresis model parameters for reinforced concrete columns, joints, and structures[J]. ACI Structural Journal, 2013, 110（2）: 217-227.

[4] OZCEBE G, SAATCIOGLU M. Hysteretic shear model for reinforced-concrete members[J]. Journal of Structural Engineering-Asce, 1989, 115（1）: 132-148.

[5] PRIESTLEY M J N, VERMA R, XIAO Y. Seismic shear strength of reinforced concrete columns[J]. Journal of Structural Engineering, 1994, 120（8）: 2310-2329.

[6] ROUFAIEL M S L, MEYER C. Analytical modeling of hysteretic behavior of R/C frames[J]. Journal of Structural Engineering-Asce, 1987, 113（3）: 429-444.

[7] PENIZEN J. Dynamic response of elasto-plastic frames[J]. Transactions of the American Society of Civil Engineers, 1962, 127（2）: 1-13.

[8] CLOUGH R W.Earthquake simulator test of a three story steel frame structure[C]. 5th World Conference on Earthquake Engineering, 1973, 1: 308-311.

[9] TAKEDA T, SOZEN M A，NIELSON N N. Reinforced concrete response to simulated earthquakes[J]. Journal of Structural Division，ASCE, 1970, 96: 2557-2572.

[10] 杜修力, 欧进萍. 建筑结构地震破坏评估模型[J]. 世界地震工程, 1991（3）: 52-58.

[11] 汪璨帆. 考虑楼板协同工作的钢筋混凝土梁恢复力模型研究[D]. 北京: 北京工业大学, 2016.

[12] BISCHOFF P H，PERRY S H. Compressive behaviour of concrete at high strain rates[J]. Materials and Structures, 1991, 24（6）: 425-450.

[13] MUTSUYOSHI H，MACHIDA A. Behavior of prestressed concrete beams using FRP as external cable[J]. ACI Structural Journal, 1993, 138: 401-418.

[14] SHAH S, WANG M L，CHUNG L. Model concrete beam-column joints subjected to cyclic loading at two rates[J]. Materials and Structures, 1987, 20（2）: 85-95.

[15] KULKARNI S M，SHAH S P. Response of reinforced concrete beams at high strain rates[J]. ACI Structural Journal, 1998, 95（6）: 705-715.

[16] FU H C, ERKI M A，SECKIN M. Review of effects of loading rate on reinforced concrete[J]. Journal of Structural Engineering, 1991, 117（12）: 3660-3679.

[17] 过镇海，时旭东. 钢筋混凝土原理和分析[M]. 北京: 清华大学出版社, 2003.

[18] 中华人民共和国住房和城乡建设部. 混凝土结构设计规范（2015 年版）: GB50010—2010[S]. 北京: 中国建筑工业出版社, 2011.

[19] LI C, QIN F, YI Z, et al. Rate-sensitive numerical analysis of dynamic responses of arched blast doors subjected to blast loading[J]. Journal of Tianjin University, 2008, 14: 348-352.

[20] 程冬, 张德岗, 李守巨，等. 地震作用下丰满重力坝的塑性损伤[J]. 岩土力学, 2007, 28（S1）: 792-795.

[21] 李兵. 钢筋混凝土框-剪结构多维非线性地震反应分析及试验研究[D]. 大连: 大连理工大学, 2006.

[22] 张守军. 短肢剪力墙非线性力学模型及地震反应分析[D]. 西安: 西安建筑科技大学, 2007.

[23] 王勖成. 有限单元法[M]. 北京: 清华大学出版社, 2003.

[24] 叶列平, 陆新征, 马千里. 混凝土结构抗震非线性分析模型、方法及算例[J]. 工程力学, 2006, 23（S2）: 131-140.

[25] 艾庆华. 钢筋混凝土桥墩抗震性态数值评价与试验研究[D]. 大连: 大连理工大学, 2008.

[26] 陈滔. 基于有限单元柔度法的钢筋混凝土框架三维非弹性地震反应分析[D]. 重庆: 重庆大学, 2003.

[27] 尚晓江. 高层建筑混合结构弹塑性分析方法及抗震性能的研究[D]. 北京: 中国建筑科学研究院, 2008.

[28] 徐国林. 巨型钢框架结构非线性地震反应分析方法研究[J]. 国际地震动态, 2010（1）: 43.

[29] SOROUSHIAN P, C H O I K B, ALHAMAD A. Dynamic constitutive behavior of concrete[J]. ACI Journal, 1986, 83（26）: 251-259.

[30] 滕智明, 邹离湘. 反复荷载下钢筋混凝土构件的非线性有限元分析[J]. 土木工程学报, 1996, 29（2）: 19-27.

[31] 秦从律, 张爱晖. 基于截面纤维模型的弹塑性时程分析方法[J]. 浙江大学学报（工学版）, 2005, 39（7）: 1003-1008.

[32] 周秋景, 李同春, 宫必宁. 循环荷载作用下脆性材料剪切性能试验研究[J]. 岩石力学与工程学报, 2007, 26（3）: 573-579.

[33] SUZUKI A, MIZUNO J, MATSUO I, et al. Effects of loading rate on reinforced concrete shear walls: Part 2 dynamic properties of concrete[J]. Earthquake Resistant Engineering Structures II, 1999, 41: 53-61.

[34] TAYLOR R L, OÑATE E, UBACH P A. finite element analysis of membrane structures[M]. Germany: Springer, 2005.

第4章 钢筋混凝土柱非线性动力特性

钢筋混凝土结构在地震作用下的动力响应通常会受到荷载速率的影响，而钢筋混凝土柱作为主要的承重构件，其在不同加载速率下的抗震性能研究尚且较少，同时，目前的结构抗震设计规范并未涉及由荷载速率引起的钢筋混凝土构件力学性能和变形性能变化方面的条款。本章基于试验研究和数值计算相结合的方法，分析了地震作用加载速率下钢筋混凝土柱的应变率敏感性对其力学特性的影响，主要内容如下所述。

（1）首先对 5 根完全相同的钢筋混凝土柱分别进行不同轴压比下单双向循环加载的拟静力试验，得到在不同静力加载路径和加载方式下，力与位移关系的本构模型。

（2）在静力加载的基础上，试验研究了加载速率对钢筋混凝土柱力学性能和变形性能的影响。主要考虑的因素有：剪跨比、轴压比、混凝土强度、纵筋强度等级、纵向配筋率、体积配箍率、加载模式（单向加载、双向加载和变轴力加载）和加载速率。

（3）试验研究了钢筋混凝土柱在不同加载路径下的动力特性，主要考虑的加载路径有：单向循环加载、十字形加载、菱形加载和圆形加载路径。

（4）为验证试验结果的准确性，基于 OpenSees 中的分布塑性铰模型，数值计算给出了不同材料应变率下柱单调加载条件下的荷载-位移关系曲线和地震作用下柱的动力反应，并通过回归分析给出了不同材料应变率下柱极限承载力的动力增长因子经验公式。另外，基于 OpenSees 中的 BeamwithHingesElement 单元，引入钢筋和混凝土材料的应变率效应，考虑了构件的双向弯曲、轴力的耦联作用及剪切、黏结滑移效应，编制了钢筋混凝土柱的 Tcl 程序，对不同加载路径下的钢筋混凝土柱进行了数值模拟，并与试验结果进行了对比。

4.1 钢筋混凝土柱静力恢复力模型

不同轴压比下对 5 根完全相同的钢筋混凝土柱分别进行单双向循环加载的拟静力试验。通过对试验现象、滞回曲线的分析，比较不同静力加载形式下柱的破坏形态和破坏程度，分析其滞回曲线特性[1,2]。

4.1.1　模型的设计与制作

　　本次试验共制作了 5 根完全相同的悬臂柱，截面尺寸为 200mm×200mm，柱高 850mm，其中柱头长 200mm，四周镶贴钢板 200mm×200mm，用于加固柱头混凝土。纵筋为 $12\phi6.5$，对称布置，配筋率为 0.85%。箍筋采用 8# 铁丝，间距 60mm，柱头箍筋加密，间距 30mm。底座尺寸 800mm×800mm，高 300mm，纵横向各配置 6 个直径为 16mm 的螺纹矩形钢筋套。底座上覆钢板 800mm×800mm，正中开口 220mm×220mm。底座上压钢梁，用于固定。柱内纵筋伸入底座。5 根柱子的制作过程均为木模现浇，混凝土为 C20 商品混凝土，采用振捣棒振捣。图 4.1 为试件尺寸及配筋图。

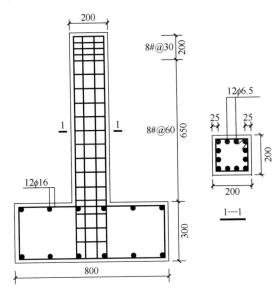

图 4.1　试件尺寸及配筋图（单位：mm）

4.1.2　加载仪器的布置与加载方案

1. 加载装置的设计

　　本试验为低周单向和双向循环加载。水平荷载由双向推拉油压千斤顶提供，千斤顶前端连接拉压传感器，后端固定有单向滑板，以保证加载力始终与柱面垂直。柱头外套铁箍，保证柱头不发生局部破坏。水平拉压亦通过铁箍传给柱。铁箍外相互垂直的两侧各焊接单向铰，通过连杆与拉压传感器相连。单向铰可以保证柱有位移时，柱与水平加载装置间能有微小转动。其中 x 方向加载装置固定于反力墙上，y 方向加载装置固定于"门"字形钢架上，由其提供反力。竖向荷载由竖向的油压千斤顶提供，千斤顶前端连接压力传感器，通过球铰作用于柱头上。

千斤顶后端接双向滑板,在柱头有双向位移时,轴向力始终作用于柱子的中心轴线。整个加载装置固定于钢横梁上,由其提供反力。水平面 x、y 方向力均由手动油泵控制,轴力由油泵机动加载。

2. 量测装置布置

柱顶水平面 x、y 方向各布置一块大量程的主位移计,量测 x、y 方向位移。为测定柱根部转角,在离柱根部 150mm 处套一角铁箍,在箍的四角各固定一块量程为 3cm 的位移计。则柱根部的转角可由两块位移计的读数差再除以柱截面宽 200mm 来求得。为防止底座有微小滑动,修正柱顶 x、y 方向位移,在底座 x、y 方向各布置一块量程为 1cm 的位移计。试验装置图详见图 4.2~图 4.4。

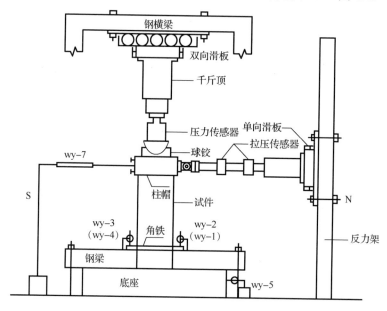

图 4.2 试验装置图(S-N 方向)

在纵筋与底座相交处贴有电阻应变片,用于量测钢筋应变。柱内纵筋上的 12 片应变片的连线,8 块位移计的连线,x、y 轴力三方向的传感器的连线均接在接线板上,后连入 UCAM-70 进行分析,位移由 x-y 函数记录仪显示。

3. 各柱的加载方案

柱 J-1 小轴力单轴加载;柱 J-2 大轴力单轴加载;柱 J-3 无轴力,双轴向循环加载;柱 J-4 大轴力双轴循环加载;柱 J-5 小轴力双轴循环加载。具体试件加载方案见表 4.1。试件的加载由位移控制,加载路径和加载位移幅值见图 4.5,其中位移幅值的级差 δ=2.5mm。

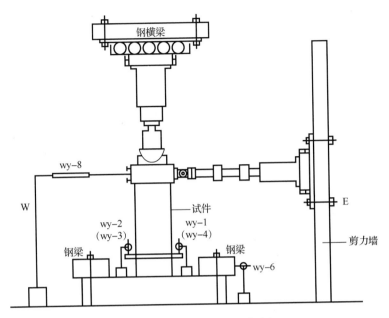

图 4.3 试验装置图（W-E 方向）

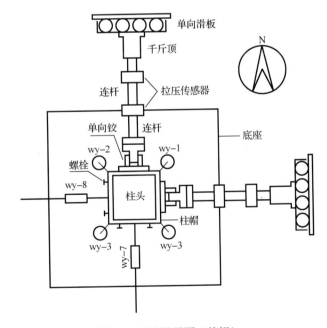

图 4.4 试验装置图（俯视）

表4.1　试件加载方案

试件编号	轴力/kN	x 方向	y 方向	实际高度/mm	轴压比
J-1	157	循环	无	750	0.161
J-2	314	循环	无	750	0.323
J-3	0	循环	循环	750	0
J-4	314	循环	循环	750	0.323
J-5	157	循环	循环	750	0.161

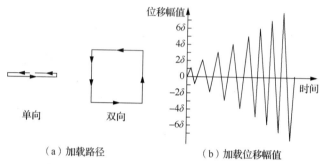

（a）加载路径　　　　　　　（b）加载位移幅值

图4.5　单双向循环加载路径及加载位移幅值

4.1.3　试验现象及分析

试件 J-1 在前 3 个加载循环中，未出现肉眼所见裂缝。在第 4 个加载循环中，沿加载方向的柱根部水平开裂。反向拉时，裂缝闭合。下一个循环中，柱根部两个面上均出现裂缝。在以后的加载循环中，裂缝增多，并不断地张开、闭合。裂缝宽度亦逐渐增加，长度延伸。在继续加载中，裂缝两面的混凝土开始剥落，直至压碎。柱的四角均有二至三道竖直裂缝。最后，试件 J-1 由于达到不适于继续加载的变形而停止试验。

试件 J-2 在加载过程的情况大体同试件 J-1，但柱根部混凝土的破坏较试件 J-1 严重，且荷载下降较多。在最后一个循环中，位移幅值的级差提高为 4mm，位移幅值达到 34mm，这使得 J-2 突然发生破坏，柱根部混凝土的破坏严重。

从试件 J-1 和试件 J-2 的破坏现象来看，在单向荷载作用下，轴力的存在加剧了构件的破坏程度。

试件 J-3 是在无轴力的情况下加载，从表面看试件破坏不明显，只是在柱根部四面均有二道裂缝，且四面裂缝相连，形成两圈。直到试验结束，混凝土也未被压碎，同时可观察到试件裂缝开展较大。最后，试件 J-3 也是由于达到不适于继续加载的变形而停止试验。

试件 J-4、试件 J-5 在裂缝出现后，柱四角的混凝土保护层逐渐剥落。随着荷载的继续增大，四角被压碎的混凝土越来越多。在加载末期，沿柱根部四周的混凝土保护层大体脱落，且试件 J-4 的破坏较试件 J-5 更为严重。

试件 J-4、试件 J-5 与试件 J-3 相比，可以看出，在双向荷载作用下，轴力的存在同样加剧了构件破坏程度，而且轴力的影响较单向加载下更大。从试件 J-1、试件 J-5 和试件 J-2、试件 J-4 的破坏现象比较来看，双向荷载作用使得柱的破坏大于单向荷载作用，并且破坏是沿柱截面四周发生，特别是柱的角部混凝土脱落严重，而单向荷载作用下，混凝土破坏只在受荷方向才较为严重。

4.1.4　构件的滞回特性分析

1. 滞回曲线共有的特性

在加载初期，混凝土尚未开裂，滞回曲线基本沿直线循环，构件处于弹性阶段。在主筋屈服前，滞回环成稳定的梭形，刚度退化很小。主筋屈服后卸载时，恢复力曲线坡度与加载初始时期比较略有下降，有明显的残余变形。在荷载接近回零时，曲线开始出现滑移现象。自荷载由零点反向加载时，刚度较明显的有些降低。随着荷载的加大，刚度退化明显。卸载刚度随着循环次数的增加，退化现象越来越严重。试件滞回曲线的比较见图 4.6 和图 4.7。

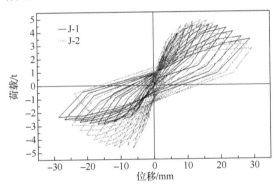

图 4.6　试件 J-1、试件 J-2 滞回曲线的比较

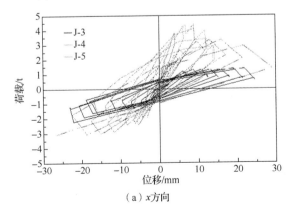

（a）x 方向

图 4.7　试件 J-3、试件 J-4 与试件 J-5 滞回曲线的比较

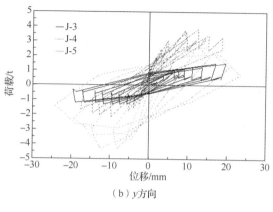

（b）y方向

图 4.7（续）

2. 轴压比对滞回曲线的影响

构件的开裂荷载和极限荷载均随轴压比的增加而增加。试件 J-2 和试件 J-1 相比，开裂荷载提高 4%，极限荷载提高 7%。试件 J-4 的开裂荷载较试件 J-3 增大 55%，较 J-5 试件增大 7%；试件 J-4 的极限荷载较试件 J-3 增大 60%，较试件 J-5 增大 5%。

不同轴压比的试件的滞回特性有较大的差别。轴压比较小的试件 J-1 和试件 J-5 在混凝土开裂后，具有一个较长的强化阶段。在这个阶段内试件的承载力有一定幅度的提高。相比之下，轴压比较大的试件 J-2 和试件 J-4 在开裂后，强化阶段较短，强化幅度较小。在试件达到最大承载力后，随着位移幅值的增加，轴压比较小的试件 J-1 和试件 J-5 承载力退化非常缓慢。大轴压比的试件 J-2 和试件 J-4 屈服后很快进入强度退化阶段。而且同级位移幅值反复循环下试件的强度退化随着轴压比的增加而加快。对于无轴力的试件 J-3 来说，属于双向受弯构件，强度退化不明显。

试件的卸载刚度退化现象随着轴压比在一定程度内的增加有所增大。在强化阶段结束后，大轴压比的试件刚度退化非常迅速，滞回环很快"躺倒"。与之相比，小轴压比的试件刚度退化缓慢。随着轴压比的增加，反向加载时滞回曲线的滑移现象趋向不明显。这主要是由于较大轴压比下试件的裂面效应减弱所造成的。试件 J-2、试件 J-4 与试件 J-1、试件 J-5 相比，试件 J-2、试件 J-5 的滞回曲线较饱满，表明轴压比在一定范围内增加，滞回曲线越加丰满，试件的抗震耗能能力越有所增加。

以上分析可总结为：轴力在一定范围内的增加，使得构件的开裂荷载和极限荷载增大，刚度增大，滞回曲线丰满；同时使得构件的延性下降。在加载循环中，构件强度退化和刚度退化现象随轴力的增加而更趋于严重。

3. 双向循环加载对滞回曲线的影响

小轴压比条件下,试件 J-1 的开裂强度较试件 J-5 增大 43%,极限强度增大约 22%;试件开裂后,试件 J-5 很快达到极限荷载。双向循环加载令试件强度的退化加快,几个加载循环过后,试件 J-5 就进入强度退化阶段。相比之下,单向加载的试件 J-1 达到极限强度较慢,强化阶段很长,达到极限强度后,强度退化也很慢。同样加载循环次数下,试件 J-5 的刚度要比试件 J-1 的刚度小得多。卸载前,y 方向的加载力作用使 x 方向位移增大很多,承载力下降很大,其卸载刚度很小。同样变形下,试件 J-1 的承载力要比试件 J-5 的承载力高得多,其极限强度对应的变形亦很大。证明单向循环加载柱的延性比双向循环加载柱要好,更有利于抗震。试件 J-5 滞回环所包围的面积要比试件 J-1 小,其抗震耗能能力不如单向循环加载柱的好。试件 J-5 与试件 J-1 相比,双向耦合作用是非常明显的。随着位移的增加,y 方向的加载力对 x 方向的位移增加影响增大,令其刚度退化加快。试件 J-1 和试件 J-5 滞回曲线的比较见图 4.8。

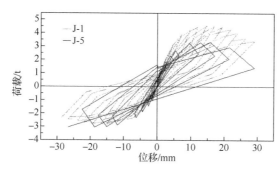

图 4.8   试件 J-1 和试件 J-5 滞回曲线的比较

在大轴压比条件下,试件 J-2 的开裂荷载较试件 J-4 增大 32%,极限强度增大 10%。与试件 J-2 相比,试件 J-4 亦很快达到极限强度,强化阶段很短,强度退化也很快。试件 J-4 的滞回曲线循环次数要比试件 J-2 少得多。在同样的循环次数下试件 J-4 刚度比试件 J-2 退化快,几个循环下来,试件的承载能力就大幅度下降。主要是因为四角混凝土被压碎,退出工作所致。大轴压比下双向循环加载试件的抗变形能力更差,其极限强度下对应的变形更小,延性更小,对抗震很不利。主要是大轴力下受压混凝土承受的压力更大,较早地达到极限强度而进入软化段。试件 J-4 的滞回环所包围的面积要比试件 J-2 小得多,其抗震耗能能力更差。大轴力下双向耦合作用比小轴力下对卸载刚度影响增大,详见图 4.9。对于无轴力的试件 J-3 来说,承载力虽然最低,但一直处于缓慢增长阶段。双向耦合作用也非常明显。

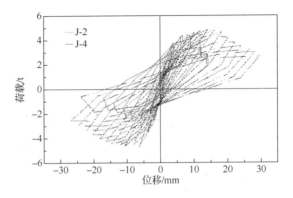

图 4.9　试件 J-2 和 J-4 滞回曲线的比较

由以上分析可总结为：双向荷载作用使得柱的承载力较单向荷载作用有较大的下降；在双向荷载作用下，构件的强度退化和刚度退化现象均较单向荷载作用下严重得多；且轴压比的增大加重了构件的强度退化和刚度退化现象；双向荷载作用使得柱的延性也大为降低。目前，规范对混凝土柱的延性保证主要是依据单向加载而定的，考虑到结构在实际地震中为多向受荷，故应进一步加强柱的延性保证措施。

4.2　考虑动力效应的钢筋混凝土柱抗震性能研究

大量研究结果表明，钢筋混凝土构件作为结构的基本承重构件，在遭受快速荷载作用时，体现出完全不同于静力荷载作用下的力学特性。同时，钢筋、混凝土材料均是应变率敏感性材料，在遭受快速加载时，其承载能力、变形能力、耗能能力等均会发生不同程度的变化。

钢筋混凝土构件在快速加载条件下的力学特性与静力加载条件下是明显不同的，常见的弯曲破坏模式在快速加载条件下可能转变为更加脆性的剪切破坏，即导致构件的抗剪能力下降，韧性降低，其主要原因归结为爆炸、冲击、地震等高速荷载作用下的荷载高频成分丰富，材料应变率效应显著等因素增大了构件的高频振动、剪切内力和剪切变形，这已被国内外的研究成果所证实[3-5]。Krauthammer 等[5]基于 Timoshenko 梁理论，应用差分法对爆炸荷载作用下梁式构件的动力特性及破坏模式进行了分析；Kunnath 等[6]数值分析了钢筋混凝土梁柱节点的动力特性，并与试验结果进行了比较；Sziveri 等[7]研究了钢筋混凝土板在快速加载条件下的力学性能。国内学者，方秦等[8]则以 Timoshenko 梁作为分析对象，研究了钢筋混凝土结构的动力响应问题；王利恒等[9]试验研究了钢筋混凝土梁式构件的动力响应与其破坏程度之间的关系；陈肇元等[10]对钢筋混凝土梁进行了快速加载试验，并模拟了爆炸荷载作用下梁的动力非线性响应变化。

目前，较为一致的结论是[11-16]：随着应变率的提高，钢筋的屈服强度和极限强度均有提高，且屈服强度率敏感性更强，弹性模量并无明显变化；混凝土抗拉、抗压强度均随着应变率的增加而增加，弹性模量也有所提高，变形能力下降，且在中等加载速率下黏性机制是其力学性能发生改变的主要原因，而在高速加载条件下其力学性能发生变化的原因则归结为惯性效应。

而钢筋混凝土结构在地震过程中，其材料应变率效应及加载速率对钢筋与混凝土间黏结滑移的影响使钢筋混凝土构件的力学性能发生明显变化，这也将导致钢筋混凝土构件的变形能力、破坏机理及受弯承载力和受剪承载力随之发生不同程度的变化，因此有必要研究加载速率对钢筋混凝土构件基本力学性能的影响规律及不同类型承载力的变化和加载速率对其破坏机理的影响等。因此，鉴于上述原因，有必要对钢筋混凝土构件的动力特性进行进一步的试验研究。

目前，有关钢筋混凝土构件动力特性的研究尚且较少，而钢筋混凝土构件在动力加载条件下的研究则更加有限，也正因为此，我国在钢筋混凝土结构的抗震设计中并未考虑材料、构件的率相关效应。鉴于这些原因，本节针对钢筋混凝土的动力特性进行了单向动力加载、双向动力加载和静动力加载三组试验，并对试验结果进行分析，总结出钢筋混凝土柱在不同加载速率下的基本力学性能（滞回曲线、延性、刚度退化、强度退化、耗能和累计损伤）变化，并分析加载速率引起的动力效应对柱的承载力、屈服弯矩、屈服旋转角、钢筋强度和构件破坏机理的影响[17-19]。

4.2.1　试件设计及加载装置的介绍

1. 试验过程介绍

（1）明确试验目的，依据特定的试验目的给出试件的具体设计方案。同时，要确定试验加载制度和量测的具体内容，并根据需求确定量测方法、量测仪器和量测位置，以便保证测得的试验数据准确、完整。

（2）进行试验前期的准备工作。准备工作对于试验来说尤为重要，其好坏决定着试验的成功与否，包括材料的购买、运输及其力学性能的测定；试件模具的加工、钢筋的绑扎、混凝土的浇筑及后期试件的养护；试验设备的就位、安装与调试；测量仪表的检测、安装与标定；上述工作完成后则要进行试件的安装、仪表读数调零和加载口令设定，直到一切检查完成并确定准确无误后，开始进行试验加载，并进行数据采集和必要的试验现象记录。

试验完成后，对试验过程中采集到的原始数据进行整理和编号，同时对记录到的试验现象进行必要的分析，以便得到能够反映试验研究主题的表格、曲线和图像。试验过程中采集到的原始数据往往存在不可避免的误差，因此，要对试验数据进行处理，去伪存真，去粗取精，才能得到准确、可靠的试验结果。

基于上述对试验过程的分析，下面将对试验的试件设计、试验装置和测量仪器等进行具体的介绍。

2. 试件设计

试验试件制作过程中，钢筋的切割、绑扎、试件的浇筑及其养护均在规范试验条件下完成。模板采用木质模板装订、拼接而成，浇筑时将木模放置混凝土光滑平台上，钢筋骨架放入模中，调整钢筋骨架的位置使其达到试验要求。为保证试件底端的有效锚固，根据混凝土结构设计规范选取保守的锚固长度，并在支座上、下分别布置一定数量的垂直交叉钢筋。

试件采用商品混凝土进行浇筑，浇筑过程中，不断通过振捣棒进行振捣，使混凝土更加密实，浇筑完成后，在试件外部附上湿润海绵，并在外部套上塑料薄膜，以保证试件水分不过早蒸发。

试验共分为三种加载模式，三种加载模式设计的构件参数并不相同，这里把三种加载模式分别定义为单向动力加载试验（A）、双向动力加载试验（B）和同一试件的静动力加载试验（C）。

1）单向动力加载试验（A）试件设计

针对不同加载速率下的单向加载试验，共设计9组18根钢筋混凝土柱式构件，柱有效高度为0.7m，横截面尺寸为200mm×200mm矩形截面，混凝土强度等级为C30和C50两种情况，保护层厚度为15mm。箍筋强度等级为HPB235，纵筋采用强度等级为HRB335和HRB400级的钢筋。构件的柱截面尺寸和配筋示意图见图4.10，试件参数见表4.2，混凝土配合比见表4.3。

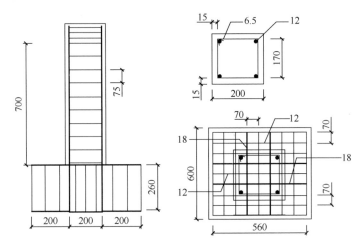

图4.10　柱截面尺寸和配筋示意图（A）（单位：mm）

表 4.2 试件参数（A）

试件编号	纵筋强度/MPa	纵筋直径/mm	轴压比	配筋率/%	剪跨比	混凝土强度/MPa	箍筋间距/mm
S1/D1	381.5	12	0.05	1.13	3.5	50.73	75
S2/D2	381.5	12	0.05	1.13	3.5	50.73	75
S3/D3	381.5	12	0.075	1.13	3.5	50.73	75
S4/D4	381.5	12	0.05	1.13	3.5	50.73	150
S5/D5	381.5	12	0.05	2.26	3.5	50.73	75
S6/D6	381.5	12	0.05	1.13	2.75	50.73	75
S7/D7	381.5	12	0.05	1.13	3.5	71.36	75
S8/D8	371.7	18	0.05	2.54	3.5	50.73	75
S9/D9	421.0	18	0.05	2.54	3.5	50.73	75

表 4.3 混凝土配合比（A）

混凝土标号	水泥/（kg/m³）	砂子/（kg/m³）	石子/（kg/m³）	水/（kg/m³）	外加剂/（kg/m³）	掺合料/（kg/m³）
C30	350	765	1030	155	5.0	65
C50	440	657	1045	185	5.3	74

2）双向动力加载试验（B）试件设计

双向动力加载试验共设计了 6 组 12 根钢筋混凝土柱式构件，柱有效高度 0.86m，横截面尺寸为 200mm×200mm 矩形截面，采用 C30 强度等级混凝土，保护层厚度为 15mm。箍筋强度等级为 HPB235，纵筋强度等级为 HRB335。试件底部制作成 850mm×850mm×350mm 的矩形基础用以固定试件，试件和基础的柱截面尺寸和配筋示意图见图 4.11，试件参数见表 4.4，混凝土配合比见表 4.5。

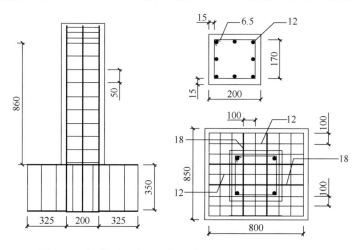

图 4.11 柱截面尺寸和配筋示意图（B）（单位：mm）

表 4.4 试件参数（B）

试件编号	混凝土强度/MPa	纵筋强度/MPa	轴压比	配筋率/%	箍筋间距/mm	剪跨比
S1/D1	26.24	343.4	0.095	2.26	50	4.3
S3/D3	26.24	343.4	0.095	2.26	50	4.3
S4/D4	26.24	343.4	0.17	2.26	50	4.3
S5/D5	26.24	343.4	0.095	2.26	50	2.8
S6/D6	26.24	343.4	0.095	2.26	50	2.8
S7/D7	26.24	343.4	0.095	2.26	100	4.3

表 4.5 混凝土配合比（B）

混凝土标号	水泥/（kg/m³）	砂子/（kg/m³）	石子/（kg/m³）	水/（kg/m³）	外加剂/（kg/m³）	掺合料/（kg/m³）
C30	370	777	1001	152	4.8	70

3）同一试件静动力加载试验（C）试件设计

为了避免试验过程中试件制作、试验设备和测量仪器产生的误差影响不同加载速率下试件动态力学性能的测量结果，共设计了 5 根钢筋混凝土柱，对此 5 根柱均先进行静力加载一周再动力加载一周，以便研究不同加载速率对试件力学性能的影响，并与单纯的静、动力试验结果对比。所有试件的横截面尺寸均为 200mm×200mm，混凝土保护层厚度为 15mm。试件内部纵筋采用 HRB335 级钢筋，箍筋采用 HPB235 级钢筋，详细的柱截面尺寸和配筋示意图见图 4.12，试件参数见表 4.6。

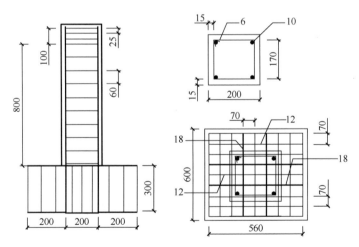

图 4.12 柱截面尺寸和配筋示意图（C）（单位：mm）

表 4.6　试件参数（C）

构件编号	轴压比	剪跨比	混凝土强度/MPa	纵筋强度/MPa	箍筋强度/MPa
RC0	0.055	2.5	45.4	373.3	383.75
RC1	0.11	2.5	45.4	373.3	383.75
RC2	0.11	4.0	45.4	373.3	383.75
RC3	0.055	4.0	45.4	373.3	383.75
RC4	0.11	4.0	45.4	373.3	383.75

3. 试验装置介绍

水平加载装置采用电液伺服加载系统 FCS，该加载装置的最大承载力为 ±500kN，其加载头的行程范围是 ±300mm。该加载装置通过末端的高强三脚架与剪力墙相连，三脚架与作动器末端则通过水平和垂直的两个柱状铰链进行连接，示意图见图 4.13。水平作动器通过自行制作的钢架进行支撑，同时，在钢架上放置能够左右自由滚动的滚轴与作动器相连，支撑示意图见图 4.14，以便作动器能在垂直其轴线的水平面内自由移动。两个水平作动器分别与剪力墙平面夹角成 45° 和 135°，作动器前端则通过高强刚性套箍连接，加载端连接装置见图 4.15，并以此套箍固定柱的加载端。

图 4.13　三脚架作动器与剪力墙连接示意图

图 4.14　水平作动器支撑示意图

图 4.15　加载端连接装置

　　竖向加载装置采用从美国进口的 MTS 电液伺服作动器，该作动器由装于上部的高强钢梁提供支承反力，轴力加载装置见图 4.16。为使三个加载方向的受力互不影响，且水平作动器能够自由移动，试验过程中，采用自行设计的连接装置，该装置上部是直径为 600mm 高强刚性圆盘与垂向作动器 MTS 连接，中间通过对直径为 400mm 的普通刚性圆盘钻一定数量的圆孔，将高强滚珠置于其中，下部直径为 400mm 的高强刚性圆盘通过滚珠与上部高强刚性圆盘连接，以此来保证下部圆盘能够在上部圆盘范围内进行自由滑动且能够进行稳定的轴力传递，轴力连接装置见图 4.17。底部圆盘则通过连接一个能任意方向转动的球铰作用于试件顶部的钢板上。

图 4.16　轴力加载装置

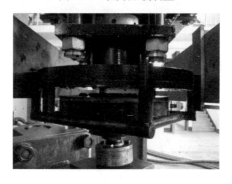

图 4.17　轴力连接装置

整个试验装置的总图和加载装置平面图分别见图 4.18 和图 4.19，水平作动器的控制面板和油压控制系统分别见图 4.20 和图 4.21，轴力加载装置的 MTS 控制系统见图 4.22。

图 4.18　试验装置总图

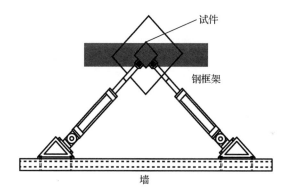

图 4.19　加载装置平面图

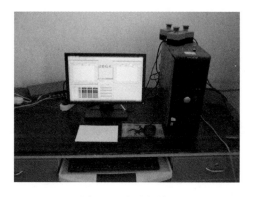

图 4.20　控制面板

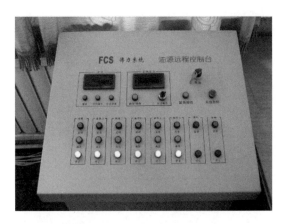

图 4.21　油压控制系统

图 4.22　MTS 控制系统

4. 测量仪器及内容

试验过程中,采用作动器自带的力传感器和位移传感器测量试件顶点的位移和反力。同时,采用位移传感器测量试件顶点的水平位移以便消除加载过程中产生的误差,并与作动器采集结果进行对比。标距为 2mm 的钢筋应变片粘贴于试件底部塑性铰区域内的纵筋、箍筋表面。另外,在试件中部和上部纵筋表面上也分别粘贴钢筋应变片,以便对比不同位置的钢筋应变变化情况,钢筋应变片的布置见图 4.23。使用 NI-DAQ 数据采集系统和信号编排(图 4.24 和图 4.25),并通过 LabVIEW 进行编程,以保证该采集系统能够对钢筋应变、力和位移进行同步采集,另外该系统能够对采样频率进行调整,本次试验中,快速加载时采样频率为 1000Hz,慢速加载时采样频率为 10Hz。

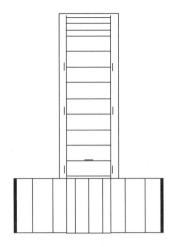

图 4.23　钢筋应变片的布置

图 4.24　NI-DAQ 数据采集系统

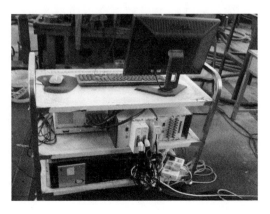

图 4.25　信号编排

5. 加载方案

1）单向动力加载试验（A）

本次试验共采用两种加载模式，一种是单调加载，另一种是三角波形式的循环加载。试验过程中采用位移控制的加载模式，在循环加载过程中，第一周加载幅值为 5mm 仅循环一周，接下来的位移幅值以 5mm 作为增量直至试件发生破坏无法加载为止，且每级加载幅值均循环三周，单向动力加载制度见图 4.26。整个加载过程中，保持加载速率恒定，静力加载时加载速率为 0.1mm/s，快速加载时加载速率为 40mm/s。

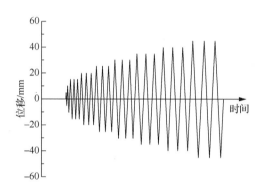

图 4.26　单向动力加载制度（A）

2）双向动力加载试验（B）

双向加载不同于单向加载，要保证各个平面内的加载装置能够在其平面内自由伸缩，且彼此之间互不冲突。本次试验采用位移控制的加载模式，均采用三角波进行加载，除第一周以 5mm 的位移幅值循环加载一周外，接下来的每个位移幅值均以 5mm 作为增量并均循环三周，以便更好地了解试件的强度退化现象，加载至试件发生破坏无法加载为止。试件 S0、D0 采用单向水平循环加载，其余各组试件均采用双向水平循环加载，试件 S6、D6 采用变轴力加载，在加载过程中使轴力与水平位移保持线性变化，即同时达到最大值和最小值，加载路径见表 4.7。整个加载过程中，保持加载速率恒定，静力加载时加载速率为 0.1mm/s，快速加载时加载速率为 50mm/s。试件编号中前面的字母 S 代表静力加载，D 代表快速加载。

表 4.7　加载路径（B）

试件编号	S1/D1	S3/D3	S4/D4
加载路径			
轴力	轴向力　−100kN	轴向力　−100kN	轴向力　−180kN

试件编号	S5/D5	S6/D6	S7/D7
加载路径			
轴力	轴向力　−100kN	轴向力　−4kN　−160kN	轴向力　−100kN

3）同一试件静动力加载试验（C）

同一试件静动力加载试验过程中共采用两种加载方案，分别为单向循环加载和双向循环加载。试件 D0、D1、D2 均为单向循环加载，而试件 D3、D4 采用双向循环加载。加载模式同样采用位移控制，每根试件均是先进行静力加载一周然后再进行一周同一幅值的快速加载，加载速率分别为 0.1mm/s 和 40mm/s。单向静动力加载见图 4.27，双向静动力加载见图 4.28。

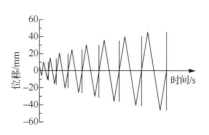

图 4.27　单向静动力加载（C）

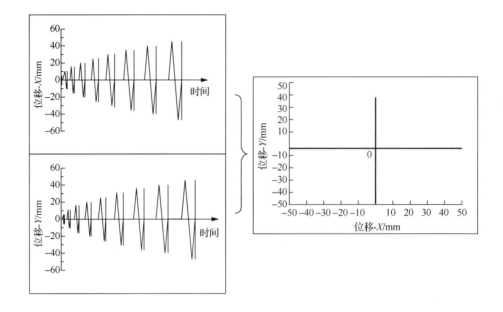

图 4.28　双向静动力加载（C）

4.2.2　钢筋混凝土柱动态恢复力模型

1. 荷载-位移关系曲线

试验测得的荷载-位移关系曲线不仅能够反映试件的受力性能变化，而且能够准确地描述出试件在不同发展阶段的变形性能，如混凝土开裂、钢筋屈服、混凝土保护层的脱落、混凝土压碎及纵筋屈曲、开裂等。图 4.29、图 4.30 和图 4.31 分别给出了单向动力加载（A）、双向动力加载（B）和同一试件静动力加载（C）试验的荷载-位移关系曲线。

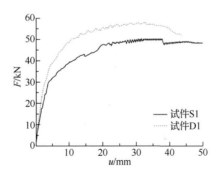

图 4.29　单向动力加载荷载-位移曲线（A）

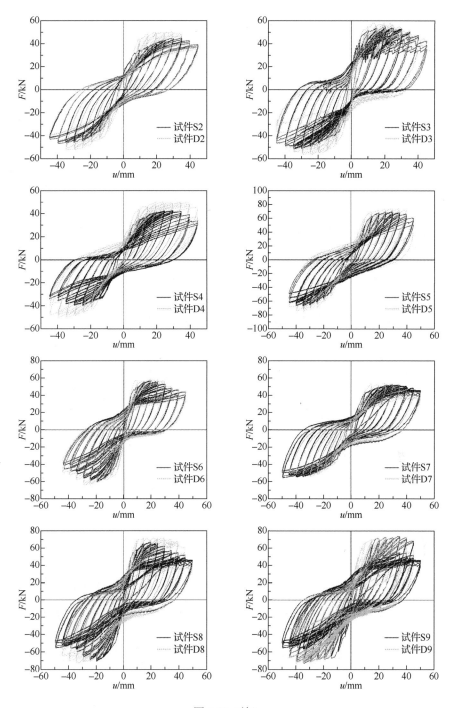

图 4.29（续）

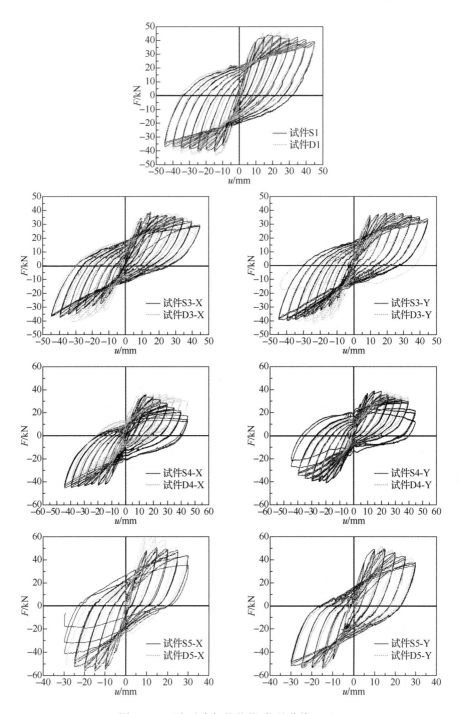

图4.30 双向动力加载荷载-位移曲线（B）

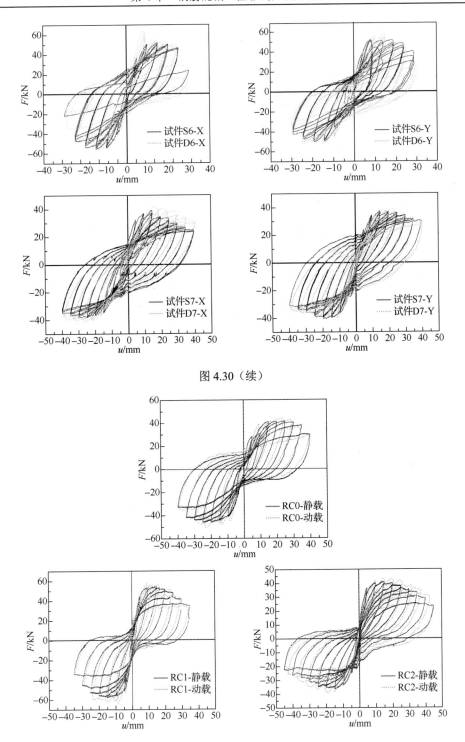

图 4.30（续）

图 4.31　同一试件静动力加载荷载位移-曲线（C）

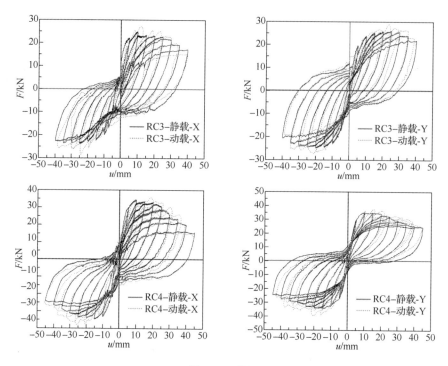

图 4.31（续）

　　从不同参数条件下试件的荷载-位移关系曲线（图 4.29～图 4.31）和单向动力加载、双向动力加载试验结果（表 4.8 和表 4.9）可得到如下结论。

表 4.8　单向动力加载试验结果

试件编号	初始刚度/（kN/mm）	屈服承载力/kN	屈服承载力增长百分比/%	延性	极限承载力/kN	极限承载力增长百分比/%
S1/D1	5.12/5.96	32.59/41.796	28.25	5.26/5.07	50.44/58.06	15.11
S2/D2	4.06/4.87	32.7/39.47	20.70	4.63/3.68	46.06/51.5	11.81
S3/D3	6.42/7.82	38.09/46.78	22.81	4.04/3.24	50.17/57.98	15.57
S4/D4	3.84/5.24	30.87/39.47	27.86	4.54/4.13	41.71/50.32	20.64
S5/D5	4.79/5.85	54.52/60.11	10.25	3.92/3.76	68.6/74.49	8.59
S6/D6	7.59/9.31	40.94/46.35	13.21	4.26/4.34	58.76/61.79	5.16
S7/D7	4.32/4.86	40.68/43.60	7.18	4.55/3.81	54.07/55.97	3.51
S8/D8	8.89/9.23	49.62/53.15	7.11	4.10/3.85	68.75/72.09	4.86
S9/D9	6.85/7.39	53.84/55.556	3.19	4.48/4.06	71.70/74.85	4.39

表 4.9　双向动力加载试验结果

试件编号	屈服承载力 (x—y) /kN	初始刚度 (x—y) / (kN/mm)	延性 (x—y)	极限承载力 (x—y) /kN	屈服承载力增长百分比 (x—y) /%	极限承载力增长百分比 (x—y) /%
S1/D1	34.1/38.3	4.32/4.92	6.21/5.99	42.78/46.43	12.32	8.53
S3/D3	24.1/31.2—23.8/28.6	4.1/4.6—3.3/3.65	5.0/4.4—5.1/3.9	38.5/44.4—39.5/41.9	29.46—20.17	15.32—6.08
S4/D4	33.8/39.7—31.7/34.7	4.68/5.8—5.2/4.6	4.8/4.9—4.8/4.6	47.9/50.7—47.5/49.7	17.46—9.46	5.85—4.63
S5/D5	37.9/43.5—35.9/42.1	7.2/7.96—5.0/4.9	4.6/4.4—4.3/4.5	52.3/59.9—53.9/57.8	14.78—17.27	14.53—7.24
S6/D6	31.1/40.4—38.2/45.3	6.2/7.35—5.7/6.8	4.3/3.6—3.8/3.1	51.7/58.5—54.6/59.6	29.90—18.59	13.15—9.16
S7/D7	27.9/36.6—28.9/36.3	4.1/5.0—3.49/4.2	3.5/3.2—3.8/3.4	34.4/40.1—34.3/38.0	31.18—25.61	16.57—10.79

（1）不论单向加载还是双向加载，加载速率对试件的滞回曲线形状及捏缩现象并无明显影响。

（2）通过求取正反两个方向屈服承载力（钢筋首次发生屈服时对应的荷载值）和极限承载力（峰值点对应的荷载值）的平均值可以看出，随着加载速率的增加，屈服承载力和极限承载力均有所增加，这主要是由于钢筋和混凝土材料的应变率敏感性所引起的。同时，屈服承载力增加的百分比较高，在单向动力加载试验（A）中最高可达 28.25%，而极限承载力的增长程度仅局限于 20.64%以内，双向动力加载试验（B）可以得到同样的结论，其原因主要是由于钢筋的屈服强度随应变率增加而增加的程度高于极限强度，这与 Cadoni 等[20]、林峰等[21]、Soroushian 等[22]得到的结论是一致的。

（3）单调加载条件下试件的承载力增长程度高于循环加载，主要是由于试件在循环加载时存在位移方向转换点，而在该时刻应变率值和位移率值均等于零，另外，循环加载过程中，钢筋不断发生软化，其应变率敏感性也随之逐渐降低。

不论单向动力加载还是双向动力加载，从荷载-位移关系曲线（图 4.29 和图 4.30）均可以看出，加载速率对试件在整个试验过程中的承载力影响并不是一成不变的，在加载初期到峰值点之前承载力均有不同程度的提高，但是到加载后期试件的承载力并无明显提高；相反，某些工况下承载力反而下降，这主要是由于在加载后期混凝土已被压碎而丧失了应变率敏感性，钢筋则不断发生软化在达到极限承载力后其应变率效应也显著降低。另外，由试件加载过程中的滞回曲线下降段可以看到，不论是单向动力加载还是双向动力加载，由试件峰值点到破坏点的斜率均有不同程度的降低，对应的破坏点位移也同样有所减小，这反映出试件在快速加载条件下，其变形能力下降，试件有向脆性破坏发展的趋势，这与 Bertero 等[14]得到的结论是一致的，且在双向加载条件下，这种现象表现更为显著。

在单向动力加载试验（A）中，通过对比 S2/D2 与 S5/D5、S7/D7 的试验结果，可以看到，试件的屈服承载力和极限承载力随着混凝土强度的提高或配筋率的提高，其应变率敏感性降低，也就是试件承载力增长的百分比下降。这是由于混凝土的应变率敏感性随其强度的增加而降低，对于后者其原因可以解释为：随着配筋率的提高，钢筋所承受的荷载比重增加，而钢筋的应变率敏感性低于混凝土的应变率敏感性。

对于双向动力加载试验（B），通过对比两个水平加载方向的试件屈服承载力和极限承载力见表 4.9，可以看到，快速加载条件下，试件在第一加载方向（x 方向）相较于第二加载方向（y 方向）其屈服承载力和极限承载力增长程度更高。这是由于加载过程中，在第二加载方向钢筋软化更加显著且试件损伤也相对严重，导致材料的应变率敏感性降低。而通过对比同一位移幅值循环三周所得到的承载力增长百分比状况发现，在每一位移幅值加载的第一周，试件承载力增长的百分比最高，这同样是由于钢筋软化和试件损伤加剧造成材料应变率敏感性降低所致。

另外，单向动力加载试验（A）结果中给出的快速加载试件 D4（箍筋间距 150mm）其屈服承载力、极限承载力相较于静力加载试件 S4 的相应值分别增长了 27.86%、20.64%，均明显高于箍筋间距为 75mm 情况下（S2/D2）的承载力增长百分比。而对比双向动力加载试验（B）中的试件 S3/D3（箍筋间距为 50mm）和 S7/D7（箍筋间距为 100mm），可以看到试件 D3 相较于 S3 其屈服承载力和极限承载力在 x、y 方向分别提高 29.46%（x 方向）、20.17%（y 方向）和 15.32%（x 方向）、6.08%（y 方向），D7 相较于 S7 则屈服承载力分别提高 31.18%（x 方向）、25.61%（y 方向）和极限承载力分别提高 16.57%（x 方向）、10.79%（y 方向）。可见，随着体积配箍率的降低，在双向加载条件下试件的应变率敏感性也有所提高。产生此类现象的原因均是由于混凝土随着围压的提高其应变率敏感性逐渐降低所致。

通过对静动力加载试验（C）的结果进行分析，可以看到其得到的试验结果可以对上述部分试验结论给予充分的验证。

2. 屈服承载力与极限承载力关系

屈服承载力的定义通常是一个非常重要而又复杂的研究课题，众多学者给出了不同的建议方法去评估构件乃至结构的屈服承载力。本章以纵向钢筋首次发生屈服作为构件屈服的标志，通过对不同加载速率下构件的屈服承载力与极限承载力的数据点进行线性拟合得到屈服承载力与极限承载力间的线性关系，单向动力加载（A）和双向动力加载试验（B）得到的屈服承载力-极限承载力的关系曲线分别见图 4.32 和图 4.33。

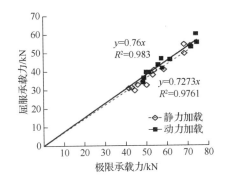 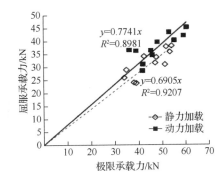

图 4.32　单向动力加载（A）屈服承载力-极限　　图 4.33　双向动力加载（B）屈服承载力-极限
　　　　承载力关系曲线　　　　　　　　　　　　　　　　承载力关系曲线

　　从图 4.32 和图 4.33 可以看出，不论是静力加载还是动力加载均能得到具有较高拟合相关系数的试件屈服承载力和极限承载力关系表达式，在单向加载（A）条件下，静力加载和快速加载时的相关系数分别高达 0.9761、0.983，双向加载（B）条件下，则为 0.9207、0.8981。通过观察发现，不论是单向动力加载还是双向动力加载，试件屈服承载力占极限承载力的比例均高于静力加载，并且双向动力加载条件下屈服承载力占极限强度的比重更高，这再一次验证了加载速率对双向加载条件下构件的力学性能影响更为显著。

4.2.3　试件基本力学性能分析

1. 延性

　　延性是反映结构抗震性能和构件塑性变形能力的重要指标，式（3.1）为延性系数表达式。从表 4.8 可以看到，对于单向动力加载试验（A），在快速加载条件下试件的延性除 S6/D6 外均有所降低，降低最大值达 20.52%。表 4.9 给出了不同参数条件下双向动力加载试验（B）的试验结果，可以看出，无论单向加载还是双向加载，除个别试件外，随着加载速率的提高均能引起试件的延性下降。而对于双向动力加载试验来说，在快速加载条件下，试件（S3/D3）延性在 x 和 y 两个加载方向分别下降 12.00% 和 23.53%，而在单向动力加载试验（A）条件下的试件（S1/D1）延性仅下降 3.61%。这说明，双向加载导致试件的应变率敏感性增强，塑性变形能力降低程度增加，脆性破坏趋势更加明显。

　　另外，对于双向动力加载试验（B），从试件 S5/D5 与 S6/D6 的延性对比情况可以看出，轴力变化同样会导致试件塑性变形能力下降，而延性降低幅度的增大，在一定程度上进一步增强了加载速率对变轴力加载试件变形能力的影响。

　　综上所述，可以认为随着加载速率的增加试件的延性降低，这与 Pozzo[23] 得到的结论是一致的。

2. 刚度退化

在结构抗震设计中，刚度是反映构件抵抗变形能力的重要指标，本章把滞回环对角线的斜率作为试件的刚度，其计算方法见式（4.1）。三种不同加载模式的刚度退化曲线分别见图 4.34、图 4.35 和图 4.36。

$$K_i = \frac{F_{i+} - F_{i-}}{u_{i+} - u_{i-}} \tag{4.1}$$

式中，F_{i+}、F_{i-} 分别为第 i 个位移幅值下试件正反两个方向的荷载值；u_{i+}、u_{i-} 分别为第 i 个位移幅值下试件正反两个方向的顶点位移值。

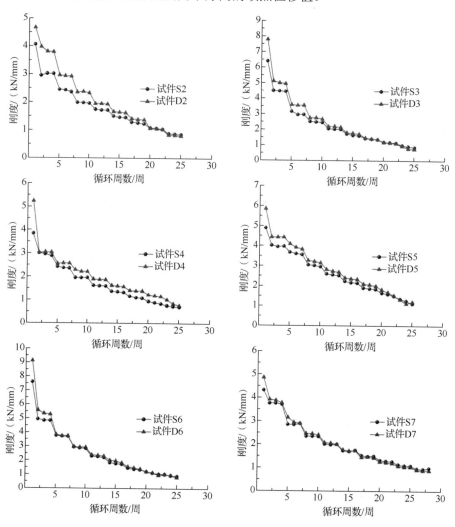

图 4.34　单向动力加载试验刚度退化曲线（A）

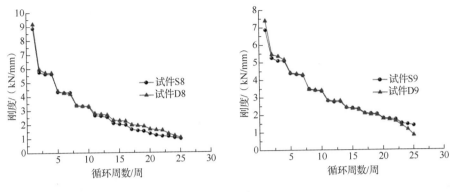

图 4.34（续）

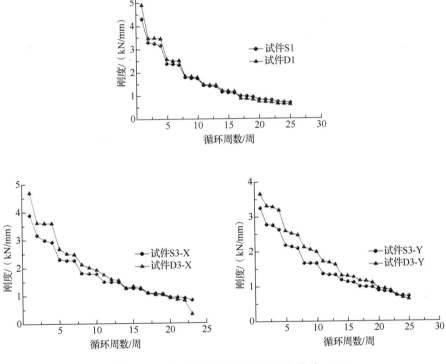

图 4.35　双向动力加载试验刚度退化曲线（B）

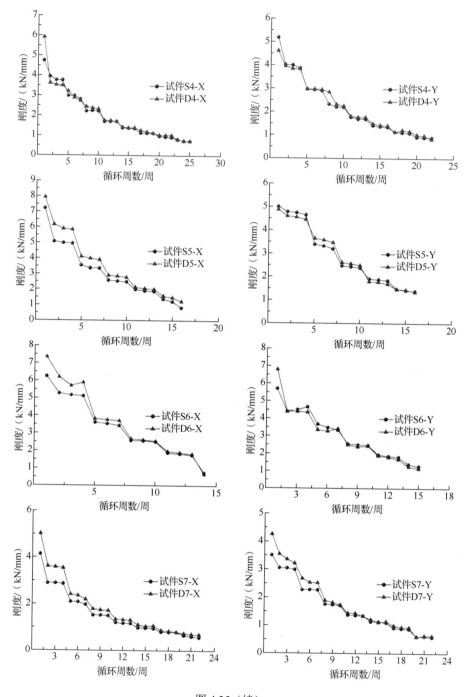

图 4.35（续）

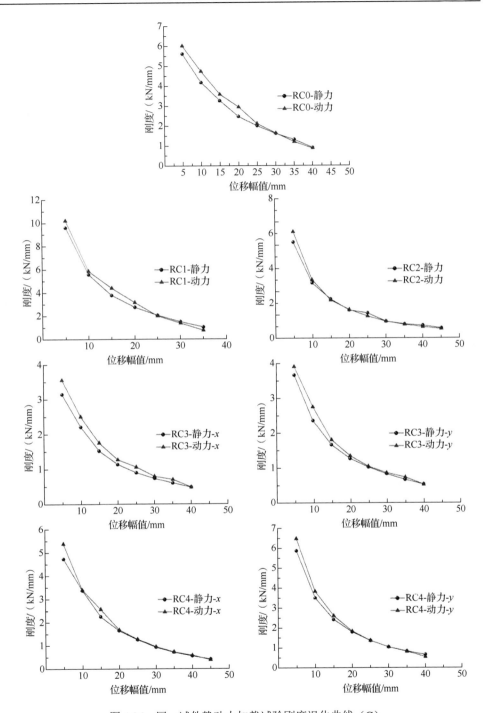

图 4.36　同一试件静动力加载试验刚度退化曲线（C）

从不同类别试件试验的刚度退化曲线可以看到，在加载初期，快速加载使试件展现出更刚的结构响应，并且均明显高于静力加载条件下的试件刚度。随着位移幅值的增加，试件在快速加载条件下的刚度退化相较于静力加载工况更为显著，且这种退化趋势甚至导致试件在快速加载末期的刚度低于静力加载。

对于单向动力加载试验（A），由试件 S2/D2 和试件 S7/D7 两组不同混凝土强度的刚度退化曲线可以看出，混凝土强度越高加载速率对其刚度退化的过程影响越不明显，其主要原因也是同之前分析的混凝土的应变率敏感性与其强度成反比所造成的。由配筋率较高的试件 S8/D8、试件 S9/D9 与试件 S2/D2 的对比情况可以看出，纵筋的配筋率越高加载速率对试件的刚度退化程度影响越低，这也同样是由于钢筋的应变率敏感性低于混凝土的应变率敏感性所造成的。

对于单向动力加载和双向动力加载试验，增加轴压比之后试件的刚度退化曲线并无明显变化。但是，通过观察双向动力加载试验（B）中的试件 S5/D5 和试件 S6/D6（变轴力加载）的刚度退化曲线状况，可以看到，变轴力加载模式加速了试件的刚度退化进程，也就加剧了试件的损伤演化过程，其受加载速率的影响程度也随之增强。

同样，对同一根试件进行静动力加载试验的情况与分别施加静、动力荷载的情况是一致的，这也就说明加载速率对试件的刚度退化过程有及其重要的影响。

3. 强度退化

通过对不同位移幅值下测量到的构件顶端的荷载值进行标准化，研究构件的强度退化现象。这里指的强度标准化即以每个加载幅值过程中第一周所得到的最大荷载值为基准，以第三周得到的相应荷载值为研究对象使其正则化，以此研究试件的强度退化过程，计算方法为

$$\eta_i = \frac{F_i^3}{F_i^1} \qquad\qquad (4.2)$$

式中，η_i 为第 i 个位移幅值的标准化结果；F_i^1、F_i^3 分别为第 i 个位移幅值所对应的第一周和第三周试件顶点荷载值，通过计算得到单向动力加载试验（A）和双向动力加载试验（B）荷载值标准化曲线分别见图 4.37 和图 4.38。

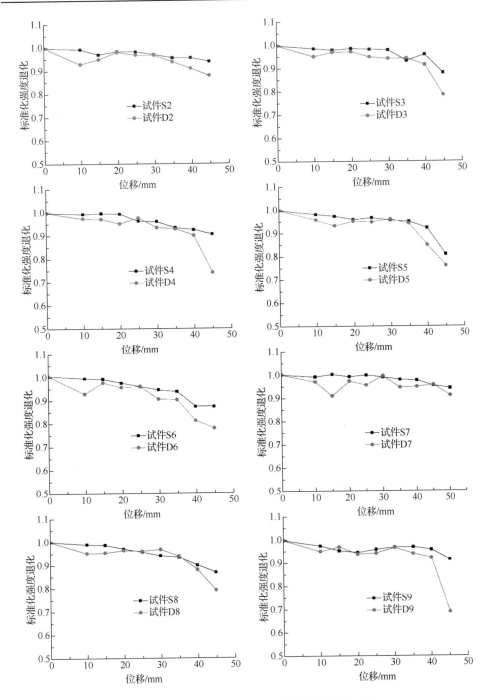

图 4.37　单向动力加载试验荷载值标准化曲线（A）

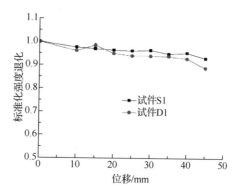

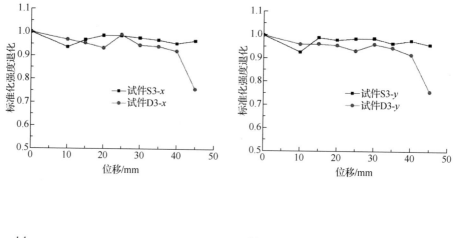

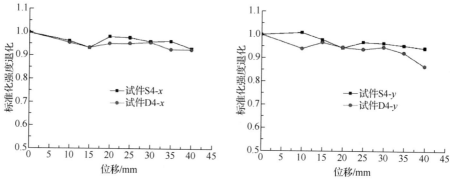

图 4.38　双向动力加载试验荷载值标准化曲线（B）

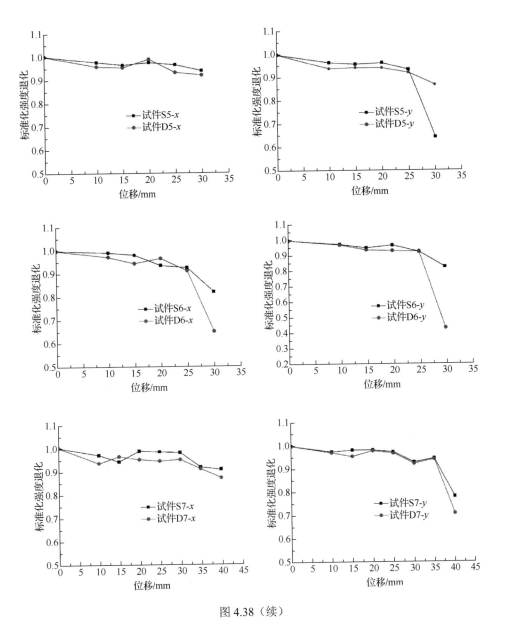

图 4.38（续）

　　从单向动力加载试验（A）图 4.37 可以看到，试件在快速加载条件下标准化强度退化值最大达 31%，而静力加载条件下其值仅局限于 19%范围内。从双向动力加载试验（B）的强度退化曲线可知，静力加载时其强度退化水平局限于 20%以内，而从试件 D6 在 y 方向的强度退化状况可以看到，快速加载试件的强度退化水平最高可达 60%，所以可以说，加载速率加剧了试件的强度退化进程。另外，从双向动力加载试验（B）的强度退化曲线可以看到，由于试验过程中试件在两个水平加载方向的耦联作用，其中第一个方向的损伤导致第二加载方向的损伤加剧，最终导致第二加载方向（y 方向）的强度退化程度更高。

不论单向动力加载还是双向动力加载，从强度退化曲线中均可以看到，剪跨比和轴力变化均严重影响试件的强度退化水平，随着剪跨比的降低，试件的强度退化程度加剧，轴力变化同样能够加剧试件的强度退化水平。另外，不论单向加载还是双向加载，从整个强度退化曲线的发展过程来看，在加载后期强度退化程度更加显著，这主要是由于随着位移幅值的增加，钢筋不断软化，混凝土压碎面积增大，损伤加剧所致。

4. 累计耗能

滞回环面积的累计是反映构件耗能能力的重要指标。一个滞回环所包围的面积即荷载正反方向交变一周构件所吸收的能量，见图 4.39。滞回环面积越大则耗能能力越强，反之则耗能能力越弱，本章采用的累计耗能计算方法，见式（4.3）～式（4.5），如果是单向加载则采用式（4.3），如果是双向加载则为两个方向的累计耗能之和，见式（4.5）。

$$E_x = \int F_x \mathrm{d}x \qquad\qquad (4.3)$$

$$E_y = \int F_y \mathrm{d}y \qquad\qquad (4.4)$$

$$E = E_x + E_y \qquad\qquad (4.5)$$

上述式中，F_x 和 E_y 分别为 x、y 方向为测量得到的荷载值；x 和 y 分别为试验过程中试件双向的顶点位移。

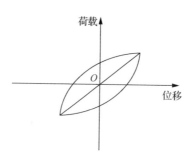

图 4.39　滞回环示意图

根据上述计算方法，图 4.40、图 4.41 和图 4.42 分别给出了单向动力加载（A）、双向动力加载（B）和同一试件静动力加载（C）试验累计耗能变化过程。

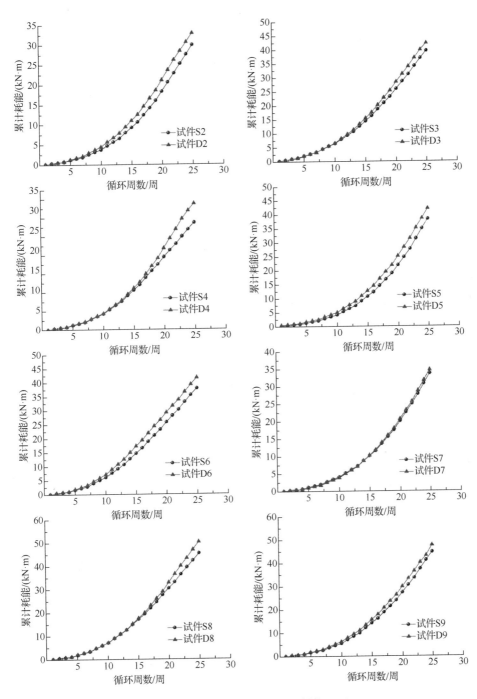

图 4.40 单向动力加载试验累计耗能（A）

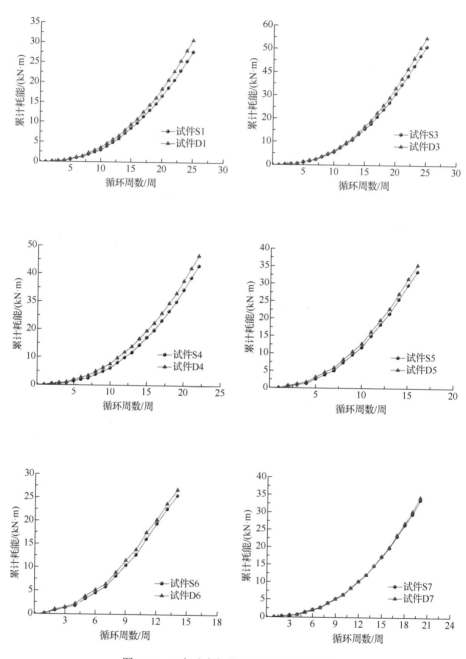

图 4.41　双向动力加载试验累计耗能（B）

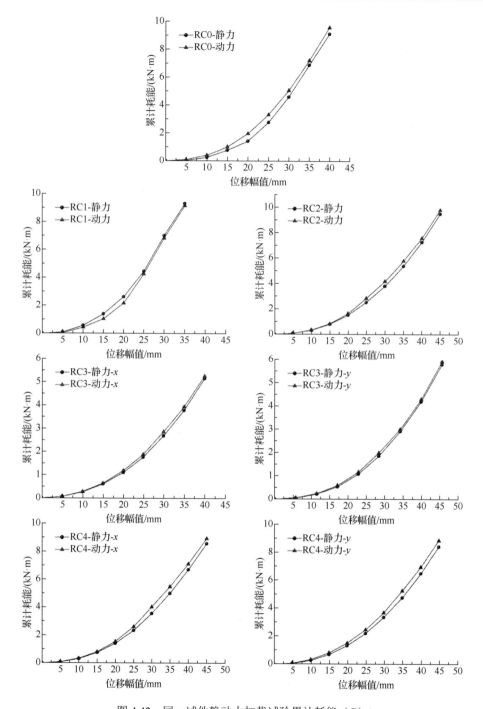

图 4.42 同一试件静动力加载试验累计耗能（C）

　　图 4.40～图 4.42 给出了不同加载模式下的试件累计耗能变化状况，图中横坐标为试验过程中试件不同位移幅值下的累计循环周数（A、B）或位移幅值（C），纵坐标为其累计耗能值。可以看到，随着加载速率的提高，试件的累计耗能均有所增加，但是增加的程度并不明显，这与 Kulkarni 等[24]得到的结论是一致的。另外，针对单向动力加载（A）不同强度混凝土的试验结果可以看到，相较于低强度混凝土浇筑的试件，高强度混凝土试件的累计耗能变化更不明显，这同样是由于混凝土的应变率敏感性随其强度的增加而降低造成的。

　　5. 累计损伤

　　损伤是研究钢筋混凝土构件破坏过程的重要指标，根据测量得到的构件屈服承载力对应的位移值和水平荷载下降到极限承载力的 80%时对应的位移值及构件的累计耗能计算构件的累计损伤，其计算方法[25]为

　　如果 x 方向的加载位移最大，则采用式（4.6），即

$$D = \frac{x_m}{x_d} + \beta \frac{E_x + E_y}{Q_{xy} x_d} \tag{4.6}$$

　　如果 y 方向的加载位移最大，则采用式（4.7），即

$$D = \frac{y_m}{y_d} + \beta \frac{E_x + E_y}{Q_{yy} y_d} \tag{4.7}$$

式中，x_d、y_d 分别为试件极限强度下降到 80%时所对应的 x 和 y 方向的位移值；x_m、y_m 分别为 x 和 y 方向加载过程中的位移最大值；E_x、E_y 分别为 x 和 y 方向的累计滞回耗能；Q_{xy}、Q_{yy} 分别为 x 和 y 方向的试件屈服强度；β 为试件参数[26,27]。

　　该损伤计算方法考虑了加载过程中试件所经历的最大位移，并通过两个方向的累计耗能之和来反应双向加载条件下两个加载方向的耦联作用。

　　通过上面的损伤计算方法得到的各加载模式试验累计损伤见图 4.43 和图 4.44。可以看到，试件在双向动力加载（图 4.44）条件下的损伤水平要高于单向动力加载，这是由于双向动力加载条件下，两个水平加载方向存在耦联作用，即一个加载方向的损伤加剧了试件在另外一个加载方向的损伤程度。同时，随着加载速率的提高，试件在同一位移幅值下的损伤程度也随之增强，这与随着加载速率的提高试件的刚度、强度退化加剧的结论是相呼应的。另外，对于单向动力加载试验（A），不同轴压比情况下的试件 S2/D2 和试件 S3/D3 可以看到，在高轴压比条件下，损伤更为显著，也就是说高轴压比增强了加载速率对试件损伤的影响程度。

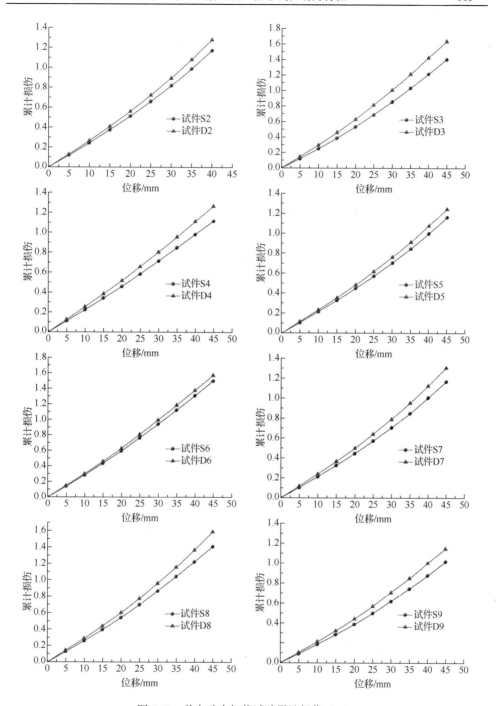

图 4.43　单向动力加载试验累计损伤（A）

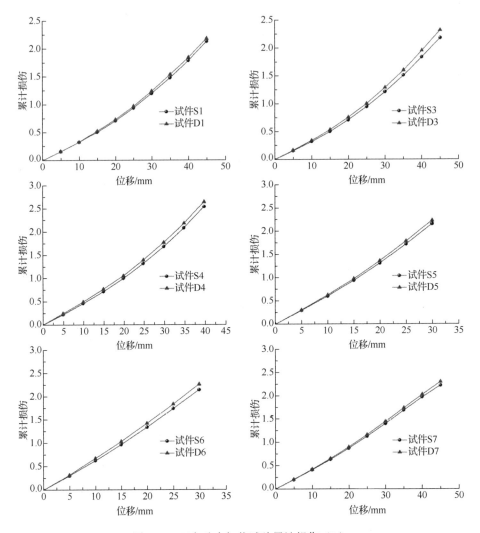

图 4.44　双向动力加载试验累计损伤（B）

4.2.4　考虑动力效应的计算结果分析及破坏机理研究

1. 钢筋应变率

钢筋应变率定义为试件塑性铰区域角部钢筋首次发生屈服时钢筋单位时间内的应变变化。本节仅给出了单向动力加载条件下的钢筋应变率数据，以便后文进行数值分析所用。为了能够更好地把试验测得的钢筋应变率应用于后文的数值分析，这里分别对三种不同率相关本构模型加以介绍。

CEB 模型的屈服强度和抗拉强度随应变率变化的表达式如式（2.39）和式（2.40）；林峰模型的屈服强度和抗拉强度随应变率变化的表达式如式（2.41）和式（2.42）；李敏模型[28]也是通过对不同等级的建筑钢筋进行试验，根据试验结果回归分析得到了地震作用应变率范围内（ 0.000 25～0.1s⁻¹ ）不同应变率下钢筋屈服强度和抗拉强度的动力增长因子经验公式，其表达式为

$$f_{yd} = f_{ys} \left[1.0 + c_f \lg \left(\frac{\dot{\varepsilon}_d}{\dot{\varepsilon}_s} \right) \right] \tag{4.8}$$

$$f_{ud} = f_{us} \left[1.0 + c_u \lg \left(\frac{\dot{\varepsilon}_d}{\dot{\varepsilon}_s} \right) \right] \tag{4.9}$$

$$c_f = 0.170\,9 - 3.289 \times 10^{-4} f_{ys} \tag{4.10}$$

$$c_u = 0.027\,38 - 2.982 \times 10^{-5} f_{ys} \tag{4.11}$$

式中，f_{yd}、f_{ys} 分别为快速加载和静力加载条件下的钢筋屈服强度；f_{ud}、f_{us} 分别为快速加载和静力加载条件下的钢筋抗拉强度；$\dot{\varepsilon}_d$、$\dot{\varepsilon}_s$ 分别为快速加载和静力加载条件下的钢筋应变率；c_f、c_u 是钢筋静屈服强度的函数。

根据上述介绍的不同钢筋率相关本构计算得到的动力加载条件下钢筋屈服强度、抗拉强度增长百分比及试验测得的钢筋应变率值见表 4.10。

表 4.10   钢筋屈服强度、抗拉强度增长百分比及试验测得钢筋应变率值

试件编号	CEB 模型		林峰模型		李敏模型		应变率/
	Δf_y /%	Δf_u /%	Δf_y /%	Δf_u /%	Δf_y /%	Δf_u /%	(10^{-2}s^{-1})
D1	9.92	6.47	10.3	5.05	9.27	3.27	2.75
D2	9.51	6.20	9.74	4.76	8.67	3.09	2.12
D3	8.45	5.51	8.20	4.01	7.42	2.62	1.08
D4	9.79	6.38	10.1	4.95	9.11	3.21	2.53
D5	9.24	6.02	9.34	4.56	8.41	2.96	1.78
D6	8.39	5.47	8.11	3.96	7.35	2.59	1.04
D7	6.85	4.46	5.87	2.87	5.42	1.91	0.39
D8	7.14	4.66	6.47	3.14	6.19	2.08	0.47
D9	6.63	4.32	5.03	2.59	3.68	1.68	0.34

从表 4.10 可以看出在快速加载条件下，钢筋应变率最大值可达 $2.75 \times 10^{-2} \text{s}^{-1}$，其变化的总体趋势与承载力的变化趋势大致相同，即在单调加载条件下屈服承载力和抗拉承载力值最大，循环加载条件下各试件的屈服承载力和抗拉承载力值相较于单调加载有所降低，而强度较高的混凝土浇筑的试件及纵向配筋率较高的试件其屈服承载力和抗拉承载力值变化较小。由此可见，在快速加载条件下，钢筋的应变率敏感性起到了极其重要的作用。

2. 加载速率对受剪承载力和受弯承载力的影响

影响钢筋混凝土构件受弯承载力和受剪承载力的因素有轴压比、剪跨比、纵向配筋率、体积配箍率、混凝土强度和钢筋强度等，但是有关构件参数外的因素

对构件受弯承载力和受剪承载力的影响研究尚且较少，本章通过试验发现加载速率对构件的受弯承载力和受剪承载力的影响程度是明显不同的。这里仅对单向动力加载试验（A）的受弯和受剪承载力状况进行研究。

1）加载速率对受弯承载力的影响

钢筋混凝土柱正截面承载力与混凝土抗压强度、配筋率、截面尺寸和纵筋强度有关，对于本章具有对称配筋情况的单向动力加载钢筋混凝土柱来说，有

$$N = \alpha_1 f_c bx \tag{4.12}$$

$$M = \alpha_1 f_c bx \left(\frac{h-x}{2} \right) + A_s f_y \left(h_0 - a_s \right) \tag{4.13}$$

式中，M 为弯矩；N 为轴力；x 为构件横截面的受压区高度；A_s 为纵筋截面面积；a_s 为混凝土保护层厚度；h 为横截面高度；b 为构件横截面宽度；h_0 为截面有效高度；α_1 为等效矩形应力图系数，这里取 $\alpha_1 = 1.0$。

由式（4.12）得到 x 值代入式（4.13），这里假定 $h = h_0$、$a_s = 0$，则有

$$M = f_c b h_0^2 n \left(\frac{1-n}{2} \right) + A_s f_y h_0 \tag{4.14}$$

式中，n 为试件的轴压比 $n = N/(f_c A)$。

根据式（4.14），假定钢筋的应变率即为混凝土的应变率，根据欧洲国际混凝土委员会（CEB）给出的钢筋和混凝土材料的动力增长因子表达式计算出钢筋和混凝土材料在考虑材料应变率效应时的动力屈服强度和抗压强度，并代入式（4.14），可以得到单向动力加载条件下钢筋混凝土试件受弯承载力增长情况，见表 4.11。

表 4.11 单向动力加载试件受弯承载力增长情况

试件编号	受弯承载力增长值/（kN·mm）	试件编号	受弯承载力增长值/（kN·mm）
D1	3.27	D6	2.72
D2	3.11	D7	2.17
D3	3.42	D8	2.34
D4	3.23	D9	1.84
D5	3.02		

2）加载速率对受剪承载力的影响

钢筋混凝土构件的受剪承载力通常与混凝土抗拉强度、体积配箍率、试件截面尺寸及箍筋屈服强度有关，根据我国《混凝土结构设计规范》（GB 50010—2010）[29] 可知，钢筋混凝土柱的受剪承载力计算表达式为

$$V = 0.7 f_t b h_0 + f_{yv} \frac{A_{sv}}{s} h_0 \tag{4.15}$$

式中，A_{sv} 为同一平面内各肢箍筋面积和；s 为箍筋间距。

由式（4.15）可知，在快速加载条件下构件的混凝土抗拉强度和箍筋屈服强度均有所增加，同样假定混凝土应变率与纵筋应变率相同，并根据试验测得的箍筋应变率，可以得到单向动力加载条件下试件的受剪承载力增长情况，见表 4.12。

表 4.12　单向动力加载试件受剪承载力增长情况

试件编号	增长值/kN	试件编号	增长值/kN
D1	3.64	D6	3.09
D2	3.50	D7	2.63
D3	3.15	D8	2.69
D4	3.33	D9	2.49
D5	3.42		

从表 4.11 和表 4.12 可以看到，加载速率对构件受弯承载力的影响更为明显，受弯承载力增长水平远高于受剪承载力的增长水平，这与 Otani 等[30]得到的结论是一致的。另外，通过表 4.12 可以看到，在快速加载条件下构件受压区高度降低，这可能也是构件在快速加载条件下向脆性破坏趋势发展的原因之一。

3. 屈服弯矩和屈服旋转角的计算

对钢筋混凝土梁、柱进行屈服弯矩简化计算时，通常有如下假设。

（1）构件屈服时，截面受压区混凝土压应变呈线性分布，应力-应变关系保持线弹性关系。

（2）忽略混凝土的抗拉强度。

构件在外荷载作用下发生屈服时可能发生两种情况：一种是受拉钢筋发生屈服，截面进入屈服状态；另一种是混凝土受压区产生较大应变，构件截面弯矩-曲率曲线发生明显软化现象而进入屈服状态。本章根据实际试验情况，采用第一种计算方法对屈服弯矩进行计算并改进。

钢筋混凝土柱的截面计算简图见图 4.45，可知，其应变协调条件为

$$\frac{\varepsilon_{cm}}{\varepsilon_{y1}} = \frac{x_0}{d - x_0} \tag{4.16}$$

$$\frac{\varepsilon_{s2}}{\varepsilon_{y1}} = \frac{x_0 - d_1}{d - x_0} \tag{4.17}$$

式中，ε_{cm} 为受压区混凝土应变；ε_{s2} 为受压钢筋应变；ε_{y1} 为受拉钢筋屈服应变；d_1 为受压钢筋中心到受压混凝土边缘的距离；x_0 为截面受压区高度；d 为截面有效高度，其中，x_0、d_1 与截面有效高度 d 有如下关系：

$$x_0 = \xi d \tag{4.18}$$

$$\delta_1 = d_1 / d \tag{4.19}$$

根据轴向力的平衡关系可建立平衡方程，即

$$\frac{1}{2}E_c\varepsilon_{cm}bx_0 + E_s\varepsilon_{s2}A_{s2} - N - f_{y1}A_{s1} = 0 \tag{4.20}$$

式中，E_c 为混凝土弹性模量；E_s 为钢筋弹性模量；A_{s1}、A_{s2} 分别为受拉区和受压区钢筋横截面面积；f_{y1} 为钢筋受拉屈服应力；N 为轴力；ξ 为界限相对受压区高度。

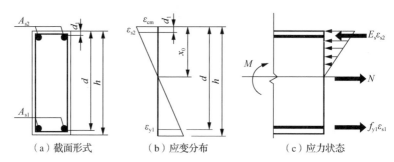

（a）截面形式   （b）应变分布   （c）应力状态

图 4.45 截面计算简图

对平衡方程两端同除以 $bd^2 f_y$，得到式（4.21）：

$$\frac{E_c}{E_s}\xi^2 + 2\left(\rho_1 + \rho_2 + \frac{N}{bdf_{y1}}\right)\xi - 2\left(\rho_1 + \rho_2\delta_1 + \frac{N}{bdf_{y1}}\right) = 0 \tag{4.21}$$

令

$$A = \rho_1 + \rho_2 + \frac{N}{bdf_{y1}} \tag{4.22}$$

$$B = \rho_1 + \rho_2\delta_1 + \frac{N}{bdf_{y1}} \tag{4.23}$$

$$\alpha = E_s/E_c \tag{4.24}$$

其中，$\rho_1 = \dfrac{A_{s1}}{bd}$，$\rho_2 = \dfrac{A_{s2}}{bd}$。

式（4.21）则可表示为

$$\xi^2 + 2A\alpha\xi - 2\alpha B = 0 \tag{4.25}$$

求解式（4.25），可以得到界限相对受压区高度值为

$$\xi = \sqrt{\left(\alpha^2 A^2 + 2\alpha B\right)} - \alpha A \tag{4.26}$$

进而可以求得构件的屈服曲率为

$$\varphi = \frac{\varepsilon_{y1}}{d(1-\xi)} = \frac{f_{y1}}{E_s(1-\xi)d} \tag{4.27}$$

通过截面弯矩平衡条件可得屈服弯矩表达式为

$$M_y = \frac{1}{2} E_c \varphi_y \xi db \xi d \times \left(\frac{h}{2} - \frac{1}{3} \xi d \right) + E_s \varphi_y \left(\xi d - d_1 \right) A_{s2} \left(\frac{h}{2} - d_1 \right) + E_s \varphi_y \left(d - \xi d \right) A_{s1} \left(d - \frac{h}{2} \right)$$

$$(4.28)$$

对上式两端同除以 bd^3，得到

$$\frac{M_y}{bd^3} = \varphi_y \left\{ \frac{1}{2} E_c \xi^2 \left(\frac{1+\delta_1}{2} - \frac{1}{3} \xi \right) + E_s \left(\frac{1-\delta_1}{2} \right) \left[(1-\xi) \rho_1 + (\xi - \delta_1) \rho_2 \right] \right\} \quad (4.29)$$

由于加载速率的提高使钢筋的屈服强度、混凝土强度和弹性模量均发生了变化，同时，根据式（4.26）也可以看到，由于钢筋屈服强度的变化进一步导致了构件截面受压区高度减小。根据上面的屈服弯矩计算公式，并考虑加载速率引起的钢筋屈服强度、混凝土强度和弹性模量的变化，给出了部分构件的理论计算结果，这里仅研究加载速率对单向加载情况下屈服弯矩的影响，见表 4.13。可以看到，通过考虑材料应变率效应得到的理论计算结果与试验结果基本吻合。

表 4.13　屈服弯矩（A）试验结果和理论计算结果对比

试件编号	试验结果/（kN·m）	理论计算结果/（kN·m）
S2/D2	22.89/27.63	21.01/25.76
S3/D3	26.66/32.75	24.37/29.37
S4/D4	21.61/27.63	21.01/25.91
S6/D6	22.52/25.49	21.02/25.28
S7/D7	28.48/30.52	23.35/26.05
S8/D8	34.73/37.21	33.44/37.4
S9/D9	37.69/38.89	37.39/40.59

钢筋混凝土构件端部的旋转角能够准确反映构件的塑性铰转动能力，其主要由三部分组成：①弯曲变形引起的旋转角；②剪切变形即斜向开裂引起的附加旋转角，其值取为 0.0025（见文献[31]）；③构件锚固区的纵筋滑移引起的固端转角。因此，钢筋混凝土构件的屈服旋转角 θ_y 可以表示为[31]

$$\theta_y = \frac{\varphi_y L_s}{3} + 0.0025 + a_{sl} \frac{0.25 \varepsilon_y d_b f_{y1}}{(d-d_1)\sqrt{f_c'}} \quad (4.30)$$

式中，L_s 为构件有效长度；a_{sl} 为构件锚固端有可能发生钢筋滑移，这时取值为 1，否则取值为 0；d_b 为纵筋直径；f_c' 为混凝土抗压强度。

根据式（4.30）可知，钢筋混凝土构件在快速加载条件下的屈服旋转角将发生变化，通过该式进行计算得到的理论结果与试验结果的对比情况（表 4.14），可以看到，不论是理论计算还是试验测得的动力加载条件下的构件屈服旋转角均有明显变化，且两者的结论保持一致。

表 4.14　屈服旋转角试验结果和理论计算结果对比

试件编号	试验结果/%	理论计算结果/%
S2/D2	0.76/0.797	0.72/0.767
S3/D3	0.78/0.74	0.74/0.78
S4/D4	0.73/0.71	0.72/0.77
S6/D6	0.72/0.71	0.66/0.69
S7/D7	0.66/0.69	0.7/0.73
S8/D8	0.67/0.75	0.79/0.83
S9/D9	0.87/0.82	0.91/0.92

4. 破坏机理分析

通过试验观察到快速加载条件下构件承载力均有所增加。显然，这是由于钢筋和混凝土材料的应变率效应造成材料的强度提高，导致构件的承载能力提高。另外，本次试验通过对不同加载速率下钢筋应变、破坏现象（图 4.46）、滞回曲线进行分析发现：①在快速加载条件下，除构件底部塑性铰区域纵筋外，随着钢筋位置距试件底部距离的增加，钢筋的应变逐渐减小，并且钢筋的应变变化幅度较静力加载要小，也就是说钢筋在快速加载条件下其变形主要集中在塑性铰区域内，因此，可以说，快速加载条件下，钢筋变形区域更加局部化；②从破坏现象可以看到，快速加载条件下，混凝土的压碎和脱落局限于更加有限的区域内，同时，构件的截面受压区高度有所减小，这也将导致构件有向脆性破坏发展的趋势。

（a）试件 S5

（b）试件 D5

（c）试件 S6

（d）试件 D6

图 4.46　破坏现象

基于上述两点，不难说明，慢速加载条件下，构件内部材料之间力的传递和钢筋与混凝土材料之间的黏结滑移在空间和时间上发展更为充足，这样可以保证力的传递和黏结滑移发生在构件内部更为薄弱的基质内，而加载速率提高后，由于在时间、空间上均受到限制，同时为了减少能量的损耗，力的传递和黏结滑移会选择更短的路径，通过基质强度较高和黏结较强区域的概率也随之增加，这在宏观上即表现为承载力的提高。

从钢筋混凝土柱动力特性的角度出发，可以看到，柱在快速加载条件下的力学性能是有明显变化的，加载速率对钢筋混凝土柱不同类型承载力的影响也是不同的，另外，快速加载条件下构件的破坏机理也有所改变。经过总结，可得到如下结论。

（1）不论单向动力加载还是双向动力加载，柱的屈服承载力、极限承载力、累计耗能、损伤均随着加载速率的增加而增加，且其屈服承载力的应变率敏感性要高于极限承载力的应变率敏感性。

（2）相较于静力加载，快速加载条件下柱的延性有所降低，强度退化、刚度退化更加迅速，且在加载初期，加载速率使柱展现出更刚的结构响应。

（3）相较于高强混凝土或配筋率较高的柱，低强混凝土及配筋率较低的柱其应变率敏感性更加显著，这主要是由于混凝土的应变率敏感性随其强度的增加而降低，及钢筋的应变率敏感性低于混凝土的应变率敏感性所造成的。

（4）在双向动力加载条件下，钢筋混凝土柱的刚度、强度退化更加迅速，双向加载的耦联作用也加速了构件的损伤进程，变轴力加载方式则进一步加剧了柱的破坏进程。

（5）不同参数构件在动力加载条件下测得的钢筋应变率也有所不同，其中，单调加载条件下钢筋应变率最大，强度增长值也最高。

（6）受加载速率影响，柱的受弯承载力和受剪承载力均有所增加，受弯承载力增加程度更为显著。

（7）快速加载条件下，力的传递路径发生改变，会沿着能量损失更小的路径进行传递，可能经过基质相对坚硬的区域，宏观上则表现为承载力的提高。

4.3　加载路径对钢筋混凝土柱动力特性影响的试验研究

在地震作用下，荷载的作用形式是无法预测的，因此，有必要对地震作用下不同荷载形式对钢筋混凝土柱动态力学性能的影响进行研究。目前，众多学者已经对钢筋混凝土柱进行了大量的不同加载路径下的拟静力试验研究。

Kobayashi 等[32]对圆形截面的钢筋混凝土柱进行了六种不同加载路径下的双向加载试验；日本学者 Okada[33]采用了类似的加载路径研究了定轴力下矩形截面

钢筋混凝土柱在双向加载条件下的破坏情况；Low 等[34]也对不同加载路径下的钢筋混凝土柱进行了试验研究；Bousias 等[35]通过试验研究了变轴力作用下不同加载路径对钢筋混凝土柱力学性能的影响，试验结果表明，由于双向弯曲之间的耦联作用，柱在两个主轴方向的强度和刚度均有不同程度减弱，且加载路径对柱滞回曲线的形状及耗能状况也均有不同程度的影响。

从分析模型上看，国内学者江近仁等[36]对双向弯曲作用下的钢筋混凝土柱进行了分析，认为要更好地进行钢筋混凝土结构的非线性地震响应分析有必要进一步通过试验研究加载历史对构件双向弯曲特性的影响，并基于此建立合理的双向弯曲恢复力模型；陈滔[37]则基于有限元柔度法并考虑材料和几何的双重非线性从理论上分析了不同加载路径下钢筋混凝土柱的抗震性能。

然而，上述试验及理论分析结果均是基于静力加载得到的结论，并没有考虑材料的应变率效应以及构件在不同加载速率下力学性能的变化，因此，本节主要研究钢筋混凝土柱式构件在不同加载路径下的动态力学性能，及其加载速率在各加载路径下对构件各项力学指标的影响[19]。

4.3.1　试验设计与加载方案

本次试验共设计了 8 根材料属性和配筋形式完全相同的钢筋混凝土柱式构件，其中纵筋为强度是 343.4MPa 的 HRB335 级钢筋，混凝土强度为 26.24MPa，纵向配筋率为 2.26%，箍筋是强度为 414.3MPa 的 HPB235 级钢筋，箍筋间距均为50mm，柱顶 100mm 箍筋加密，试件剪跨比均为 4.3，试件截面尺寸和配筋尺寸见图 4.47。加载装置仍采用前述提到的试验设备。试验过程中，分别在距试件底部 50mm、300mm 和 550mm 位置粘贴应变片测量钢筋应变变化。

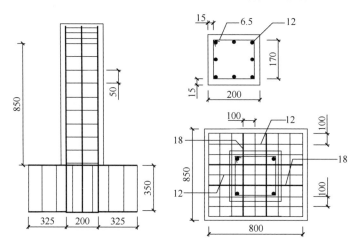

图 4.47　试件截面尺寸和配筋尺寸（单位：mm）

　　试验过程中采用四种不同的加载路径进行加载，整个试验过程中均采用位移控制的加载模式，第一级加载幅值为 5mm，之后每级以 5mm 的位移增量进行递增，每级加载仅循环一周，直至试件发生破坏或水平荷载达到其峰值水平的 80% 为止。不同加载路径下各试件的加载情况分别设定为：①单向循环加载；②十字形加载，每级加载均是先进行 x 方向加载，然后进行 y 方向加载，即两个加载方向互不影响，直至试验结束；③菱形加载，在同一级加载过程中，x、y 两个方向的位移绝对值之和始终等于该级加载的最大值，并且在 x、y 两个加载方向的位移坐标点构成斜直线，位移幅值随着加载级别的改变逐渐增大，直至试验结束；④圆形加载，x、y 两个方向的位移加载值平方根之和始终等于该级加载的位移幅值，两个加载方向的坐标组合点构成了半径为加载幅值的圆形图案，位移随着加载幅值的增加逐渐增大，直至试验结束。各试件的详细加载路径见表 4.15。

表 4.15　加载路径

试件编号	加载路径	试件编号	加载路径
RC0	（a）单向循环加载	RC2	（b）十字形加载
RC1	（c）菱形加载	RC3	（d）圆形加载

　　加载过程中对同一加载路径采用两根试件，其中一根进行静力加载，另一根进行快速加载，静力加载的加载速率为 0.1mm/s，快速加载时的加载速率为 60 mm/s，整个加载过程中加载速率保持不变，各试件的轴压比均为 0.095。

4.3.2　试验结果与分析

1. 滞回曲线

根据试验测得的 x、y 两个水平加载方向的荷载和位移数据,绘制出不同加载路径下的荷载-位移关系曲线,形成滞回曲线见图 4.48。可以看出,不同加载模式下的各试件的滞回曲线明显不同,在双向加载条件下,试件的滞回曲线捏缩现象更为明显。

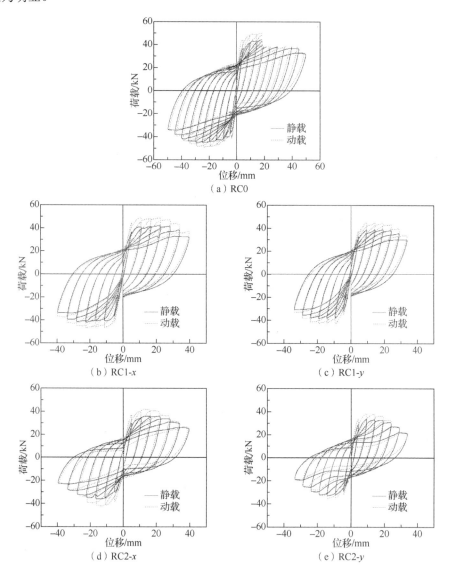

图 4.48　滞回曲线

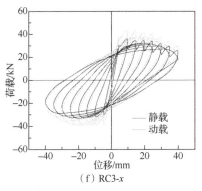
（f）RC3-x

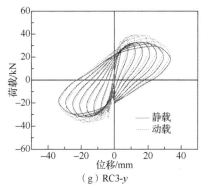
（g）RC3-y

图 4.48（续）

　　试件 RC0 的滞回环形状较为饱满，并且具有较大的滞回环面积。试件 RC1、RC2 的滞回环饱满程度相对有所降低，滞回环面积同样有所减小，而试件 RC3 的滞回环相对较为饱满，但随着位移幅值的增大，试件也产生了微弱的捏缩现象。相比较而言，试件 RC1 和试件 RC2 的捏缩现象更为明显，且滞回环形状均有由弓形向倒 S 形转变的趋势。

　　从加载速率上看，在双向加载条件下，不论何种加载路径，加载速率均有加剧试件捏缩现象的趋势，在菱形加载路径中表现最为明显。另外，随着加载速率的增加，试件在加载后期滞回环面积减小得更加迅速，该现象同样在菱形加载路径中表现最为显著。

　　从表 4.16 可以看出，不同加载路径下，试件随加载速率变化的规律明显不同。在双向快速加载条件下，试件屈服承载力和极限承载力提高的程度均高于单向加载，并分别以菱形加载路径下的 x 方向（增加 30.8%）和圆形加载路径下的 x 方向（增加 17.4%）达到最高值。

表 4.16　试验结果

试件编号	RC0	RC1-x	RC1-y	RC2-x	RC2-y	RC3-x	RC3-y
静载初始刚度/（kN/mm）	6.45	6.61	6.56	6.37	6.41	6.23	6.17
动载初始刚度/（kN/mm）	8.12	8.18	7.62	7.87	7.38	7.94	7.37
静载屈服承载力/kN	35.6	30.6	29.3	29.5	31.05	32.24	25.6

续表

试件编号	RC0	RC1-x	RC1-y	RC2-x	RC2-y	RC3-x	RC3-y
动载屈服承载力/kN	42.8	37.89	35.4	38.6	37.14	39.9	31.8
静载延性	5.95	5.43	5.41	5.01	4.89	4.83	5.42
动载延性	5.54	5.06	4.82	4.18	4.31	4.26	4.81
静载极限承载力/kN	45.2	42.2	39.3	35.9	33.4	36.7	33.6
动载极限承载力/kN	49.9	48.5	44.9	41.8	37.2	43.1	38.8
静载极限位移/mm	44.3	38.1	33.9	35.5	29.1	34.3	27.8
动载极限位移/mm	43.7	37.4	31.4	32.4	25.9	30.6	23.8
屈服承载力增长率/%	20.2	23.8	20.8	30.8	19.6	23.8	24.2
极限承载力增长率/%	10.4	14.9	14.2	16.4	11.4	17.4	15.5

试件 RC1、RC2、RC3 在快速加载时，其极限位移不论在 x 方向还是在 y 方向均有不同程度的降低，并且其降低的程度均高于单向循环加载。另外，对比双向加载条件下的三种不同加载路径，可以看出试件在菱形和圆形加载路径下的极限位移降低更为明显，分别达到 9.5%（x 方向）、11%（y 方向）和 10.8%（x 方向）、14.4%（y 方向）均高于十字形加载路径的 1.8%（x 方向）、7.4%（y 方向）。

2. 荷载-位移骨架曲线

根据不同加载路径下每级位移幅值所对应的荷载值，给出了各构件的骨架曲线，见图 4.49。

从各试件的骨架曲线可以看出，随着加载速率的增加，试件在加载后期骨架曲线斜率下降更加迅速，下降段更为陡峭。在菱形加载路径下的试件 RC2 受加载速率影响最为明显，快速加载条件下，直至加载末期曲线迅速下降达到极限破坏点，而圆形加载路径中的这种现象略微弱于菱形加载路径。因此可以认为，复杂加载路径条件下构件的应变率敏感性更强，也就是说，加载速率严重影响着构件在复杂加载路径下的力学性能。

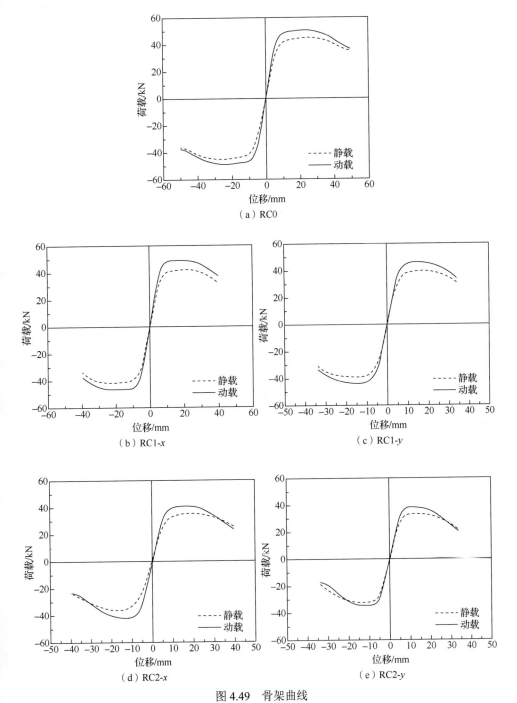

（a）RC0

（b）RC1-*x*

（c）RC1-*y*

（d）RC2-*x*

（e）RC2-*y*

图 4.49 骨架曲线

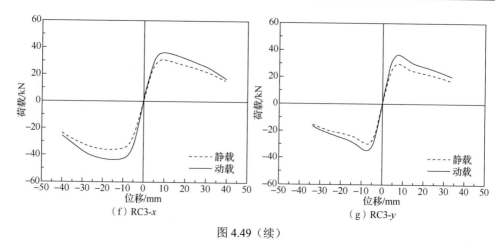

图 4.49（续）

另外，从骨架曲线也可以看出，相较于静力加载，快速加载条件下钢筋屈服、混凝土压碎和钢筋开裂均发生在更低的位移水平范围内。同样，相较于单向加载，双向加载条件下混凝土开裂、钢筋屈服、混凝土压碎和钢筋开裂也发生在更低的位移水平范围内。

3. 延性

由图 4.49 可知，相较于单向加载，试件在双向加载时其延性均有不同程度降低。仅从加载路径出发，就可以看到十字形加载路径下试件 RC1 的延性略有降低，而菱形加载路径和圆形加载路径下的试件 RC2 和 RC3 其延性下降较为明显。另外，在菱形加载路径和圆形加载路径下，试件延性随着加载速率的增加其延性也明显降低，分别下降 16.6%（x 方向）、11.9%（y 方向）和 11.8%（x 方向）和 11.3%（y 方向），而十字形加载路径下其延性仅降低 6.8%（x 方向）和 10.9%（y 方向）。

试件在双向加载条件下，其极限位移相较于单向加载下降 13.9%～37.2%，这与 Rodrigues 等[38]得到的结论是一致的。同时，随着加载速率的增加，各加载路径下试件的极限位移下降 1.3%～14.4%，下降最大值发生在圆形加载路径下。

4. 刚度及强度退化

构件刚度的退化程度反映了构件刚度在一定荷载条件下随荷载或往复次数增加而降低的力学特性。

不同加载速率下各试件在 x、y 加载方向的刚度退化进程不同，刚度退化曲线见图 4.50。可以看到，同单向加载相比，双向加载时刚度退化更为迅速。从整个加载过程来看，不论在 x 加载方向还是 y 加载方向，试件 RC3 的刚度均相对较小，试件 RC1 和 RC2 次之。从刚度的退化过程来看，试件（RC3）在圆形加载路径下刚度退化最为迅速，菱形加载路径次之。

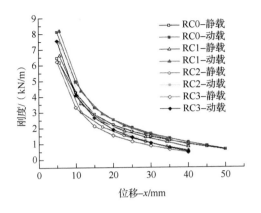

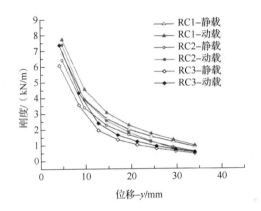

图 4.50　不同加载速率下试件的刚度退化曲线

从加载速率上来看，快速加载条件下的试件刚度在加载初期均高于静力加载，但是随着加载位移幅值的增大，其刚度迅速下降，在圆形加载路径下试件（RC3）刚度退化最为迅速。

钢筋混凝土构件的强度退化过程对研究其力学性能同样具有重要意义，强度退化越快，表明构件继续抵抗外荷载和变形的能力下降得也越快。通过比较不同加载模式下的试件强度退化柱状图（残余强度与极限强度的比值，图 4.51）可以看出，在加载到同样的位移水平时，快速加载条件下，其残余强度与极限强度的比值均低于静力加载，这说明：快速加载条件下构件的强度退化更加显著。另外，对比不同的加载路径，可以看到，试件在菱形加载路径和圆形加载路径下，加载速率对试件的强度退化影响最为明显，强度退化最高值在菱形加载路径和圆形加载路径下分别高达约 33%（x 方向）、39%（y 方向）和 32%（x 方向）、33%（y 方向）。从两个加载方向来看，快速加载时 y 方向的强度退化更为显著。

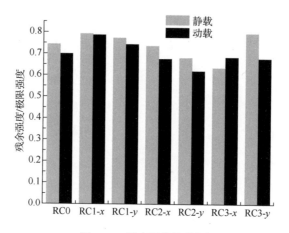

图 4.51　强度退化柱状图

5. 能量累计与等效阻尼比

构件的累计耗能是反映其抗震性能的一项重要指标。为了更好地表示构件的耗能水平，本章采用等效阻尼比来衡量构件的耗能能力，其计算示意图见图 4.52，表达式为

$$\xi_{\mathrm{hyst}} = \frac{E_{\mathrm{d}}}{4\pi E_{s0}} = \frac{A_{\mathrm{loop}}}{2\pi F_{\max} D_{\max}} \tag{4.31}$$

式中，ξ_{hyst} 为等效阻尼比；E_{d} 为滞回耗能；E_{s0} 为与滞回环幅值相关的弹性应变能；A_{loop} 为滞回环的面积。

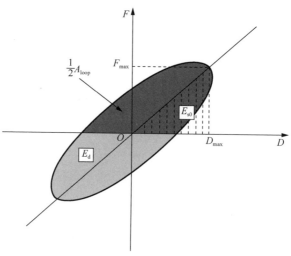

图 4.52　等效阻尼比计算示意图

为了能够反映试件在双向加载条件下的耦联作用，根据 Rodrigues 等[39]提出的能够同时反映两个加载方向耗能情况的等效阻尼比计算方法给出了各试件的等效阻尼比-位移关系曲线，见图 4.53，双向加载条件下的等效阻尼比计算表达式为

$$\xi_{eq} = \frac{\xi_x \cdot E_x + \xi_y \cdot E_y}{E_x + E_y} \tag{4.32}$$

从图 4.53 可以看出，不论何种加载路径，试件在快速加载条件下的等效阻尼比均高于静力加载。比较双向加载时的三种加载路径可以看到，圆形加载路径其等效阻尼比最高，也就是说试件 RC3 的耗能能力最强，而十字形与菱形加载路径下试件的等效阻尼比差别相对较小。在加载初期，试件的等效阻尼比急剧上升，随着加载位移幅值的增大，等效阻尼比趋于平缓。另外，对比不同加载路径下各试件的等效阻尼比变化曲线可以看到，在加载初期，加载速率导致各试件的耗能能力明显增强，而在加载后期随着试件损伤的加剧，其耗能能力降低，等效阻尼比增长速度也随之放缓，可见，加载速率并不能使试件的耗能能力在整个加载过程中均能保持平稳的增加，而到加载后期其对耗能能力的促进作用将消失。

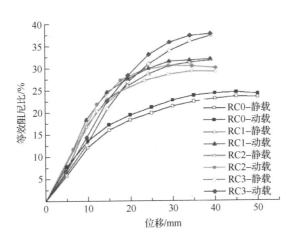

图 4.53　试件等效阻尼比-位移关系曲线

6. 等效阻尼比模型

不同的研究人员从不同的角度出发给出了不同的钢筋混凝土构件等效阻尼比计算模型，其表达式往往作为延性因子的函数关系式，下面介绍几种典型的单向荷载作用下的等效阻尼比模型。

（1）Gulkan 模型[40]，该模型是在 Takeda 模型基础上改进得到的，其表达式为

$$\xi_{eq} = \xi_0 + 0.2\left[1 - \frac{1}{\sqrt{\mu}}\right] \tag{4.33}$$

（2）Stojadinovic 模型[41]，该模型是通过对钢筋混凝土构件的静力加载试验结果进行回归分析得到的，其表达式为

$$\xi_{eq} = \begin{cases} 4.7 & \mu < 1.0 \\ -0.4\mu^2 + 7.1\mu - 2 & \mu \geqslant 1.0 \end{cases} \tag{4.34}$$

（3）Lu 模型[42]，该模型是基于钢筋混凝土框架的振动台试验结果得到的，其表达式为

$$\xi_{eq} = \sqrt{100 - 6.5(\mu - 5)^2} \qquad \mu < 5.0 \tag{4.35}$$

（4）Priestley 模型[43]，该模型是专门针对钢筋混凝土构件提出的，其等效阻尼比的计算表达式为

$$\xi_{eq} = 5 + \frac{95}{\pi}\left(1 - \frac{1}{\sqrt{\mu}}\right) \tag{4.36}$$

（5）Rodrigues 模型[39]，该模型是 Rodrigues 等对不同加载路径下钢筋混凝土柱的试验结果进行回归分析得到的，共给出了两种经验公式，其表达式为

公式一：

$$\xi_{eq} = 33.6 - \frac{22.25}{\mu^{0.37}} \tag{4.37}$$

公式二：

$$\xi_{eq} = 12.56 + 5.18\ln\mu \tag{4.38}$$

上述式中，μ 为延性系数；ξ_0 为弹性阻尼比。

根据本小节的研究对象及试验方法，选择合适的等效阻尼比计算模型，给出了不同加载速率下的等效阻尼比试验结果和不同等效阻尼比模型计算结果的对比情况图，见图 4.54。

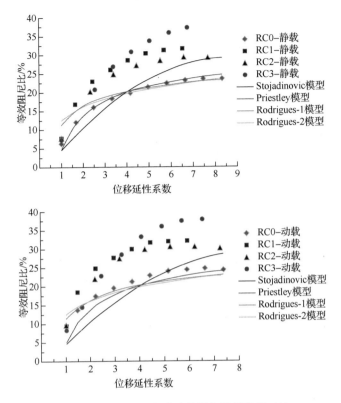

图 4.54　等效阻尼比试验结果与计算结果对比

从已有的等效阻尼比模型计算结果来看，其与本章试验结果相差较大，尤其体现在快速加载试验中，因此，笔者基于本书的试验结果，经过回归分析给出了双向静力和动力不同加载路径下的等效阻尼比计算表达式，其回归结果见图 4.55 和图 4.56 和式（4.39）和式（4.40）。

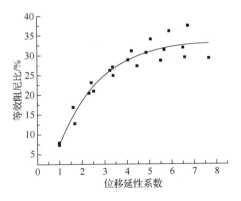

图 4.55　双向静力加载等效阻尼比

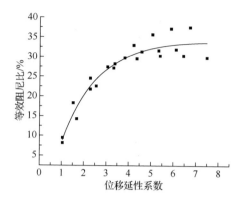

图 4.56　双向动力加载等效阻尼比

通过对试验结果进行回归分析，可得到本次试验在不同加载速率下的等效阻尼比计算表达式。

双向静力加载计算表达式为

$$\xi_{eq} = -44.94e^{-\mu/1.86424} + 33.769\,37 \quad (R^2 = 0.935\,44) \tag{4.39}$$

双向动力加载计算表达式为

$$\xi_{eq} = -48.145e^{-\mu/1.554} + 34.415 \quad (R^2 = 0.933\,34) \tag{4.40}$$

可以看出，通过回归分析得到的等效阻尼比计算公式与试验结果有较好的拟合关系。

7. 钢筋应变率

根据试验测量得到的钢筋应变，计算出距试件底部 50mm、300mm 和 550mm 位置处的钢筋应变率，见图 4.57。可以看到，随着钢筋距柱底部距离的增加其应变率值逐渐降低，应变率最大值发生在试件的塑性铰区域内。钢筋应变率的最大值发生在十字形加载路径条件下，其值为 $5.98 \times 10^{-2}\,\text{s}^{-1}$。

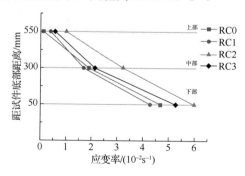

图 4.57　不同位置的钢筋应变率

4.4　钢筋混凝土柱动态性能的数值模拟

　　钢筋混凝土结构整体模型的有限元计算通常采用层间模型、杆系模型和实体单元模型。其中层间模型计算过于粗糙很难反映结构在荷载作用下各具体构件的受力和变形特点，而实体单元模型计算起来则过于烦琐，因此人们通常采用杆系模型进行有限元计算，杆系模型既能观测到实际荷载作用下结构的薄弱部位，又能节省时间。

　　ABAQUS 软件中的混凝土实体单元能够充分考虑混凝土的损伤过程和材料应变率效应，较好的模拟钢筋混凝土构件在快速加载条件下的动力特性。而 OpenSees 作为一款专门研究结构抗震的分析软件[44]，通过引入材料的应变率效应能很好地模拟构件的动力非线性响应并应用到实际结构中。因此，本节基于本书的试验数据分别对两款软件的计算结果进行了验证和对比，在此基础上应用 OpenSees 软件分析了不同参数条件下材料应变率对构件承载力的影响规律，并根据计算得到的结果进行回归分析给出了不同参数条件下构件极限承载力动力增长因子经验公式。同时，为更精确的模拟钢筋混凝土柱在快速加载条件下的动力滞回特性，给出了能够充分考虑柱在加载过程中弯剪效应、纵筋黏结滑移、钢筋疲劳损伤及材料应变率效应的动态有限元模型[19,45]。

4.4.1　ABAQUS 对钢筋混凝土柱动态加载过程的数值模拟

　　1. 有限元模型

　　采用分离法建立钢筋混凝土柱的 ABAQUS 有限元模型。混凝土部分采用实体单元 C3D8R 进行模拟，钢筋则选择能够考虑拉压受力形式的 Truss 单元类型，通过 Embeded 命令将钢筋骨架嵌入到混凝土中[46]。混凝土选用塑性损伤本构模型，钢筋则选用理想弹塑性本构模型，并通过考虑钢筋与混凝土材料的应变率效应分析加载速率的影响，这里选用的混凝土和钢筋的率相关本构模型分别为 CEB 混凝土率相关模型[47]和李敏-李宏男钢筋率相关模型[28]。

　　2. ABAQUS 数值模拟结果

　　采用上述有限元模型，假定材料应变率即为试验测得的试件底部钢筋的应变率，并认为混凝土的应变率与钢筋应变率相等。应用动力显示分析方法对本次试验的单调加载结果进行分析，其数值试验结果和模拟结果的对比情况见图 4.58，可以看到模拟结果与试验结果相吻合。

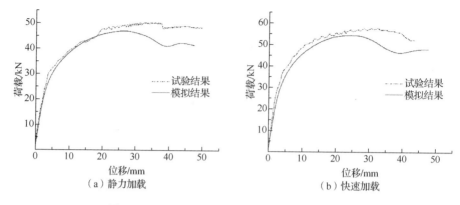

图 4.58　试验结果与模拟结果对比（ABAQUS）

4.4.2　OpenSees 对钢筋混凝土柱动态性能的数值模拟

1. OpenSees 程序介绍

OpenSees 是美国太平洋地震工程中心主导由加州大学伯克利分校研发的一款适用于地震荷载作用下结构和岩土体系非线性响应的分析软件[44]。该程序已广泛应用于科研与工程项目中，对钢筋混凝土结构、岩土工程、桥梁工程等的非线性模拟均能取得较高的精度，这也使其在世界各国结构工程的科研领域中得到广泛关注和高度重视。

OpenSees 能够对建筑结构进行静力线弹性分析、静力非线性分析、动力线弹性分析、动力非线性分析、特征值分析等，同时，该软件还可以用于结构和岩土工程在地震荷载作用下的灵敏度及可靠度分析[48]。OpenSees 强大的非线性分析处理能力是一般软件所无法企及的，其非线性算法有子空间 Newton 迭代法、Newton 迭代法、拟 Newton 迭代法等，学者可以根据其研究问题的特点选择不同的算法进行计算。此外，OpenSees 还拥有丰富的宏观单元类型，如基于刚度法和柔度法的纤维梁单元与基于柔度法的集中塑性铰梁单元。OpenSees 强大的非线性分析能力主要来源于其丰富的材料本构模型，如用于纤维模型的材料本构包括 6 种混凝土本构模型和 3 种钢筋本构模型。

OpenSees 程序在计算过程中，单元对象和材料对象是其最关键的两部分，非线性分析的整个求解过程主要是依赖于单元类型和材料类型的定义。其他模块与传统的基于过程的有限元程序是一致的，均是从单元刚度矩阵集成总刚度矩阵，并形成荷载向量，再进行求解方法的定义、输出定义等。单元模块作为计算过程的一个重要部分，以纤维梁单元模块为例，该单元模块需对纤维应力-应变关系、截面力-变形关系进行必要的处理。单元的变形作为模块的输入数据，而单元的刚度和应力需要在模块的输出口得到，中间过程需要定义合理的迭代算法进行计算。下面以纤维梁单元为例，介绍 OpenSees 计算流程图[49]，见图 4.59。

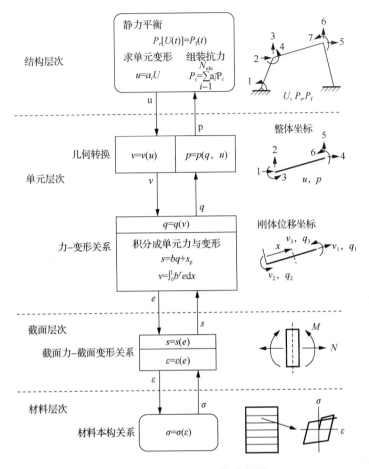

图 4.59　OpenSees 计算流程图

2. 动力单调加载过程的 OpenSees 有限元模型建立

以 OpenSees 平台上的基于柔度法的非线性分布塑性铰梁单元对钢筋混凝土柱进行数值模拟，该单元以力插值函数为基础，并在单元上设置一定数量的积分控制点，以便更准确地描述柔度沿杆长的变化，通过单元层次的迭代可确定各控制点的截面抗力和截面刚度，经 Gauss-Lobatto 法沿杆长积分可计算整个单元的抗力和单元刚度矩阵。分析过程中，混凝土与钢筋的本构模型分别为 Concrete02 和 Steel02[44]。

1）混凝土本构模型（Concrete02）

该模型是 Scott 等对 Kent-Park 模型进行改进得到的混凝土本构模型。该模型可以通过混凝土的受拉骨架曲线考虑混凝土的开裂；滞回曲线的卸载规则根据 Karsan 等[50]提出的应力-应变卸载规则进行确定；并通过修改混凝土的受压骨架曲线的峰值应力及对应的应变和软化段的斜率考虑箍筋的约束效应，同时也可以考虑混凝土的残余强度。Concrete02 混凝土本构模型是在简化和精确之间的一种较好的平衡，能够很好地模拟混凝土的受拉、受压应力-应变关系，其受压骨架曲线由上升段、下降段和平稳段三部分组成，各段的应力计算表达式为

$$\sigma_{\mathrm{c}} = \begin{cases} Kf_{\mathrm{c}}'\left[2\varepsilon_{\mathrm{c}}/\varepsilon_0 - \left(\varepsilon_{\mathrm{c}}/\varepsilon_0\right)^2\right] & (\varepsilon_{\mathrm{c}} < \varepsilon_0) \\ Kf_{\mathrm{c}}'\left[1 - Z_{\mathrm{m}}\left(\varepsilon_{\mathrm{c}} - \varepsilon_0\right)\right] & (\varepsilon_0 \leqslant \varepsilon_{\mathrm{c}} \leqslant \varepsilon_{20}) \\ 0.2Kf_{\mathrm{c}}' & (\varepsilon_{\mathrm{c}} > \varepsilon_{20}) \end{cases} \tag{4.41}$$

其中，

$$\varepsilon_0 = 0.002K \tag{4.42}$$

$$K = 1 + \frac{\rho_{\mathrm{s}} f_{\mathrm{yh}}}{f_{\mathrm{c}}'} \tag{4.43}$$

$$Z_{\mathrm{m}} = \frac{0.5}{\dfrac{3 + 0.29 f_{\mathrm{c}}'}{145 f_{\mathrm{c}}' - 1000} + 0.75\rho_{\mathrm{s}}\sqrt{\dfrac{h'}{s_{\mathrm{h}}}} - 0.002K} \tag{4.44}$$

式中，K 为考虑箍筋约束效应所引起的混凝土强度提高系数，$0.002K$ 为峰值应力对应的临界应变；Z_{m} 为应变软化段斜率；f_{c}' 为无箍筋约束条件下的混凝土抗压强度；f_{yh} 为箍筋的屈服强度；ρ_{s} 为体积配箍率；s_{h} 为箍筋间距；h' 为柱横截面给出的从箍筋外缘算起的核心区混凝土宽度。

Concrete02 应力-应变骨架曲线和滞回曲线分别见图 4.60 和图 4.61。

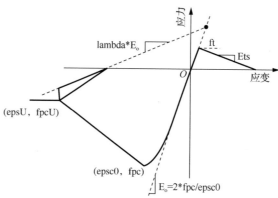

fpc—混凝土抗压强度；fpcU—混凝土残余强度；epsc0—抗压强度对应的应变；
epsU—残余强度对应的应变；lambda—epsU 处的卸载斜率与初始斜率的比值；
ft—混凝土的抗拉强度；Ets—混凝土受拉软化刚度。

图 4.60 Concrete02 应力-应变骨架曲线

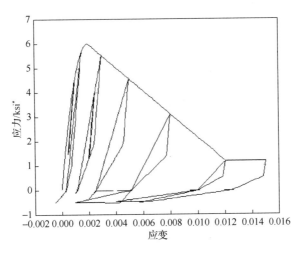

图 4.61 Concrete02 应力-应变滞回曲线

2）钢筋本构模型（Steel02）

本小节采用的钢筋模型为 Steel02，该模型是经 Filippou 等在 Menegotto 和 Pinto 提出的模型基础上进行改进得到的能够充分考虑等向应变硬化影响的本构模型[44,51]。该模型能够与钢筋低周往复试验保持很好的一致性，并反映试验过程中的 Bauschinger 效应。其应力-应变骨架曲线和滞回曲线分别见图 4.62 和图 4.63。

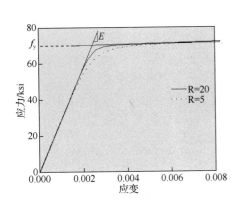

图 4.62 Steel02 应力-应变骨架曲线

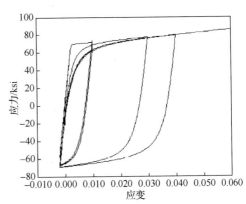

图 4.63 Steel02 应力-应变滞回曲线

---

* ksi 为英制单位，1ksi=6.895MPa。

3. 动力单调加载过程的 OpenSees 数值模拟结果

基于上述 OpenSees 有限元模型，采用与 ABAQUS 模拟同样的钢筋与混凝土材料的率相关本构模型对本次试验的单调加载结果进行数值模拟，其数值试验结果和模拟结果的对比情况见图 4.64，可以看到模拟结果与试验结果吻合较好。

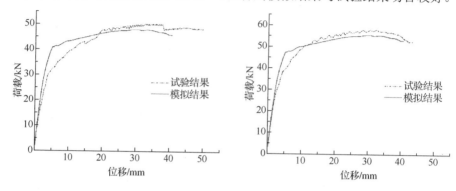

图 4.64　试验结果与模拟结果对比（OpenSees）

通过对比 ABAQUS 和 OpenSees 两款软件对试验过程的模拟，可以看到，OpenSees 软件能够更好地模拟低轴压比情况下构件在加载末期的力学性能变化，与真实的试验结果更为相符；同时，其计算过程也更加简单、高效，更易于应用到实际结构当中。因此，本小节将通过引入材料应变率来分析不同参数条件下构件承载力随加载速率的变化规律。

4. 材料应变率对钢筋混凝土柱动力特性的影响

基于上面提到的 OpenSees 有限元模型，计算不同材料应变率下钢筋混凝土柱的单调加载过程，考虑轴压比、混凝土强度、纵向配筋率和材料应变率效应对柱的极限承载力的影响，并回归分析给出不同参数条件下极限承载力在不同材料应变率下的动力增长因子经验公式。本书的试验试件是经过缩尺得到的，因此，为使选用的构件更具普遍性，这里以文献[52]作为研究对象。

1）轴压比的影响

采用上面提到的钢筋混凝土柱有限元模型，使文献[52]试件的材料、尺寸均保持不变，通过改变柱顶端的集中力来改变柱的轴压比，轴压比分别取为 0.2、0.3 和 0.6，并假定钢筋与混凝土材料的应变率相等，通过数值计算给出了试件在不同材料应变率（$10^{-5}\,\mathrm{s}^{-1}$、$10^{-4}\,\mathrm{s}^{-1}$、$10^{-3}\,\mathrm{s}^{-1}$、$10^{-2}\,\mathrm{s}^{-1}$、$10^{-1}\,\mathrm{s}^{-1}$）和轴压比下的单调加载荷载-位移关系曲线和应变率-极限承载力关系曲线，见图 4.65 和图 4.66。

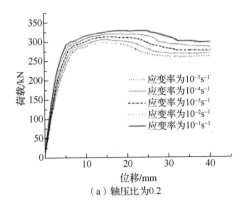

（a）轴压比为0.2

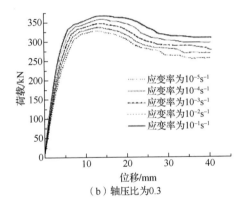

（b）轴压比为0.3

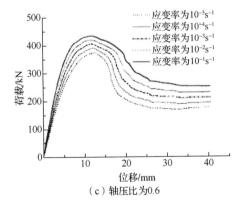

（c）轴压比为0.6

图 4.65　不同轴压比和应变率下钢筋混凝土柱单调加载荷载-位移关系曲线

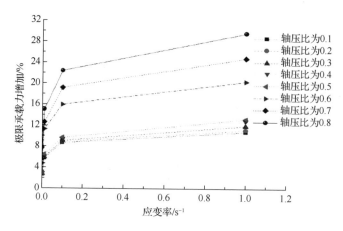

图 4.66　不同轴压比下钢筋混凝土柱应变率-极限承载力关系曲线

由图 4.65 和图 4.66 可以看出，钢筋混凝土柱在低轴压比条件下，材料应变率效应对柱的加载过程影响相对较小，但是，随着轴压比的增加，影响越来越大，例如：当轴压比达到 0.6 时，材料应变率效应影响已非常明显。因此，不难看出，随着钢筋混凝土柱轴压比的提高，柱的极限承载力随材料应变率的增加而增加的幅度明显，且最大值几近达到 30%。

根据计算结果回归分析得到式（4.45），用来表达不同轴压比条件下钢筋混凝土柱的极限承载力动力增长因子（动力极限承载力与静力极限承载力比值）随材料应变率变化的关系，其表达式为

$$k_{\text{DIF}} = 1.0 + c_n \lg \frac{\dot{\varepsilon}_{\text{d}}}{\dot{\varepsilon}_{\text{s}}} \tag{4.45}$$

$$c_n = 0.1426n^2 - 0.0614n + 0.0337 \tag{4.46}$$

式中，c_n 为由轴压比表示的函数；n 为柱的轴压比。

2）混凝土强度的影响

这里数值计算模型的轴压比均取为 0.6，混凝土强度分别取为 20MPa、25MPa、30MPa、35MPa 和 40MPa。采用单调加载分析不同混凝土强度和材料应变率下钢筋混凝土柱单调加载荷载-位移关系曲线和应变率-极限承载力关系曲线，见图 4.67 和图 4.68。

从图 4.67 和图 4.68 可以看出，随着材料应变率的提高，钢筋混凝土柱的极限承载力显著提高，并且随着混凝土强度的提高，钢筋混凝土柱极限承载力提高的程度逐渐下降，这一结果已得到了前述试验的论证，也是符合客观判断的，因为混凝土强度越低，其应变率效应越明显，从而混凝土强度越低，其对应的钢筋混凝土构件的极限承载力随加载速率提高而提高的程度也就越显著。

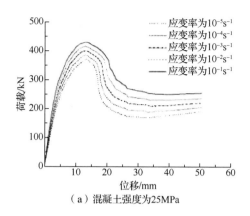

（a）混凝土强度为25MPa

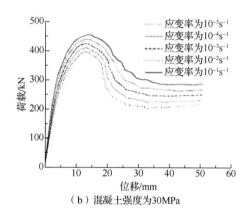

（b）混凝土强度为30MPa

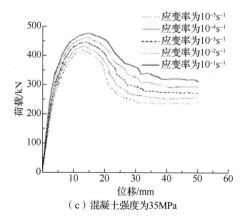

（c）混凝土强度为35MPa

图 4.67　不同混凝土强度和应变率下钢筋混凝土柱单调加载荷载-位移关系曲线

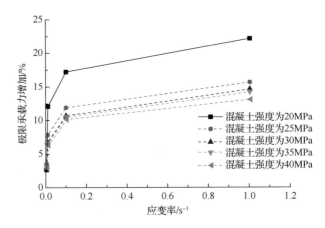

图 4.68　不同混凝土强度下钢筋混凝土柱应变率-极限承载力关系曲线

根据计算结果，回归分析得到式（4.47），用来表示不同混凝土强度条件下钢筋混凝土柱的极限承载力动力增长因子随材料应变率变化的规律，其具体表达式为

$$k_{\mathrm{DIF}} = 1.0 + c_{\mathrm{f}}\,\lg\frac{\dot{\varepsilon}_{\mathrm{d}}}{\dot{\varepsilon}_{\mathrm{s}}} \tag{4.47}$$

$$c_{\mathrm{f}} = 1\times 10^{-4} f_{\mathrm{c}}^{2} - 0.068 f_{\mathrm{c}} + 0.153 \tag{4.48}$$

式中，c_{f} 为由混凝土强度表示的参数；f_{c} 为混凝土强度。

3）纵向配筋率的影响

使钢筋混凝土柱的材料强度和横截面尺寸等参数保持不变，轴压比取为 0.6，仅改变构件的纵向配筋率，其值分别取 0.713%、1.427%、2.14%（文献中取值）和 2.853%，数值计算出不同纵向配筋率和应变率下单调加载荷载-位移关系曲线和应变率-极限承载力关系曲线，见图 4.69 和图 4.70。

从图 4.69 和图 4.70 可以看出，随着纵向配筋率的提高，钢筋混凝土柱的极限承载力随材料应变率提高的程度越来越不明显。这也是符合之前的试验结果和客观规律的，由于纵向配筋率的提高，导致纵筋所占构件抗力的比重增加，相反混凝土所占的比重则有所下降，而钢筋相对于混凝土来讲其应变率敏感性降低，这也再一次验证了混凝土材料的应变率敏感性更高。

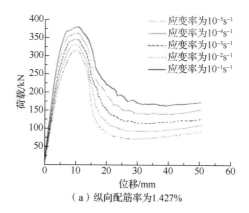

（a）纵向配筋率为1.427%

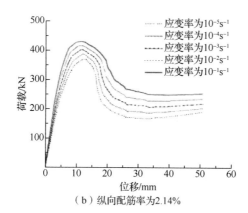

（b）纵向配筋率为2.14%

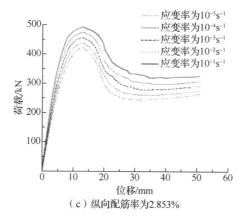

（c）纵向配筋率为2.853%

图 4.69　不同纵向配筋率和应变率下钢筋混凝土柱单调加载荷载-位移关系曲线

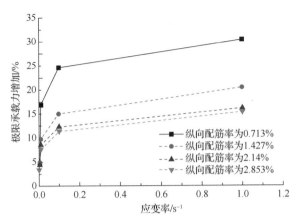

图 4.70　不同纵向配筋率下钢筋混凝土柱应变率-极限承载力关系曲线

　　根据计算结果，回归分析得到式（4.49），用来表达不同纵向配筋率下钢筋混凝土柱的极限承载力动力增长因子随材料应变率的变化规律，其具体表达式为

$$k_{\mathrm{DIF}} = 1.0 + c_\rho \lg \frac{\dot{\varepsilon}_{\mathrm{d}}}{\dot{\varepsilon}_{\mathrm{s}}} \tag{4.49}$$

$$c_\rho = 0.0129\rho^2 - 0.0643\rho + 0.1182 \tag{4.50}$$

式中，c_ρ 为由纵向配筋率表示的参数；ρ 为纵向配筋率。

　　4）材料应变率效应的影响

　　采用上述模型，忽略地震作用下材料阻尼的影响，对不同轴压比条件下的钢筋混凝土柱底部输入地震波，通常结构在地震作用下，材料的应变率最高可达 $10^{-1}\mathrm{s}^{-1}$，选用 EL Centro 波（1940 年 5 月 18 日记录），这里给出了不同轴压比和应变率下钢筋混凝土柱的底部剪力-时间关系曲线和不同轴压比下钢筋混凝土柱应变率-剪力增加关系曲线，并给出了不同轴压比下地震反应滞回曲线，分别见图 4.71～图 4.74。

　　从图 4.71～图 4.74 可以看出，钢筋混凝土柱在地震作用下均出现了明显的屈服后的下降段，表明钢筋混凝土柱已经形成了较大的强度退化，进入了塑性变形阶段，在此状况下，随着轴压比的提高，钢筋混凝土柱在考虑材料应变率效应时的底部剪力峰值提高程度更加显著，这与单调加载条件下得到的结论是一致的。以此类推，可以知道混凝土强度的变化及纵向配筋率的改变对地震作用下钢筋混凝土柱的响应规律同样是与单调加载保持一致的，这为结构的抗震设计提供了必要的现实依据。

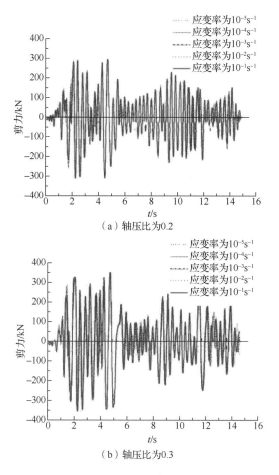

图 4.71　不同轴压比和应变率下钢筋混凝土柱的底部剪力-时间关系曲线

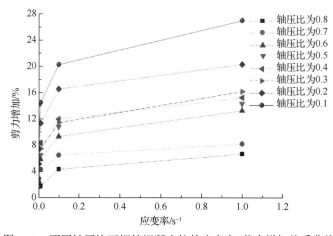

图 4.72　不同轴压比下钢筋混凝土柱的应变率-剪力增加关系曲线

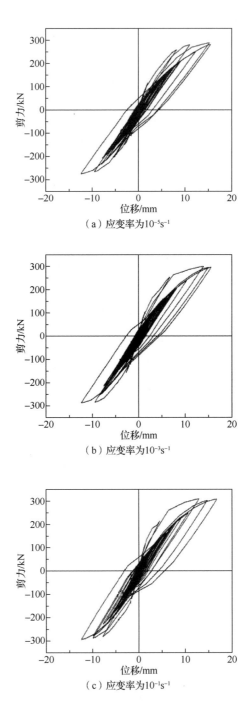

图 4.73 轴压比为 0.2 不同材料应变率效应钢筋混凝土柱的地震反应滞回曲线

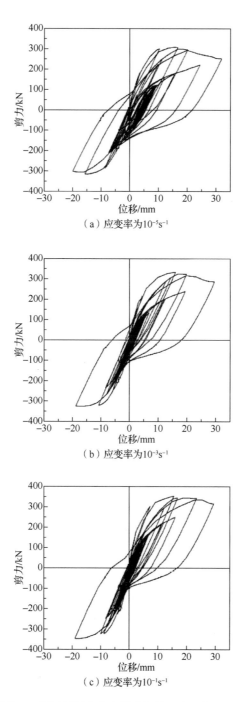

（a）应变率为$10^{-5}s^{-1}$

（b）应变率为$10^{-3}s^{-1}$

（c）应变率为$10^{-1}s^{-1}$

图 4.74　轴压比为 0.3 不同材料应变率效应钢筋混凝土柱的地震反应滞回曲线

4.4.3 动态加载条件下有限元方法的实现

1. 研究背景

现阶段钢筋混凝土梁纤维模型在非线性地震反应分析中得到了广泛的应用，它概念清晰，计算简洁、方便。纤维模型的主要思路是沿构件长度方向将各关键截面离散化为若干钢筋纤维和混凝土纤维，同时忽略钢筋的黏结滑移和剪切变形的影响，在平截面假定的基础上各纤维均服从于单轴应力-应变关系，根据相应的纤维材料单轴本构关系计算各截面的应力-变形关系[53]，它能够很好地模拟变化轴力和双向弯曲之间的耦合作用[54]。

传统的纤维模型忽略了构件端部的黏结滑移效应和非线性剪切效应，同时对钢筋材料本构关系的考虑也略显粗糙，并没有对钢筋的 Bauschinger 效应、低周疲劳效应及强度和刚度的退化做出合理的分析。试验研究结果表明，纵筋的力学特性、构件端部的黏结滑移效应以及非线性剪切效应对构件的非线性分布特征具有重要的影响[55]。

本节针对以上问题，在采用纤维模型的基础上，引入构件的非线性剪切效应、黏结滑移效应和 P-D 效应，考虑钢筋的低周疲劳、刚度和强度退化现象，并通过在材料层次引入应变率的影响分析加载速率对构件动态力学性能的影响，并进行了试验验证。

2. 集中塑性铰梁单元

OpenSees 中基于纤维模型给出的梁单元类型主要有集中塑性铰单元和分布塑性铰单元，两种类型的梁单元均通过柔度法进行计算[48]。其中，集中塑性铰单元由端部的塑性铰单元和中间部分的线弹性杆单元组成，塑性铰部分能够充分反映钢筋混凝土构件的非线性力学性能，而线弹性梁单元部分则能模拟构件的弹性响应；集中塑性铰梁单元的主要参数为线弹性杆单元部分的等效刚度 EI_{eff} 和塑性铰区域的单元长度 L_p，本节根据 Priestley 等[43]提出的计算方法对塑性铰长度进行计算，其表达式为

$$L_p = \max \begin{Bmatrix} kL + 0.022F_y d_{bl} \\ 0.044F_y d_{bl} \end{Bmatrix}, \quad k = 0.2\left(\frac{F_u}{F_y} - 1\right) \leqslant 0.08 \qquad (4.51)$$

式中，L 为钢筋混凝土构件的有效长度；F_y 为纵筋的屈服强度；F_u 为纵筋极限强度；d_{bl} 为纵筋直径。

在 OpenSees 程序中，可以通过 Section Aggregator 命令在截面层次直接定义剪切恢复力本构关系进行截面组合来模拟单元在外荷载作用下的剪切效应，同时，

在构件底部设置零长度单元模拟构件的黏结滑移[48]。图 4.75 和图 4.76 分别给出了钢筋混凝土柱模型和组合截面示意图。

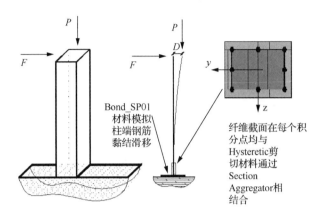

图 4.75　钢筋混凝土柱模型

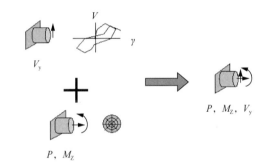

P—施加于单元上的轴力；M_z—施加于单元上的弯矩；V_y—施加于单元上的剪力。

图 4.76　组合截面示意图

3. 零长度单元及黏结滑移本构模型

零长度截面单元同样基于纤维分析方法，与集中塑性铰单元相连接，且假定零长度单元长度为 1 个单位，其单元变形等于截面变形。零长度单元的混凝土材料选用 Concrete01 来模拟，钢筋材料选用能够模拟构件端部钢筋黏结滑移的 Bond_SP01[56]来模拟，应力-滑移骨架曲线见图 4.77，应力-滑移滞回规则见图 4.78。由于剪切效应并没有在零长度单元中引入，所以表示零长度单元的两点不仅要坐标重叠，而且要对剪切方向的作用进行约束。同时，可以通过调整捏缩因子 R 定义构件的捏缩特性。

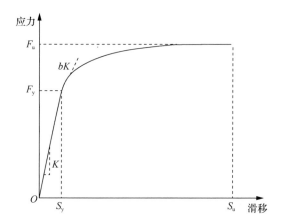

F_y—屈服强度；F_u—极限强度；S_y—屈服应变；S_u—极限应变；K—初始弹性模量；b—应变强化率。

图 4.77　应力-滑移骨架曲线

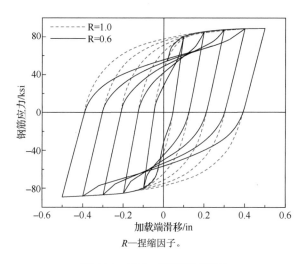

R—捏缩因子。

图 4.78　应力-滑移滞回规则

4. 非线性剪切模型

构件各截面的非线性剪切效应通过 OpenSees 特有的 Section Aggregator 功能[44]，直接将此材料组合到纤维截面中（组合截面整体效应即为原纤维截面的弯曲、轴向效应与剪切材料所定义的剪切效应的组合）。这一功能使得构件的非线性剪切行为直接在软件中得以实现，这里剪切效应同轴向、弯曲效应是非耦合的。

非线性剪切效应模型采用 OpenSees 中的 Hysteretic Material 单轴本构模型[44]定义构件截面的剪切恢复力特征，其滞回规则由程序自行设定，用户可以对卸载刚度退化系数进行自定义，并通过定义卸载过程中的变形捏缩系数和力捏缩系数综合考虑捏缩效应。Hysteretic Material 由三折线模型进行定义，关键定义模型中各个关键点的剪切强度。这里根据 Priestley 等[57]提出的剪切强度计算方法进行定义，开裂剪切强度取为 V_c，并假定屈服剪切强度与极限剪切强度相等均为 V_d，剪切骨架曲线见图 4.79。

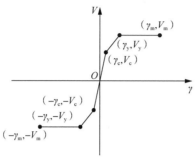

γ_c—开裂点对应的剪应变；γ_y—屈服点对应的剪应变；γ_m—极限点对应的剪应变；V_c—开裂点对应的剪力值；
V_y—屈服点对应的剪力值；V_m—极限点对应的剪力值。

图 4.79　剪切骨架曲线

其表达式为

$$V_c = kA_e\sqrt{f_c'} \qquad (4.52)$$

$$V_d = V_c + V_s + V_p \qquad (4.53)$$

式中，k 为随混凝土主拉应变变化的混凝土剪应力系数，取为 0.29；A_e 为有效剪切面积，取 $A_e=0.8A_g$；A_g 为柱全截面面积；V_s、V_p 分别为箍筋和轴力贡献的剪切承载力部分，其计算方法参考文献[57]。

5. 材料本构模型

1）混凝土本构模型

在纤维单元模型中，混凝土采用 Popovics 材料模型（Concrete04）[44]，其应力-应变关系如图 4.80 所示。该混凝土模型通过改变混凝土受压骨架曲线的峰值应力、峰值应变来考虑箍筋的约束影响，且可以考虑混凝土的剩余强度；同时，混凝土受拉、受压时的下降段均为曲线，能够更合理地反映混凝土的单轴应力-应变关系。

$$f_{ci} = f_c\left(\frac{\varepsilon_c}{\varepsilon_{c0}}\right)\frac{n}{n-1+\left(\dfrac{\varepsilon_c}{\varepsilon_{c0}}\right)^n} \qquad (4.54)$$

$$E_{sec} = \frac{f_c}{\varepsilon_c}, \quad n = \frac{E_c}{E_c - E_{sec}} \qquad (4.55)$$

$$f_i^t = f_t(\beta)^{(\varepsilon_t - \varepsilon_{t0})/(\varepsilon_{tu} - \varepsilon_{t0})} \tag{4.56}$$

式中，f_{ci} 为当前混凝土受压强度；f_c 为混凝土受压强度标准值；ε_c 为当前混凝土应变；ε_{c0} 为混凝土峰值压应力对应的应变；f_i^t 为当前混凝土受拉强度；ε_t 为当前混凝土受拉应变；ε_{t0} 为混凝土峰值拉应力对应的应变；f_t 为混凝土受拉强度标准值；ε_{tu} 为混凝土极限拉应变；β 为无量纲量取值为 0.1。

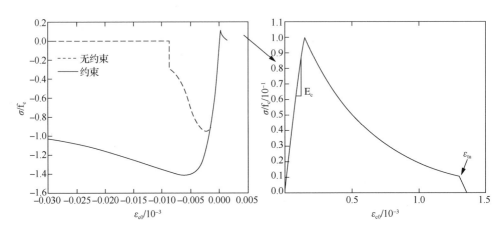

图 4.80　混凝土材料应力-应变关系

2）钢筋本构模型

为了准确模拟钢筋的滞回响应，采用 ReinforcingSteel 钢筋本构模型。该模型是 Kunnath 等（2006）[58]在 Chang 等[59]于 1994 年建立的等向强化钢筋本构模型的基础上提出的一种更为复杂的钢筋本构模型。ReinforcingSteel 本构模型不仅能够考虑钢筋的等向强化、Bauschinger 效应和初始屈服流幅，还能考虑由钢筋屈曲和低周疲劳所引起的钢筋强度和刚度退化现象。

ReinforcingSteel 本构模型中的屈曲效应可通过 Gomes 等[60]或 Dhakal 等[61]所提出的屈曲模型模拟。而由往复加载引起的钢筋刚度和强度退化效应则可通过 Coffin-Manson 模型进行计算。其中，Coffin-Manson 理论模型通过引入损伤变量 D 来反映钢筋由于低周疲劳引起的钢筋开裂，该模型认为损伤变量值 $D=1.0$ 时钢筋即发生断裂，其计算表达式为

$$D = \sum \left(\frac{\varepsilon_p}{C_f} \right)^{\frac{1}{\alpha}} \tag{4.57}$$

其中，半周塑性应变 ε_p 定义为

$$\varepsilon_p = \varepsilon_t - \frac{\sigma_t}{E} \tag{4.58}$$

式中，σ_t、ε_t 分别为图 4.81（a）所示的半周应力总变化值和应变总变化值；α、C_f 与达到断裂塑性应变 ε_p 所需的半循环加载周数有关，N 为循环加载周数。其关系见图 4.81（b）所示；钢筋损伤导致的强度退化通过图 4.81（c）中强度折减系数来考虑。图 4.81 中的 σ 和 ε_s 分别表示加载过程中钢筋的应力和应变值。

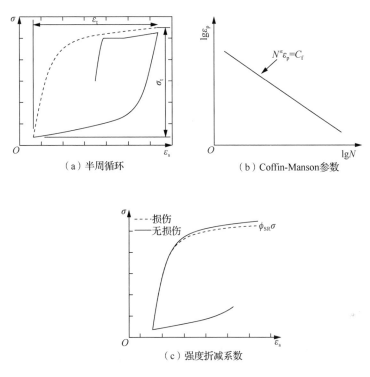

（a）半周循环　　　　　（b）Coffin-Manson参数

（c）强度折减系数

图 4.81　钢筋本构模型

Mohle 和 Kunnath 在考虑由低周疲劳引起的断裂基础上，还考虑了钢筋累计损伤引起的强度退化，强度退化水平由强度退化系数 φ_{sr} 控制，其表达式为

$$\varphi_{sr} = \sum \left(\frac{\varepsilon_p}{C_d} \right)^{\frac{1}{\alpha}} \tag{4.59}$$

式中，C_d 为钢筋试验的标定参数。

总的来说，控制钢筋低周疲劳效应和钢筋断裂发生的主要有三个方面：①损伤累计系数 α，其控制钢筋在低周往复加载过程中损伤的累计程度，随着 α 值的增加，钢筋的强度折减量也随之增强，应力-应变滞回曲线的捏缩效应也就更加明显；②疲劳延性系数 C_f，其控制钢筋发生断裂所需要的往复加载周数，随着 C_f 值的增加，钢筋发生断裂所需要的往复加载周数也随之增加，对钢筋发生断裂前的滞回曲线形状并无明显影响；③疲劳强度退化系数 C_d，其控制着往复加载一周钢筋强度退化的程度，C_f 值越大，则往复加载一周后钢筋折减程度越低。图 4.82 给出了上述三个参数取不同值时钢筋的应力-应变滞回曲线。

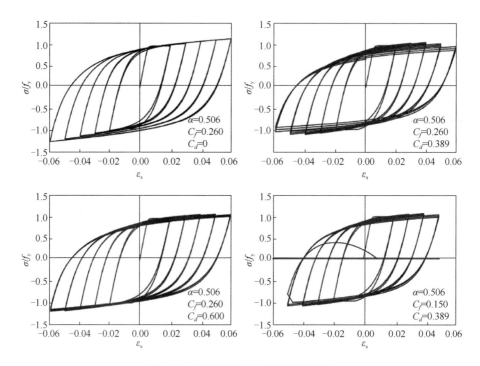

图 4.82　钢筋的应力-应变滞回曲线

Mohle 和 Kunnath 根据上面提到的钢筋本构模型，对相关材料参数进行合理的调整和计算，相应的钢筋试验结果与模拟结果[58]对比，见图 4.83 所示。

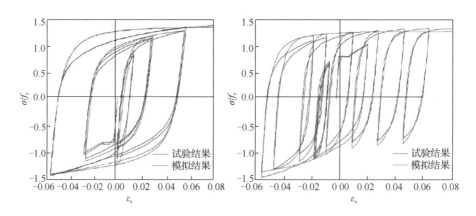

图 4.83　钢筋试验结果与模拟结果对比

Mohle 和 Kunnath 根据上面得到的钢筋低周疲劳试验结果与理论结果进行对比，认为上述三个参数 $\alpha=0.506$，$C_f=0.26$，$C_d=0.389$ 为最佳。

3）材料动力提高系数

加载速率所产生的材料应变率效应，通过引入材料的动力提高系数 k_{DIF} 来表示，定义为快速加载试验过程中测量得到的塑性铰区域的钢筋应变率所对应的材料动力强度与静力强度的比值。

a. 混凝土动力提高系数。

本节混凝土动态抗压强度和动态抗拉强度的动力提高系数均采用 CEB（欧洲国际混凝土委员会）建议的计算公式[27]，其中，混凝土抗压强度动力提高系数的表达式为

$$k_{DIF}^{fc} = \frac{f_{cd}}{f_c} = \left(\frac{\dot{\varepsilon}}{\dot{\varepsilon}_0}\right)^{1.026\alpha}, \quad \dot{\varepsilon} \leqslant 30s^{-1} \tag{4.60}$$

$$k_{DIF}^{fc} = \frac{f_{cd}}{f_c} = \gamma\left(\frac{\dot{\varepsilon}}{\dot{\varepsilon}_0}\right)^{\frac{1}{3}}, \quad \dot{\varepsilon} > 30s^{-1} \tag{4.61}$$

式中，f_{cd}、f_c 分别为混凝土动态抗压强度和静态抗压强度；$\dot{\varepsilon}$、$\dot{\varepsilon}_0$ 分别为动态加载和静态加载条件下塑性铰区域钢筋的应变率。其中，

$$\alpha = \frac{1}{5+9\dfrac{f_c}{f_0}} \tag{4.62}$$

$$\log\gamma = 6.16\alpha - 2.0 \tag{4.63}$$

式中，f_0 为常数，取值为 10MPa。

混凝土抗拉强度动力提高系数如式（2.18）和式（2.19），其中

$$\log\eta = 7.11\delta - 2.33 \tag{4.64}$$

$$\delta = \frac{1}{10+6\dfrac{f_{cs}}{f_0}} \tag{4.65}$$

混凝土弹性模量的动力提高系数表达式为

$$k_{DIF}^{E} = \frac{E_d}{E_s} = \left(\frac{\dot{\varepsilon}}{\dot{\varepsilon}_0}\right)^{0.016} \tag{4.66}$$

式中，E_d、E_s 分别为动力加载和静力加载条件下混凝土的弹性模量。

b. 钢筋动力提高系数。

本章采用李敏和李宏男通过试验回归分析得到的钢筋屈服强度动力提高系数

$k_{\text{DIF}}^{\text{fy}}$ 和极限强度动力提高系数 $k_{\text{DIF}}^{\text{fu}}$ 理论模型[28]，其计算表达式为

$$k_{\text{DIF}}^{\text{fy}} = \frac{f_{\text{yd}}}{f_{\text{ys}}} = 1 + c_{\text{f}} \lg \frac{\dot{\varepsilon}}{\dot{\varepsilon}_{01}} \tag{4.67}$$

$$k_{\text{DIF}}^{\text{fu}} = \frac{f_{\text{ud}}}{f_{\text{us}}} = 1 + c_{\text{u}} \lg \frac{\dot{\varepsilon}}{\dot{\varepsilon}_{01}} \tag{4.68}$$

$$c_{\text{f}} = 0.1709 - 3.289 \times 10^{-4} f_{\text{ys}} \tag{4.69}$$

$$c_{\text{u}} = 0.027\,38 - 2.982 \times 10^{-5} f_{\text{ys}} \tag{4.70}$$

式中，f_{yd}、f_{ys} 分别为钢筋动态加载和静态加载条件下的屈服强度；f_{ud}、f_{us} 分别为钢筋动态加载和静态加载条件下的极限强度；c_{f}、c_{u} 均是钢筋静态屈服强度的函数；$\dot{\varepsilon}_{01}$ 为常数，取值为 $2.5 \times 10^{-4}\,\text{s}^{-1}$。

6. 数值模拟结果

根据上面介绍的集中塑性铰梁单元模型，在 Concrete04 混凝土材料本构和 ReinforcingSteel 钢筋本构模型中引入材料应变率效应，并考虑加载过程中的几何非线性，同时在梁单元截面范围内引入前述提到的非线性剪切恢复力本构关系，并在柱底部设置零长度单元模拟底部钢筋的黏结滑移，建立本次试验的钢筋混凝土柱有限元模型。在模拟试件双向加载条件下的力-位移关系时，直接采用 OpenSees 加载路径中的 SP 命令调用荷载文本施加位移荷载。数值模拟过程中，迭代法则（algorithm）选用 Newton-Raphson 迭代法；非线性方程组的约束处理方式（constraints）选用罚函数法；非线性方程组的存储方法（system）选用 SparseGeneral 法。基于上述设定，编制了钢筋混凝土柱在不同加载路径（4.3 节试验内容）下的 Tcl 程序，其试验结果与模拟结果的对比情况见图 4.84。

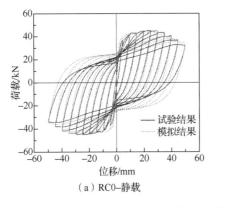
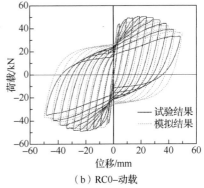

（a）RC0–静载　　　　　　　　　　（b）RC0–动载

图 4.84　试件试验结果与模拟结果对比

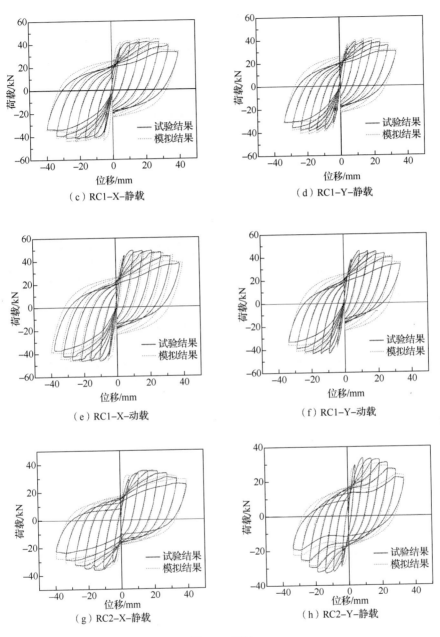

（c）RC1-X-静载　　　　　　　　　　（d）RC1-Y-静载

（e）RC1-X-动载　　　　　　　　　　（f）RC1-Y-动载

（g）RC2-X-静载　　　　　　　　　　（h）RC2-Y-静载

图 4.84（续）

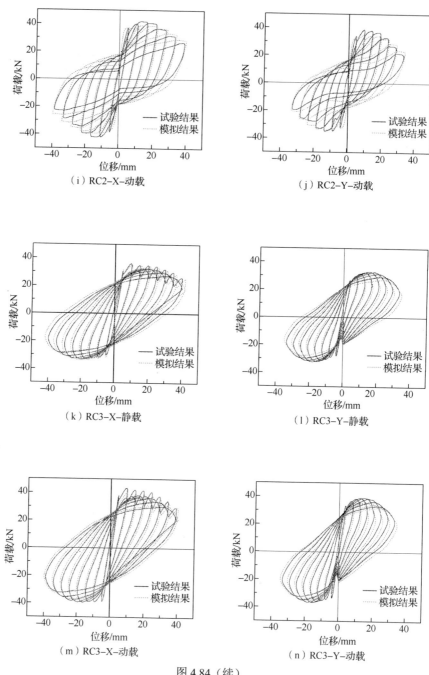

（ i ）RC2-X-动载　　　　　　　　　　（ j ）RC2-Y-动载

（ k ）RC3-X-静载　　　　　　　　　　（ l ）RC3-Y-静载

（ m ）RC3-X-动载　　　　　　　　　　（ n ）RC3-Y-动载

图 4.84（续）

从图中可以看出，数值模拟结果能够较好地与试验结果相吻合，并能充分反映加载过程中的试件强度退化和刚度退化现象。同时，采用引入材料应变率效应的方法能够较好地反应试件在快速加载条件下的动力特性。

参 考 文 献

[1] 李宏男，王强，李兵. 钢筋混凝土框架柱多维恢复力特性的试验研究[J]. 东南大学学报（自然科学版），2002，32（5）：728-732.

[2] 李兵. 钢筋混凝土框-剪结构多维非线性地震反应分析及试验研究[D]. 大连：大连理工大学，2006.

[3] GHABOUSSI J，MILLAVEC W A，ISENBERG J. R/C structures under impulsive loading [J]. Journal of Structural Engineering，1984，110（3）：505-522.

[4] KRAUTHAMMER T. Shallow-buried RC box-type structures[J]. Journal of Structural Engineering，1984，110（3）：637-651.

[5] KRAUTHAMMER T，BAZEOS N, HOLMQUIST T. Modified SDOF analysis of RC box-type structures[J]. Journal of Structural Engineering，1986，112（4）：726-744.

[6] KUNNATH S K，REINHORN A M. Model for inelastic biaxial bending interaction of reinforced concrete beam-columns[J]. Structural Journal，1990，87（3）：284-291.

[7] SZIVERI J，TOPPING B，IVANYI P. Parallel transient dynamic non-linear analysis of reinforced concrete plates[J]. Advances in Engineering software，1999，30（9-11）：867-882.

[8] 方秦，柳锦春，张亚栋，等. 爆炸荷载作用下钢筋混凝土梁破坏形态有限元分析[J]. 工程力学，2001，18（2）：1-8.

[9] 王利恒，周锡元，阎维明，等. 钢筋混凝土梁非线性动力特性试验研究[J]. 地震研究，2006，29（1）：65-71.

[10] 陈肇元，施岚清. 钢筋混凝土梁在静速和快速变形下的弯曲性能[M]. 北京：清华大学出版社，1986.

[11] ZIELINSKI A，Reinhardt H. Stress-strain behaviour of concrete and mortar at high rates of tensile loading[J]. Cement and Concrete Research，1982，12（3）：309-319.

[12] ZECH B，WITTMANN F. Variability and mean value of strength of concrete as a function of load[J]. ACI，1980，77（5）：358-362.

[13] 陈肇元. 高强钢筋在快速变形下的性能及其在抗爆结构中的应用[C]//清华大学抗震抗爆工程研究室. 钢筋混凝土结构构件在冲击荷载下的性能. 北京：清华大学出版社，1986：6.

[14] BERTERO V，REA D，MAHIN S，et al. Rate of loading effects on uncracked and repaired reinforced concrete members[J]. Earthquake Engineering Research Center，University of California，Berkeley，1973（1）：1461-1471.

[15] WATSTEIN D. Effect of straining rate on the compressive strength and elastic properties of concrete[J]. ACI，1953，49（4）：729-744.

[16] 宋军. 应变率敏感材料物理参量的研究及其工程应用[D]. 北京：清华大学，1990.

[17] WANG D，LI H N，LI G. Experimental tests on reinforced concrete columns under multi-dimensional dynamic loadings[J]. Construction and Building Materials，2013，47：1167-1181.

[18] WANG D，LI H N，LI G. Experimental study on dynamic mechanical properties of reinforced concrete column[J]. Journal of Reinforced Plastics and Composites，2013，32（23）：1793-1806.

[19] 王德斌. 考虑动力效应的钢筋混凝土柱抗震性能研究[D]. 大连：大连理工大学，2013.

[20] CADONI E，FENU L，FORNI D. Strain rate behaviour in tension of austenitic stainless steel used for reinforcing bars[J]. Construction and Building Materials，2012，35: 399-407.

[21] 林峰，顾祥林，匡昕昕，等. 高应变率下建筑钢筋的本构模型[J]. 建筑材料学报，2008，11（1）：14-20.

[22] SOROUSHIAN P，CHOI K B. Steel mechanical properties at different strain rates[J]. Journal of Structural Engineering，1987，113（4）：663-672.

[23] POZZO E. The influence of axial load and rate of loading on experimental post-elastic behaviour and ductility of reinforced concrete members[J]. Materials and Structures，1987，20（4）：303-314.

[24] KULKARNI S M，SHAH S P. Response of reinforced concrete beams at high strain rates[J]. Structural Journal，1998，95（6）：705-715.

[25] QIU F，LI W，PAN P，et al. Experimental tests on reinforced concrete columns under biaxial quasi-static loading[J]. Engineering Structures，2002，24（4）：419-428.

[26] PARK Y J，ANG A H S. Mechanistic seismic damage model for reinforced concrete[J]. Journal of Structural Engineering，1985，111（4）：722-739.

[27] PARK Y J，ANG A H S，WEN Y K. Seismic damage analysis of reinforced concrete buildings[J]. Journal of Structural Engineering，1985，111（4）：740-757.

[28] 李敏，李宏男. 建筑钢筋动态试验及本构模型[J]. 土木工程学报，2010，43（4）：70-75.

[29] 中华人民共和国住房和城乡建设部. 混凝土结构设计规范（2015 年版）：GB 50010—2010[S]. 北京：中国建筑工业出版社，2010.

[30] OTANI S，KANEKO T，SHIOHARA H. Strain rate effect on performance of reinforced concrete members [C]. Proceedings of FIB Symposium, Concrete Structures in Seismic Regions, Athens, 2003.

[31] PANAGIOTAKOS T B，FARDIS M N. Deformations of reinforced concrete members at yielding and ultimate[J]. Structural Journal，2001，98（2）：135-148.

[32] KOBAYASHI K，KOKUSHO S，TAKIGUCHI K，et al. Study on the restoring force characteristics of RC columns to bi-directional deflection history[C]//. Proceedings of the 8th World Conference on Earthquake Engineering. The Journal of the Acoustical Society of America，1984: 537-544.

[33] OKADA T，NAKANO Y. Reliability analysis on seismic capacity of existing reinforced concrete buildings in Japan[C]//Proceedings of the 9th World Conference on Earthquake Engineering, 1988, 7: 333-338.

[34] LOW S S，MOEHLE J P. Experimental study of reinforced concrete columns subjected to multi-axial cyclic loading[M]. Berkeley: University of California Press，1987.

[35] BOUSIAS S N，VERZELETTI G，FARDIS M N，et al. Load-path effects in column biaxial bending with axial force[J]. Journal of Engineering Mechanics，1995，121（5）：596-605.

[36] 江近仁，康概. 钢筋混凝土柱的双轴弯曲特性[J]. 世界地震工程，1998，14（4）：23-29.

[37] 陈滔. 基于有限单元柔度法的钢筋混凝土框架三维非弹性地震反应分析[D]. 重庆: 重庆大学土木工程学院, 2003.

[38] RODRIGUES H, ARÊDE A, VARUM H, et al. Experimental evaluation of rectangular reinforced concrete column behaviour under biaxial cyclic loading[J]. Earthquake Engineering & Structural Dynamics, 2013, 42 (2): 239-259.

[39] RODRIGUES H, VARUM H, ARÊDE A, et al. A comparative analysis of energy dissipation and equivalent viscous damping of RC columns subjected to uniaxial and biaxial loading[J]. Engineering Structures, 2012, 35: 149-164.

[40] GULKAN P, SOZEN M A. Inelastic responses of reinforced concrete structure to earthquake motions[J]. ACI, 1974, 71 (12):604-610.

[41] STOJADINOVIC B, THEWALT C. Energy balanced hysteresis models[C]. Eleventh World Conference on Earthquake Engineering. Berkeley: University of California, Berkeley, 1996.

[42] LU Y, HAO H, CARYDIS P, et al. Seismic performance of RC frames designed for three different ductility levels[J]. Engineering Structures, 2001, 23 (5): 537-547.

[43] PRIESTLEY M J N, CALVI G M, KOWALSKY M J. Direct displacement-based seismic design of structures[J]. Journal of Earthquake Engineering, 2005, 9 (2): 257-278.

[44] MAZZONI S, MCKENNA F, SCOTT M H, et al. OpenSees users manual[M]. Berkeley: PEER, University of California, Berkeley, 2004.

[45] 王德斌, 李宏男. 应变率对钢筋混凝土柱动态特性的影响[J]. 地震工程与工程振动, 2011, 31 (6): 67-72.

[46] ABAQUS Theory Manual, Version 6.4[M]. Pawtucket (RI, USA): Hibbit, Karlsson and Sorensen, 2002.

[47] CEB. Concrete structures under impact and implosive loading[R]. Lausanne: Committee Euro-International du Beton, 1998.

[48] MAZZONI S, MCKENNA F, SCOTT M H, et al. OpenSees example manual[M]. Berkeley: Pacific Earthquake Engineering Research Center, 2003.

[49] 陈学伟. 剪力墙结构构件变形指标的研究及计算平台开发[D]. 广州: 华南理工大学, 2011.

[50] KARSAN I D, JIRSA J, O. Behavior of concrete under compressive loadings[J]. ASCE, 1969, 95(12): 2543-2563.

[51] MENEGOTTO M, PINTO P. Method of analysis for cyclically loaded reinforced concrete plane frames including changes in geometry and non-elastic behavior of elements under combined normal force and bending[C]//. Proceeding of symposium on resistance and ultimate deformability of structures acted on by well-defined repeated loads. Lisbon: IABSE, 1973:15-22.

[52] MO Y L, WANG S. Seismic behavior of RC columns with various tie configurations[J]. Journal of Structural Engineering, 2000, 126 (10): 1122-1130.

[53] MARTINELLI P, FILIPPOU F C. Simulation of the shaking table test of a seven story shear wall building[J]. Earthquake Engineering & Structural Dynamics, 2009, 38 (5): 587-607.

[54] MENG C, LU X L. Application of flexibility-based fiber-model beam-column element in simulation analysis of CFRT columns[J]. Journal of Earthquake Engineering & Engineering Vibration, 2009, 29 (4): 62-69.

[55] 张强, 周德源, 伍永飞, 等. 钢筋混凝土框架结构非线性分析纤维模型研究[J]. 结构工程师, 2008, 24 (1): 15-20.

[56] ZHAO J，SRITHARAN S. Modelling of strain penetration effects in fibre-based analysis of reinforced concrete structures[J]. ACI Structure Journal，2007，104（2）:133-141.

[57] PRIESTLEY M N，VERMA R，XIAO Y. Seismic shear strength of reinforced concrete columns[J]. Journal of Structural Engineering，1994，120（8）: 2310-2329.

[58] KUNNATH S K，HEO Y，MOHLE J F. Nonlinear uniaxial material model for reinforcing steel bars[J]. Journal of Structural Engineering，2009，135（4）: 335-343.

[59] CHANG G，MANDER J B. Seismic energy based fatigue damage analysis of bridge columns Part I: Evaluation of seismic capacity[R]. NCEER Report 94-0006，1997.

[60] GOMES A，APPLETON J. Nonlinear cyclic stress-strain relationship of reinforcing bars including buckling[J]. Engineering Structures，1997，19（10）: 822-826.

[61] DHAKAL R P，MAEKAWA K. Modeling for post-yield buckling of reinforcement[J]. Journal of Structural Engineering，2002，128（9）: 1139-1147.

第 5 章 钢筋混凝土剪力墙非线性动力特性

钢筋混凝土剪力墙作为钢筋混凝土结构中重要的组成构件在受力过程中既可以承受竖向荷载又可以提高结构的抗剪能力,因此在现代建筑中被广泛地采用。目前,国内外已经有很多学者对钢筋混凝土剪力墙进行了试验及理论分析的研究。但是,这些研究多是基于静力的,考虑应变率效应的钢筋混凝土剪力墙的动力试验和分析还并不多见。为了研究材料应变率效应对剪力墙结构地震反应的影响,对其重要的组成构件——剪力墙在不同应变率下的动力反应研究是非常重要的[1]。

本章在试验的基础上,利用通用有限元软件 ABAQUS 建立了钢筋混凝土剪力墙的有限元模型,对不同剪跨比、轴压比的钢筋混凝土剪力墙在不同应变率下的动态力学性能进行了数值计算,为钢筋混凝土剪力墙的动力试验及数值分析提供了一定的理论依据。同时利用试验中得到的数据,对有无动力效应下,构件的骨架曲线及卸载规律进行分析,提出了一种考虑动力效应的剪力墙构件的恢复力模型,并编写了相应的 MATLAB 程序[2]。

5.1 钢筋混凝土剪力墙恢复力模型

5.1.1 研究现状

20 世纪 70 年代以来,国内外学者针对钢筋混凝土剪力墙的滞回性能进行了大量的试验研究,提出了一些剪力墙构件的恢复力模型[3-12]。其中,比较常用的有 Fajfar 剪切滑移模型[5]、Ghobarah 滑移模型[7]、Ozcebe 剪切滞变模型[4]、修正的 Takeda 模型[3]以及 Ibarra-Krawinkler[9]塑性铰模型等。本节对现阶段常用的剪力墙恢复力模型进行介绍,如表 5.1 所示。

表 5.1 常用的剪力墙恢复力模型

模型	年份	优点	缺点
Fajfar 剪切滑移模型	1990	考虑了剪力墙的剪切滑移效应	没有考虑剪力墙力学性能的退化及捏缩效应
Ghobarah 滑移模型	1999	考虑了剪力墙的强度退化,能够合理地描述剪力墙的弯曲与剪切行为,尤其是剪切效应显著的低矮剪力墙	刚度退化描述不够准确

模型	年份	优点	缺点
Ozcebe 剪切滞变模型	1989	较为全面地考虑了墙体的强度、刚度退化，能够反映墙体的捏拢现象	捏缩效应考虑的不够充分，使用上较为复杂
修正的 Takeda 模型	1987	较为全面地考虑了墙体的强度、刚度退化及捏缩效应	模型中不包含考虑大变形时的负刚度段
Ibarra-Krawinkler 塑性铰模型	2005	全面考虑了剪力墙的强度退化、刚度退化及捏缩效应，能够反应构件软化段的力学行为	模型中参数较多，应用时较为复杂

5.1.2 宏观模型

由于在过去计算机分析能力不足的情形下，很多学者针对剪力墙的受力特点提出了一些宏观的非线性模型（简称宏观模型）。这些模型在剪力墙结构非线性分析的发展过程中发挥了极为重要的作用，但是这些模型多是通过简化得到的，也存在着很多问题，包括计算精度等。

1. 等效梁模型

当剪力墙的宽度较小，高宽比较大时，可以用梁单元沿墙体的轴线来离散剪力墙。用单分量模型或纤维梁模型来模拟，节点区域用刚域模拟。但是它很难真实反映剪力墙的曲率分布和中性轴位置的变化，因此在使用中受到很大限制。

2. 等效桁架模型

等效桁架模型是应用一个等效的桁架系统来对剪力墙进行模拟，可以计算出由对角开裂引起的应力重分布，但定义桁架模型的几何和力学特性较为困难，因而使用范围也非常有限。

3. 三垂直杆元模型

Kabeyasawa 等[12]为了分析 1984 年美日合作研究的七层足尺框架-剪力墙结构拟动力试验结果，提出了一个宏观三垂直杆元模型，如图 5.1 所示。它是由代表上、下楼板的刚性梁连接，两个外侧杆元代表墙体外侧两个边柱的轴向刚度，中心杆元分别由垂直、水平和弯曲弹簧组成。在中心杆元和下部刚性梁之间加入一高度为 ch 的刚性元素，ch 为底部和顶部刚性梁相对旋转中心的高度。通过对参数 c（$0 \leqslant c \leqslant 1$）的不同取值可以模拟剪力墙不同的曲率分布。这一模型的物理概念清晰，可以很好地模拟剪力墙在进入非线性以后中性轴的移动，但弯曲弹簧刚度的取值、弯曲弹簧与外侧杆元的变形协调以及参数 c 的取值均存在一定的困难。

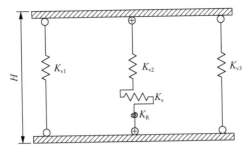

H —剪力墙高度；　K_{v1} —边缘柱轴向刚度；　K_{v2} —竖向弹簧刚度；
K_{v3} —边缘柱轴向刚度；　K_s —水平弹簧刚度；　K_R —转动弹簧刚度。

图 5.1　三垂直杆元模型

4. 二维板模型

Milev[13]对三垂直杆元模型进行了修正，保留了三垂直杆元模型外侧的桁架单元，并对 Kabeyasawa 等建议的桁架单元的轴向刚度滞回模型进行了改进，二维板模型如图 5.2 所示。把中心杆元的垂直、水平和弯曲弹簧用一个二维板替代。该模型需要先对二维板进行微观有限元分析得到其滞变性能，它是把宏观和微观有限元法相结合的模型。模型的计算精度有所提高，但计算量相应增加。

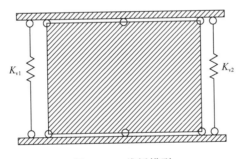

图 5.2　二维板模型

5. 多垂直杆元模型

为了有效解决垂直杆中弯曲弹簧和其他弹簧的变形协调困难问题，Vulcano 等[14]对三垂直杆元模型进行了改进并提出了多垂直杆元模型，如图 5.3 所示。该模型是用多个垂直杆元来替代弯曲弹簧以表征剪力墙的弯曲刚度和轴向刚度，水平弹簧代表剪切刚度。这样既可以解决弯曲弹簧滞回关系确定困难的问题，又可以很好地考虑中性轴的移动。

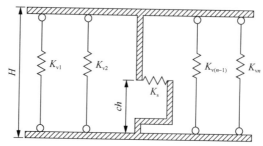

$K_{v1}, K_{v2}, \cdots, K_v(n-1), K_{vn}$ —柱轴向刚度；H_c —旋转中心高度。

图 5.3　多垂直杆元模型

6. 四弹簧模型

瑞士学者 Linde 等[15]对 Kabeyasawa 提出的三垂直杆元模型提出了一种改进方案，即四弹簧模型如图 5.4 所示。该模型忽略了 Kabeyasawa 模型中的弯曲弹簧，墙体的抗弯能力通过两个外侧弹簧来控制。墙体的轴向刚度由竖向的三根弹簧来模拟，而墙体的剪切刚度由水平弹簧来模拟。仍认为墙体的相对转动中心位于墙构件中心轴上高度 ch 点处。

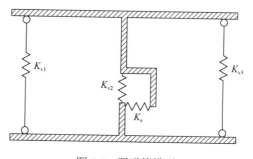

图 5.4　四弹簧模型

7. 改进的剪力墙多垂直杆元模型

李兵和李宏男根据试验结果基于轴向刚度的变化必然引起剪切刚度变化这一思想，提出了改进的剪力墙多垂直杆元模型[16]，如图 5.5 所示。利用外侧杆元来模拟剪力墙的边柱，其他杆元来模拟墙体，并认为每根轴向弹簧是由一个钢筋弹簧和一个混凝土弹簧组成，两轴向单元模型如图 5.6 所示。

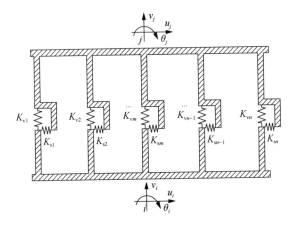

图 5.5 改进的剪力墙多垂直杆元模型

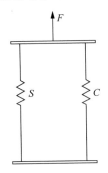

图 5.6 两轴向单元模型

5.1.3 细观模型

细观模型是利用有限单元法对结构中各构件进行离散,这种方法的计算量非常大,在过去由于受到计算机分析能力的限制,宏观模型使用较多而细观模型使用较少。如今,随着计算机技术的飞速发展,计算机的分析能力得到了大幅度的提高,细观模型也越来越多地被研究者所青睐,甚至趋于主流。目前,比较常用的剪力墙的细观模型有壳单元和膜单元。

5.2 钢筋混凝土剪力墙动力试验简介

5.2.1 试件设计参数

大连理工大学课题组进行了不同轴压比、剪跨比和应变率下钢筋混凝土剪力墙的动力试验研究[17],并分析了不同研究参数对剪力墙抗震性能的影响。本章拟选取其中的 9 片钢筋混凝土剪力墙的试验结果,研究考虑应变率效应的钢筋混凝土剪力墙构件的恢复力模型。现对该动力试验进行简要介绍，9 片钢筋混凝土剪力墙拟静力及动力加载试件的主要设计参数如表 5.2 所示。各试件均采用 C30 混凝土，纵筋均采用直径为 12mm 的 HRB335 级钢筋，箍筋均采用直径为 6.5mm 的 HPB235 级钢筋。

表 5.2　钢筋混凝土剪力墙拟静力及动力加载试件主要设计参数（一）

试件	轴压比	剪跨比	截面尺寸*	加载速率/（mm/s）	应变率等级/s^{-1}
S1.5N2R5	0.2	1.5	700×100×1050	0.2	10^{-5}
S1.5N2R4	0.2	1.5	700×100×1050	2	10^{-4}
S1.5N2R3	0.2	1.5	700×100×1050	20	10^{-3}
S2N1R5	0.1	2	700×100×1400	0.2	10^{-5}
S2N1R3	0.1	2	700×100×1400	20	10^{-3}
S2N2R5	0.2	2	700×100×1400	0.2	10^{-5}
S2N2R3	0.2	2	700×100×1400	20	10^{-3}
S2N3R5	0.2	2	700×100×1400	0.2	10^{-5}
S2N3R3	0.2	2	700×100×1400	20	10^{-3}

* 本列中数字的单位均为 mm。

5.2.2　钢筋混凝土剪力墙快速加载试验

拟静力及动力加载试验采用位移控制的循环加载方式，在构件屈服前只循环一次，首次加载幅值为 1mm，之后每次循环增加 2mm，在构件屈服后，循环两次，每次循环增加 5mm，以试件 S1.5N2R5 为例，其加载制度如图 5.7 所示。拟静力与动力加载试验得到的荷载-位移滞回曲线如图 5.8 所示。

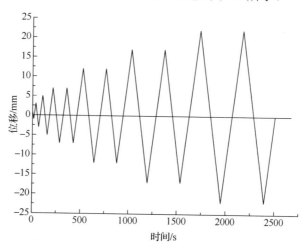

图 5.7　试件 S1.5N2R5 的加载制度

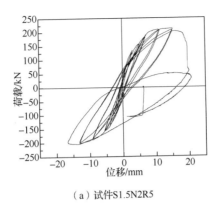

（a）试件S1.5N2R5

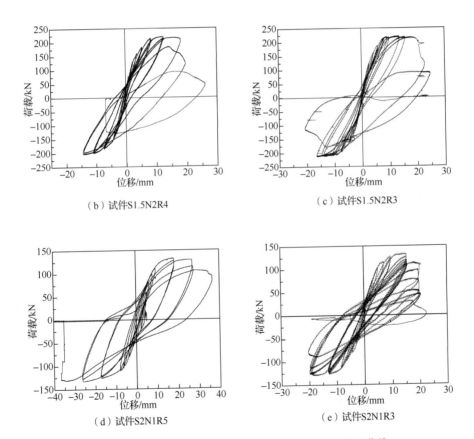

（b）试件S1.5N2R4　　　　　　　　　　（c）试件S1.5N2R3

（d）试件S2N1R5　　　　　　　　　　（e）试件S2N1R3

图 5.8　拟静力与动力加载试验得到的荷载-位移滞回曲线

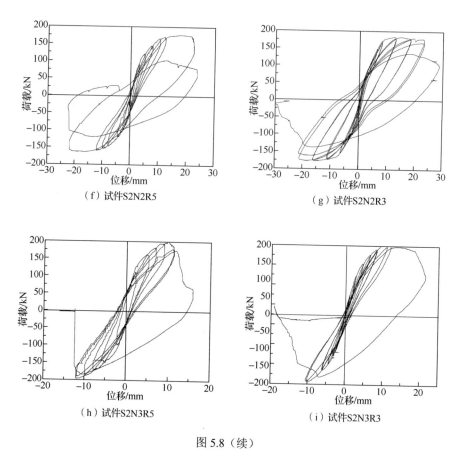

图 5.8（续）

　　如图 5.8 所示，在加载初期，试件处于弹性阶段，荷载和位移基本呈线性变化，滞回环所围面积及卸载后残余变形均很小。开裂后屈服前，荷载位移曲线出现弯曲，刚度有所降低，滞回曲线开始向位移轴倾斜，滞回环所围面积逐渐增大，卸载至零时残余变形较之前增大，为非弹性反应阶段。屈服后，位移增长的速度明显比荷载增长的速度快，滞回环所围面积明显增大；同时由于斜裂缝反复张开闭合、剪切刚度退化，以及钢筋和混凝土的塑性变形等因素的影响，滞回曲线中部出现"捏拢"现象，形成弓形，这表明构件受到一定剪切变形的影响。试件屈服后，随着位移的增大，承载力仍有所提高，但幅度较小，达到极限荷载后，随着位移的增长承载力逐渐下降，直至荷载降低较多、裂缝过大、钢筋拉断或受压边缘混凝土压应变过大不能继续承载，试件破坏。由于初始加载的方向性和墙体顶部的轴压力造成的偏心弯矩，以及加载时作动器位移和试件顶部实测位移的差异，造成某些滞回曲线的不对称性。

5.3　钢筋混凝土剪力墙动态性能的数值模拟

5.3.1　钢筋混凝土剪力墙动态性能有限元分析

参考上文中不同加载速率下钢筋混凝土剪力墙性能试验的结果，取文献[18]中 SW-3 和 SW-5 两片剪力墙为分析对象，分别称为Ⅰ号墙和Ⅱ号墙，外形尺寸如图 5.9 和图 5.10 所示。两片剪力墙的配筋相同，Ⅰ号墙和Ⅱ号墙模型配筋图如图 5.11 和图 5.12 所示，模型设计参数如表 5.3 所示。由于文献中 SW-5 为混凝土强度为 C90 的高强混凝土剪力墙，为了研究相同混凝土强度和配筋的不同剪跨比钢筋混凝土剪力墙在不同轴压比下的动态力学性能，在数值模拟中把 SW-5（Ⅱ号墙）的混凝土强度取为与 SW-3（Ⅰ号墙）相同的 C60。Ⅰ号和Ⅱ号剪力墙的剪跨比分别为 2.357 和 1.5，轴压比取 0.15 和 0.3 两种。

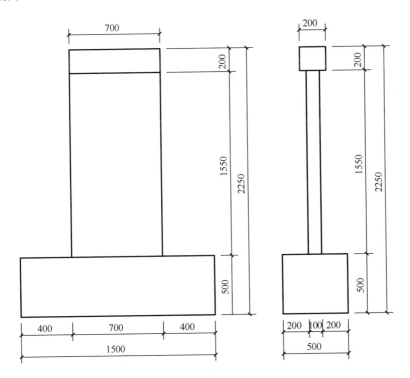

图 5.9　Ⅰ号墙的外形尺寸（单位：mm）

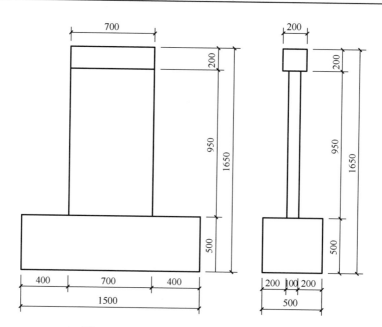

图 5.10 Ⅱ号墙的外形尺寸（单位：mm）

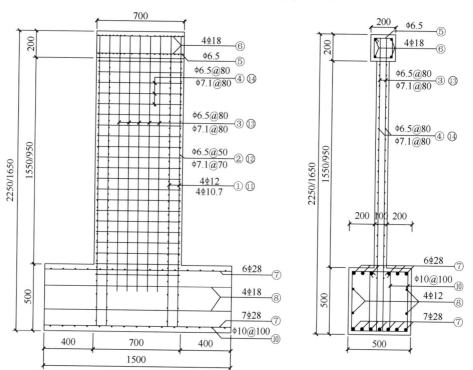

图 5.11 Ⅰ号墙模型配筋图（单位：mm）

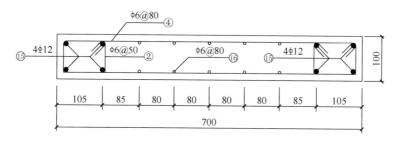

图 5.12　Ⅱ号墙模型配筋图（单位：mm）

表 5.3　模型设计参数

| 序号 | 混凝土强度等级 | 边柱纵筋 | | 边柱箍筋 | | 墙体配筋 | | 轴压比 | 剪跨比 |
		配筋/mm	钢筋强度/MPa	配筋/mm	钢筋强度/MPa	水平及竖向配筋/mm	钢筋强度/MPa		
Ⅰ号墙	C60	4ϕ12	335	ϕ6.5@50	235	ϕ6.5@80	235	0.15，0.3	2.357
Ⅱ号墙	C60	4ϕ12	335	ϕ6.5@50	235	ϕ6.5@80	235	0.15，0.3	1.5

　　该有限元模型应用通用有限元软件 ABAQUS 并采用分离式方法建立，混凝土剪力墙采用三维八节点六面体单元 C3D8R 模拟；钢筋的模拟采用三维二节点桁架单元 T3D2。将钢筋骨架作为嵌入单元埋入混凝土单元中，使钢筋单元与混凝土单元协同工作，建立了混凝土与钢筋共同作用的剪力墙有限元模型，见图 5.13 和图 5.14。分析过程中，对墙体顶部施加竖向均布轴压力，在加载梁的左端施加水平位移荷载。

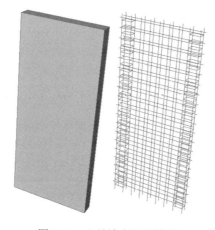

图 5.13　Ⅰ号墙有限元模型

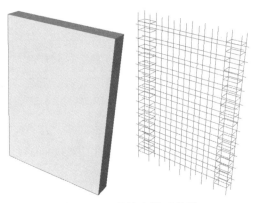

图 5.14　Ⅱ号墙有限元模型

5.3.2　计算结果分析

利用第 2 章中 2.3 节混凝土率相关本构模型，2.4 与 2.5 节钢筋的相关本构模型，以及 2.6 节中扩展 Drucker-Prager 模型，对上面的有限元模型进行计算。

为了考察钢筋混凝土剪力墙在地震作用应变率范围内的动态性能，对Ⅰ和Ⅱ号墙进行了轴压比分别为 0.15 和 0.3，应变率 $\dot{\varepsilon}$ 分别为 0.001s^{-1}、0.01s^{-1} 和 0.1s^{-1} 几种工况的分析，取 $\dot{\varepsilon}=3\times10^{-6}\text{s}^{-1}$ 为准静态应变率。对墙体的加载梁顶部施加竖向荷载来模拟不同轴压比的情况，并同时对墙体加载梁左侧施加与上述应变率相对应的水平位移荷载，在加载过程中保持加载速率恒定。

1. 准静态加载

图 5.15 给出了Ⅰ号墙在轴压比为 0.15 时准静态加载下的荷载-位移曲线，与试验结果相比，初始刚度基本一致。由于 Drucker-Prager 模型本身的特性，墙体的抗拉行为要比实际情况略高。因此，屈服后刚度略大于试验值，极限承载力也略高于试验值，荷载-位移模拟曲线与试验曲线基本吻合，荷载-位移曲线关键值的比较分析列于表 5.4 中。

表 5.4　Ⅰ号墙在轴压比为 0.15 时准静态加载下荷载-位移曲线关键值

项目	开裂荷载/kN	屈服荷载/kN	极限荷载/kN	破坏荷载/kN
试验结果	68	189	217	185
模拟结果	60.55	190.49	236.51	201.03
误差/%	−11.0	0.8	9.0	8.7

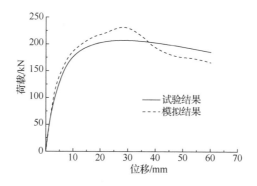

图 5.15　Ⅰ号墙在轴压比为 0.15 时准静态加载下荷载-位移曲线

图 5.16 和图 5.17 给出了Ⅰ号墙在轴压比为 0.15 时准静态加载（$\dot{\varepsilon}=3\times10^{-6}\text{s}^{-1}$）混凝土单元的 Mises 应力和钢筋单元主拉应力分布。

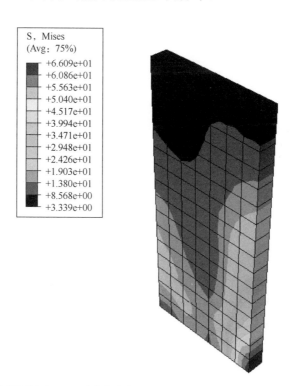

图 5.16　Ⅰ号墙在轴压比为 0.15 时准静态加载下混凝土单元 Mises 应力分布（单位：MPa）

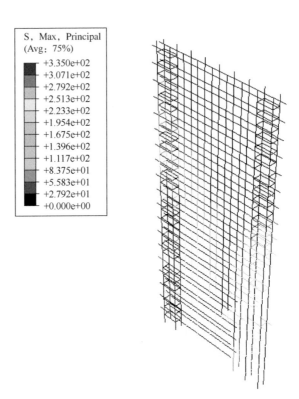

图 5.17　Ⅰ号墙在轴压比为 0.15 时准静态加载下钢筋单元主拉应力分布（单位：MPa）

2. 动态加载

对应变率 $\dot{\varepsilon}$ 分别为 $0.001s^{-1}$、$0.01s^{-1}$ 和 $0.1s^{-1}$ 的情况进行分析，图 5.18 和图 5.19 给出了Ⅰ号墙轴压比为 0.15、应变率为 $0.1s^{-1}$ 时混凝土单元的 Mises 应力和钢筋单元主拉应力分布。与准静态加载下的结果相比较，混凝土的 Mises 应力提高近 15.1%，而钢筋的屈服应力提高了 16.1%。图 5.20 给出了Ⅰ号墙轴压比为 0.15 时不同应变率下的荷载-位移曲线。可以看出，由于动力荷载的作用，屈服后刚度增加较为明显。不同应变率下的屈服荷载分别提高了 9.1%、10.9% 和 16.8%，而极限荷载则分别提高了 7.0%、9.3% 和 15.1%。如图 5.21 所示，根据Ⅰ号墙轴压比为 0.15 时的动、静荷载比值与应变率之间的关系可以看出，屈服强度较极限强度的增加更为明显。

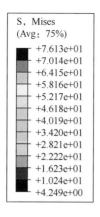
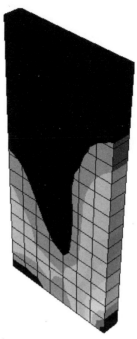

图 5.18　Ⅰ号墙轴压比为 0.15、应变率为 $0.1s^{-1}$ 时混凝土单元 Mises 应力分布（单位：MPa）

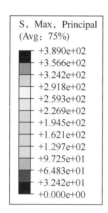
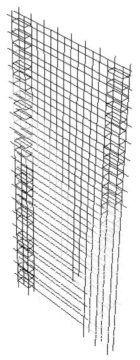

图 5.19　Ⅰ号墙轴压比为 0.15、应变率为 $0.1s^{-1}$ 时钢筋单元主拉应力分布（单位：MPa）

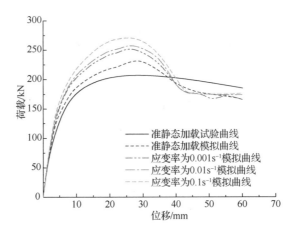

图 5.20　Ⅰ号墙轴压比为 0.15 时不同应变率下的荷载-位移曲线

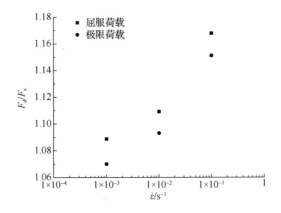

图 5.21　Ⅰ号墙轴压比为 0.15 时动、静荷载比值与应变率关系

3. 轴压比和剪跨比对钢筋混凝土剪力墙动态性能的影响

Ⅱ号墙是混凝土强度和配筋与Ⅰ号墙一致的小剪跨比墙,为了研究不同轴压比和剪跨比下钢筋混凝土剪力墙的动态性能,对Ⅱ号墙也同样进行了上述两种轴压比和不同应变率下的加载分析,并把两片墙在不同轴压比和应变率下的极限荷载计算结果一同列于表 5.5 中。可以看出,不同剪跨比和轴压比下的墙体极限承载能力均得到一定程度的提高,应变率对钢筋混凝土剪力墙承载力的影响是不容忽视的。

表 5.5　不同轴压比和应变率下极限荷载计算结果

项目	剪跨比	轴压比	应变率/s⁻¹	极限荷载/kN	增加值/%
Ⅰ号墙	2.357	0.15	3×10^{-6}	232.64	0
	2.357	0.15	1×10^{-3}	255.20	9.70
	2.357	0.15	1×10^{-2}	260.64	12.04
	2.357	0.15	1×10^{-1}	273.75	17.67
	2.357	0.3	3×10^{-6}	236.51	0
	2.357	0.3	1×10^{-3}	253.07	7.00
	2.357	0.3	1×10^{-2}	258.48	9.29
	2.357	0.3	1×10^{-1}	272.26	15.12
Ⅱ号墙	1.5	0.15	3×10^{-6}	377.84	0
	1.5	0.15	1×10^{-3}	417.84	10.59
	1.5	0.15	1×10^{-2}	426.87	12.98
	1.5	0.15	1×10^{-1}	452.92	19.87
	1.5	0.3	3×10^{-6}	392.60	0
	1.5	0.3	1×10^{-3}	432.40	10.14
	1.5	0.3	1×10^{-2}	440.58	12.22
	1.5	0.3	1×10^{-1}	466.81	18.90

5.4　钢筋混凝土剪力墙动态恢复力模型

5.4.1　考虑动力效应的剪力墙构件恢复力模型的建立

剪力墙构件恢复力模型的刻画包含骨架曲线和滞回规则两部分。骨架曲线是单调加载下的荷载-位移关系曲线，确定了荷载强度的边界。滞回规则给出了反复加载下的卸载规则与再加载规则。目前，常用的确定骨架曲线的方法有三种：第一种是试验方法，直接由拟静力加载试验得到；第二种是理论计算法，采用修正的斜压场理论计算得到单调加载下构件的荷载-位移关系；第三种是数值方法，由Xtract、Response 2000 等截面计算软件或 ABAQUS 等大型有限元软件计算得到构件的骨架曲线。本章采用第一种方法得到骨架曲线，参数来自 5.2 节不同加载速率下的钢筋混凝土剪力墙性能试验中的结果。

1. 骨架曲线的确定

基于图 5.8 的试验结果,将各加载级下第一次循环的峰值点(回载顶点)连接成包络线,得到各试件的骨架曲线,如图 5.22 所示。由图 5.22 可以看出,骨架曲线在峰值荷载前后存在明显的强化段与负刚度段,考虑到折线型恢复力模型在动力分析中刚度修正次数少,计算效率高,故本章考虑动力效应的剪力墙恢复力模型采用带下降段的四线型骨架曲线,并以开裂点、屈服点、峰值荷载点和极限荷载点作为特征点。由于在剪力墙构件的变形计算中,需要对多种变形成分(弯曲、剪切和滑移)进行考虑,理论计算较为复杂且离散性较大,因此本章建议采用经验公式法确定模型的特征点及特征参数。

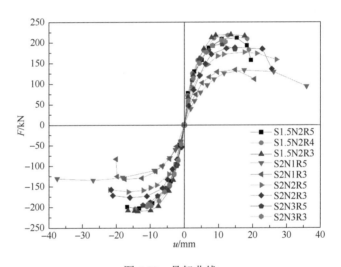

图 5.22 骨架曲线

为了建立统一的恢复力模型,考虑到各试件的峰值荷载与相应的位移不同,将(u_m,F_m)作为基准点,对 9 个钢筋混凝土剪力墙试件的骨架曲线进行无量纲化处理,得到的无量纲的骨架曲线如图 5.23 所示。其中,F_m 为试件的峰值荷载,u_m 为 F_m 对应的位移。由图 5.23 可知,无量纲骨架曲线具有较好的规律性,可以用同一条折线段对试验结果进行拟合,说明与静态加载相比,应变率对各级荷载和位移都有影响,经无量纲处理后,提高的比例接近。如图 5.24 所示为本章采用的四线型无量纲骨架曲线,经统计分析得到各特征点的坐标依次为开裂点 A(0.085,0.3)、屈服点 B(0.48,0.84)、峰值点 C(1,1)和破坏点 D(1.46,0.85)。

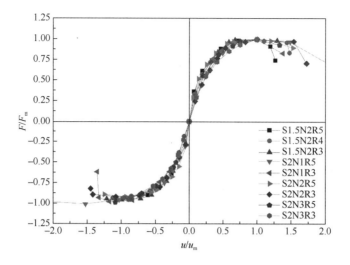

图 5.23　无量纲骨架曲线

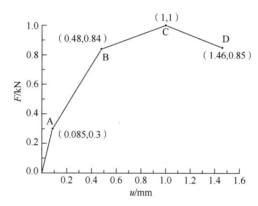

图 5.24　四折线无量纲骨架曲线

　　由上述分析可知，一旦确定了构件在快速加载下的承载力及其对应的位移，则动态加载时构件的骨架曲线可随之确定。由于试验试件数量有限，且试验结果存在较大的离散性，为了较为准确地得到剪力墙构件在快速加载下的承载力，本章收集了已有的拟静力及快速加载下剪力墙构件的试验结果[19-21]作为补充，给出了地震作用应变率影响范围内剪力墙构件峰值荷载及其对应位移随应变率变化的关系，如图 5.25 和图 5.26 所示。可以看出，剪力墙构件在快速加载下的承载力与拟静力加载下承载力的比值和应变率比值的对数关系，呈线性关系，如式（5.1）所示。类似地，构件在快速加载下最大承载力对应的位移也存在相似的结论，如式（5.2）所示。

$$\frac{F_{max}^{d}}{F_{max}^{s}} = 1 + 0.024\,341\lg\left(\frac{\dot{\varepsilon}_{d}}{\dot{\varepsilon}_{s}}\right) \tag{5.1}$$

式中，F_{max}^{d} 为剪力墙构件的动态最大承载力；F_{max}^{s} 为剪力墙构件的准静态最大承载力；$\dot{\varepsilon}_{d}$ 为动态加载下的应变率；$\dot{\varepsilon}_{s}$ 为准静态应变率。

$$\frac{u_{max}^{d}}{u_{max}^{s}} = 1 - 0.039\,54 \lg\left(\frac{\dot{\varepsilon}_{d}}{\dot{\varepsilon}_{s}}\right) \tag{5.2}$$

式中，u_{max}^{d} 为剪力墙构件动态最大承载力对应的位移；u_{max}^{s} 为剪力墙构件准静态最大承载力对应的位移；$\dot{\varepsilon}_{d}$ 为动态加载下的应变率；$\dot{\varepsilon}_{s}$ 为准静态应变率。

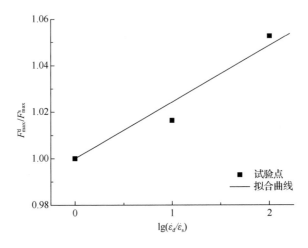

图 5.25　剪力墙构件峰值荷载随应变率的变化关系

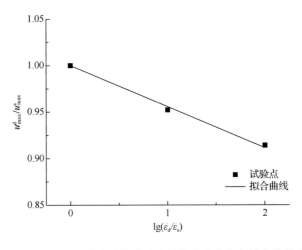

图 5.26　剪力墙构件峰值荷载对应的位移随应变率的变化关系

　　表5.6和表5.7给出了各试件骨架曲线采用上述方法确定的特征点与试验骨架曲线特征点的对比情况。其中，采用拟静力加载的试件，其承载力峰值及其对应的位移采用试验值，对于快速动力加载试验下的试件，其准静态下的承载力峰值及其对应的位移采用试验值，其在动态加载下的承载力峰值及其对应的位移采用式（5.1）及式（5.2）计算。

　　从表5.6和表5.7可以看出，除破坏点外，骨架曲线位移特征点、荷载特征点计算值与试验值均较为吻合。这是因为，特征点试验值为试件在正负两方向上的平均值，在试验过程中，个别试件在正向荷载到承载力峰值的85%后已发生破坏，并未捕捉到负向破坏点，因此破坏荷载的理论计算值偏小，而破坏荷载对应的位移的理论值偏大。

表 5.6　骨架曲线位移特征点试验值与计算值对比

试件	屈移点位移 u_{cr}/mm		开裂点位移 u_y/mm		峰值点位移 u_{max}/mm		极限位移 u_u/mm	
	试验值	理论值	试验值	理论值	试验值	理论值	试验值	理论值
S1.5N2R5	1.22	1.21	6.89	6.84	14.26	14.26	17.74	20.82
S1.5N2R4	1.21	1.16	6.22	6.57	13.57	13.70	16.47	20.00
S1.5N2R3	1.30	1.12	5.98	6.30	13.62	13.13	17.72	19.17
S2N1R5	1.83	1.88	10.70	10.63	22.14	22.14	31.38	32.32
S2N1R3	1.45	1.03	7.72	5.81	16.17	12.09	19.90	17.66
S2N2R5	1.10	1.45	7.00	8.21	17.11	17.11	22.00	24.98
S2N2R3	1.09	0.95	5.56	5.35	15.11	11.14	23.10	16.26
S2N3R5	1.11	0.92	5.97	5.18	10.79	10.79	11.90	15.75
S2N3R3	1.01	0.87	6.42	4.92	10.09	10.26	15.10	14.97

表 5.7　骨架曲线荷载特征点试验值与计算值对比

试件	屈服荷载 P_{cr}/kN		开裂荷载 P_y/kN		峰值荷载 P_{max}/kN		极限荷载 P_u/kN	
	试验值	理论值	试验值	理论值	试验值	理论值	试验值	理论值
S1.5N2R5	63.19	62.29	175.28	174.41	207.63	207.63	189.82	176.49
S1.5N2R4	66.54	63.81	179.27	178.65	211.05	212.68	194.70	180.78
S1.5N2R3	70.49	65.32	183.39	182.90	215.20	217.74	212.62	185.08
S2N1R5	39.94	39.92	114.63	111.78	133.07	133.07	121.87	113.11
S2N1R3	40.83	41.86	114.00	117.22	132.41	139.55	114.22	118.62
S2N2R5	51.37	51.26	143.15	143.52	170.86	170.86	158.22	145.23
S2N2R3	53.48	53.75	155.80	150.51	180.67	179.18	160.18	152.30
S2N3R5	58.97	59.68	168.18	167.11	198.94	198.94	189.55	169.10
S2N3R3	59.71	62.59	170.30	175.24	200.17	208.62	197.63	177.33

2. 卸载刚度的确定

通过分析试验滞回曲线可知，当荷载未超过屈服荷载便卸载，卸载指向反向开裂点；当荷载超过屈服荷载后，卸载刚度在开裂荷载附近会发生变化，可采用两折线近似考虑。各试件开裂荷载以上的卸载刚度可按滞回环顶点与卸载曲线上力等于开裂荷载的点之间的斜率计算，其卸载刚度退化率随位移延性比的变化规律如图 5.27 和图 5.28 所示。开裂荷载以下的卸载刚度则可由卸载曲线上力等于开裂荷载的点与零荷载点之间的斜率确定，其卸载刚度退化率随位移延性比的变化规律，如图 5.29 所示。

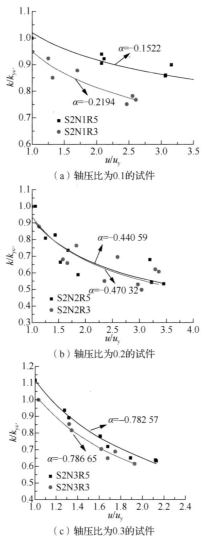

（a）轴压比为0.1的试件

（b）轴压比为0.2的试件

（c）轴压比为0.3的试件

图 5.27　不同轴压比下，开裂荷载以上的卸载刚度退化率随位移延性比的变化规律

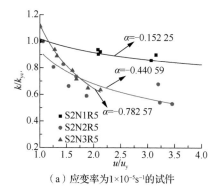

（a）应变率为1×10⁻⁵s⁻¹的试件

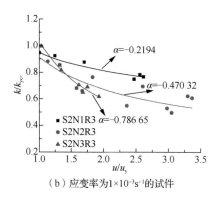

（b）应变率为1×10⁻³s⁻¹的试件

图 5.28　不同应变率下，开裂荷载以上的卸载刚度退化率随位移延性比的变化规律

由图 5.27 和图 5.28 可以看出：轴压比越大，应变率对开裂荷载以上的卸载刚度退化率的影响趋于不明显；轴压比对开裂荷载以上的卸载刚度退化率的影响在不同应变率下具有相似的规律，轴压比越大，退化程度越高。由图 5.29 可以看出，应变率与轴压比对开裂荷载以下的卸载刚度退化率的影响不大。

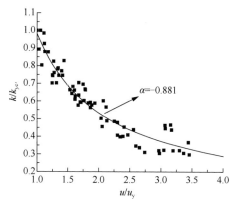

图 5.29　开裂荷载以下的卸载刚度退化率随位移延性比的变化规律

根据上述结果，经回归分析，得到开裂荷载以上及开裂荷载以下的卸载刚度

表达式为

$$k = k_{yc'}\left(\frac{u}{u_y}\right)^{\alpha} \tag{5.3}$$

式中，$k_{yc'}$ 为屈服点与反向开裂点连线的斜率；u 为卸载点的位移；u_y 为屈服点的位移。u 为根据最小二乘法拟合试验数据得到的系数，对于开裂荷载以上的卸载刚度，α 的计算公式如式（5.4）与式（5.5）所示，对于开裂荷载以下的卸载刚度，α 的取值为-0.881，如图 5.29 所示。

$$\alpha = a\lg\left(\frac{\dot{\varepsilon}_d}{\dot{\varepsilon}_s}\right) + b \tag{5.4}$$

$$a = -0.049\,53 + 0.1579n \tag{5.5}$$

$$b = 0.167\,99 - 3.1516n \tag{5.6}$$

式中，a、b 分别为由轴压比表示的函数；n 为剪力墙的轴压比。

3. 恢复力模型及滞回规则

参考文献[4]、[22]、[23]，并结合本章构件的分析结果，建立剪力墙构件考虑应变率效应的四线型恢复力模型，如图 5.30 所示，其滞回规则如下所述。

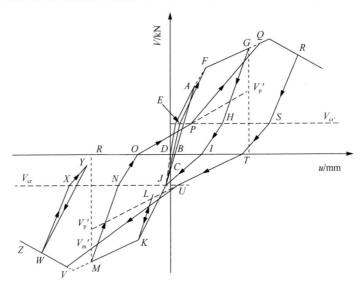

图 5.30　剪力墙构件考虑应变率效应的四线型恢复力模型

（1）卸载规则：在两个方向均未开裂时，沿骨架曲线进行卸载；超过开裂荷载而又未超过屈服荷载时，卸载指向反向开裂点，如图 5.30 中 AB 所示；超过屈服荷载时，按两折线卸载，卸载刚度采用式（5.8）计算，开裂荷载以上的卸载刚度如图 5.30 所示的 GH、RS、MN 和 WX，开裂荷载以下的卸载刚度如图 5.30 中的 HI、ST、NO 和 XY 所示。

（2）加载及再加载规则：加载及再加载沿骨架曲线进行，直至某一方向上荷载超过开裂荷载；当某一方向上未超过开裂荷载，该方向上的再加载指向该方向上的开裂荷载，如图 5.30 中的 BC 和 IJ；当某一方向上超过了开裂荷载，再加载曲线沿过 (u_p, V_p') 的直线直至开裂荷载处，如图 5.30 中的 OP 和 TU，超过开裂荷载后，沿过 (u_m, V_m') 的直线直至骨架曲线，如图 5.30 中的 PQ 和 UV。其中采用式（5.7）进行计算，V_m' 采用式（5.9）简化计算：

$$V_p' = V_p e^{\alpha \left(\dfrac{u_p}{u_y} \right)} \tag{5.7}$$

$$\alpha = \begin{cases} 0.82n - 0.14 & n \leqslant 0.1 \\ 0.82n - 0.17 & 0.1 < n \leqslant 0.2 \\ 0.82n - 0.25 & 0.2 < n \leqslant 0.3 \end{cases} \tag{5.8}$$

$$V_m' = V_m e^{-0.04 \frac{u_m}{u_y}} \tag{5.9}$$

式中，u_p 为卸载点的位移；V_p 为卸载点处的荷载；α 为与轴压比相关的系数，为负值，蒋欢军等[22]给出了轴压比为 0.1～0.2 时 α 的表达式，而当轴压比超过 0.2 时尚未知，作者根据试验数据处理结果，提出了轴压比为 0.2～0.3 时 α 的表达式[式（5.8）]；u_m 为加载历史中的最大位移；V_m 为最大位移对应的荷载。

5.4.2　考虑动力效应的剪力墙构件恢复力模型验证

根据提出的恢复力模型，本章编写了相应的 MATLAB 程序，并与本章及其他研究者的拟静力及快速加载试验的滞回曲线进行了对比，验证了所提出的恢复力模型的正确性。

1.　计算滞回曲线与本章试验结果对比

将由 MATLAB 程序计算得到的滞回曲线与本章中的拟静力及快速加载试验结果进行对比，对比结果如图 5.31 所示。从图中可以看出，采用本章建立的恢复力模型确定的滞回曲线与试验曲线吻合较好。

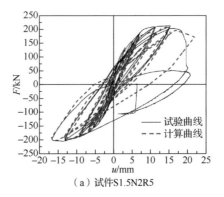

（a）试件S1.5N2R5

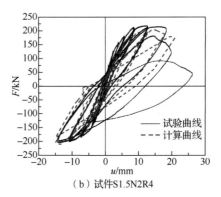

（b）试件S1.5N2R4

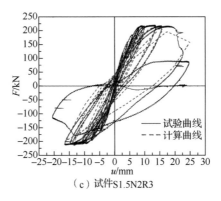

（c）试件S1.5N2R3

图5.31 剪力墙构件计算滞回曲线与试验滞回曲线的对比

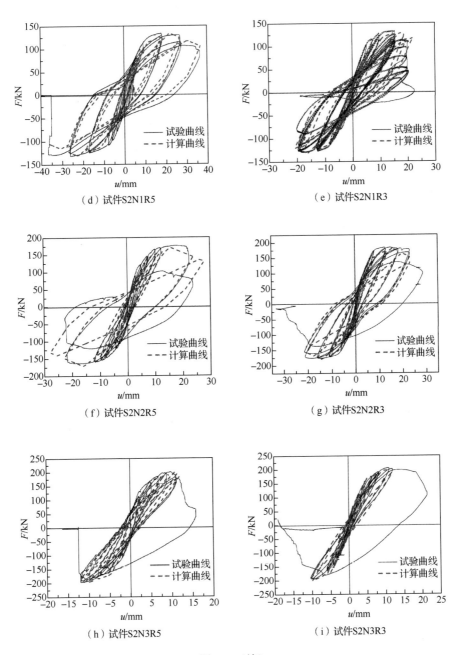

（d）试件S2N1R5

（e）试件S2N1R3

（f）试件S2N2R5

（g）试件S2N2R3

（h）试件S2N3R5

（i）试件S2N3R3

图 5.31（续）

2. 计算滞回曲线与其他快速加载试验对比

为了进一步验证所建立的恢复力模型，应用编写的 MATLAB 程序，将计算得到的滞回曲线与许宁[20]的快速加载试验进行比较分析，主要设计参数如表 5.8 所示。

表 5.8　钢筋混凝土剪力墙拟静力及动力加载试件主要设计参数（二）

试件	轴压比	剪跨比	截面尺寸*	加载速率/（mm/s）	应变率/s^{-1}
SW1	0.05	2	700×100×1400	0.1	10^{-5}
SW2	0.05	2	700×100×1400	20	10^{-3}
SW5	0.05	2	700×100×1400	0.1	10^{-5}
SW6	0.05	2	700×100×1400	20	10^{-3}
SW7	0.1	2	700×100×1400	0.1	10^{-5}
SW8	0.1	2	700×100×1400	20	10^{-3}
SW11	0.1	1.5	700×100×1050	0.1	10^{-5}
SW12	0.1	1.5	700×100×1050	20	10^{-3}

* 本列中数字的单位均为 mm。

各剪力墙构件计算滞回曲线与许宁[20]试验滞回曲线的对比如图 5.32 所示。从图 5.32 中可以看出，峰值荷载以前计算曲线能够较好地模拟试验曲线，但进入下降段后计算曲线与试验曲线存在一定差异。这是因为，各试件的骨架曲线在后期承载力软化段存在一定离散性，部分试件仅在单一方向上进入下降段即发生破坏，而本章在确定骨架曲线时，对破坏点的计算进行了简化，即认为在构件无量纲骨架曲线上，各构件的破坏点相同。除此之外，文中的计算曲线是根据理论的加载制度得出的，与实际试验存在一定偏差，这也可能是导致计算曲线与试验曲线有所差别的原因。

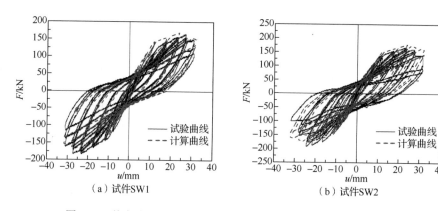

（a）试件SW1　　　　　　　　　（b）试件SW2

图 5.32　剪力墙构件计算滞回曲线与许宁[20]试验滞回曲线的对比

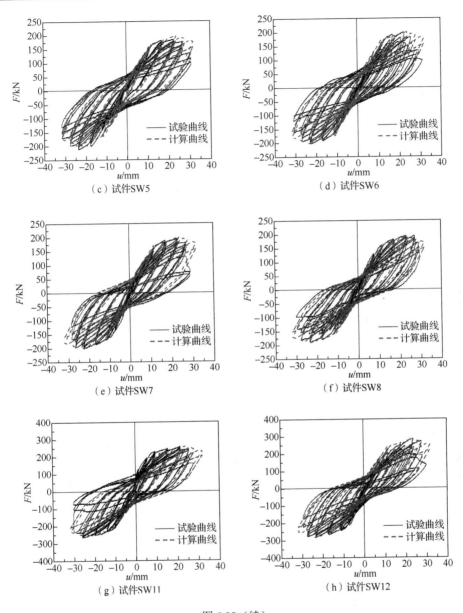

图 5.32（续）

综合上述对比结果可知，采用考虑应变率效应的剪力墙构件恢复力模型，能够更好地反映剪力墙构件在快速加载下的动力特性。

参 考 文 献

[1] 张皓. 材料应变率效应对钢筋混凝土框-剪结构地震反应的影响[D]. 大连: 大连理工大学, 2012.

[2] 赵汝男. 剪力墙结构考虑动力效应的弹塑性计算模型及地震反应分析[D]. 大连: 大连理工大学, 2015.

[3] TAKEDA T, SOZEN M A, NIELSEN N N. Reinforced concrete response to simulated earthquakes[J]. Journal of the Structural Division, 1970, 96（12）: 2557-2573.

[4] OZCEBE G, SAATCIOGLU M. Hysteretic shear model for reinforced concrete members[J]. Journal of Structural Engineering, 1989, 115（1）: 132-148.

[5] FAJFAR P, FISCHINGER M. Mathematical-modeling of Reinforced-Concrete structural wall for nonlinear seismic analysis[C]. Proc. European Conference on Structural Dynamics. Bochum, Germany,1990: 471-478.

[6] D'AMBRISI A, FILIPPOU F C. Modeling of cyclic shear behavior in RC members[J]. Journal of Structural Engineering, 1999, 125（10）: 1143-1150.

[7] GHOBARAH A, YOUSSEF M. Modelling of reinforced concrete structural walls[J]. Engineering Structures, 1999, 21（10）: 912-923.

[8] HIDALGO P, JORDAN R, MARTINEZ M. An analytical model to predict the inelastic seismic behavior of shear-wall, reinforced Concrete structures[J]. Engineering Structures, 2002, 24（1）: 85-98.

[9] IBARRA L F, MEDINA R A, KRAWINKLER H. Hysteretic models that incorporate strength and stiffness deterioration[J]. Earthquake engineering & structural dynamics, 2005, 34（12）: 1489-1511.

[10] Xu S Y, ZHANG J. Hysteretic shear-flexure interaction model of reinforced concrete columns for seismic response assessment of bridges[J]. Earthquake Engineering & Structural Dynamics, 2011, 40（3）: 315-337.

[11] SENGUPTA P, LI B. Hysteresis behavior of reinforced concrete walls[J]. Journal of Structural Engineering, 2014, 140（7）: 04014030.

[12] KABEYASAWA T, SHIOARA T H, Otani S U S. Japan cooperative research on R/C full-scale building test, Part 5: Discussion of Dynamic Response System[C]. Proc. 8th of WCEE. SanFrancisco.1984: 4309-4312.

[13] MILEV J I. Two dimensional analytical model of reinforced concrete shear walls[C]. Proceedings of 11th of World Conference on Earthquake Engineering, Mexico, 1996: 320-327.

[14] VULCANO A, BERTERO V V. Analytical models for predicting the lateral response of RC shear walls: Evaluation of their reliability[R]. Berkeley: Earthquake Engineering Research Center, College of Engineering, University of California, 1987.

[15] LINDE P, BACHMANN H. Dynamic modelling and design of earthquake‐resistant walls[J]. Earthquake Engineering & Structural Dynamics, 1994, 23（12）: 1331-1350.

[16] 李兵. 钢筋混凝土框-剪结构多维非线性地震反应分析及试验研究[D]. 大连: 大连理工大学, 2006.

[17] 张晓丽. 加载速率对钢筋混凝土高剪力墙抗震性能的影响[D]. 大连: 大连理工大学, 2012.

[18] 张曰果, 张隆飞, 阎石. 高强钢筋高强混凝土剪力墙抗震性能试验[J]. 沈阳建筑大学学报(自然科学版), 2010, 26（1）: 119-123.

[19] 陈俊名. 钢筋混凝土剪力墙动力加载试验及考虑应变率效应的有限元模拟[D]. 长沙: 湖南大学, 2010.

[20] 许宁. 快速加载下钢筋混凝土剪力墙性能试验及数值模拟研究[D]. 长沙: 湖南大学, 2012.

[21] 卢成龙. 钢筋混凝土剪力墙快速单调加载试验研究[J]. 山西建筑, 2012, 38（26）: 41, 42.

[22] 蒋欢军, 吕西林. 沿竖向耗能剪力墙滞回特性的计算方法[J]. 同济大学学报（自然科学版）, 1999, 27（6）: 633-637.

[23] 张令心, 杨桦, 江近仁. 剪力墙的剪切滞变模型[J]. 世界地震工程, 1999, 15（2）: 9-16.

第6章　钢筋混凝土结构多维非线性动力特性

钢筋混凝土结构在其服役期间可能遭受地震作用，当动力荷载作用到结构上时，会在钢筋混凝土材料中引起较高的应变率。在地震作用下，混凝土和钢筋材料的力学和变形特性将不同于静态加载。随着应变率的提高，混凝土的抗拉强度、抗压强度、弹性模量和下降段坡度均会提高，且静抗压强度越大，对应变率的敏感性越小。而钢筋的屈服强度提高，弹性模量保持不变。

由钢筋和混凝土材料组成的钢筋混凝土构件也对加载速率敏感，这方面在前几章已论述，Shah 等[1]的研究也证明了这点。关于地震作用下材料的应变率效应对钢筋混凝土结构动态响应影响的研究很少，在已有的文献中，Pankaj 等[2]研究了混凝土的应变率效应对钢筋混凝土结构反应的影响，发现考虑混凝土率相关效应前后结构的反应有所不同。Zhang 等[3]在其研究中也有相似的结论。在当前的钢筋混凝土结构抗震设计规范中，所有的设计参数是静力参数，没有考虑材料的应变率效应，因此笔者尝试研究材料的应变率效应对钢筋混凝土框架结构地震反应的影响，为以后的抗震设计提供参考。

6.1　材料应变率效应对钢筋混凝土框架结构动态性能影响

建筑结构弹塑性抗震分析方法主要有静力弹塑性分析方法和动力弹塑性时程分析方法。静力弹塑性分析方法指借助结构推覆分析结果确定结构弹塑性抗震性能的方法，也被称为 pushover 分析方法。该方法计算比较简单，应用上有优势，但是它无法考虑如地震作用持续时间、能量耗散、结构阻尼、材料的动态性能、承载力衰减等影响因素，难以反映实际结构在地震作用下的大量不确定性因素，如外部环境、地震输入、构件本身及结构整体分析的不确定性等。该方法主要适用于一阶振型占地震反应主导地位的中低层结构的近似分析。动力弹塑性时程分析方法是一种直接基于结构动力方程的数值方法，可以得到结构在地震作用下各时刻各个质点的位移、速度、加速度和构件的内力，给出结构开裂和屈服的顺序，发现应力和变形集中的部位，获得结构的弹塑性变形和延性要求，还可以考虑地基和结构的相互作用、结构的各种复杂的非线性因素（包括几何、材料、边界条件非线性）以及分块阻尼等问题，是目前最先进的分析方法。作者主要研究材料的动态性能对结构地震反应的影响，研究成果也是基于动力弹塑性时程分析方法[4]。

为了研究材料的应变率效应对钢筋混凝土框架结构地震反应的影响，首先建立了考虑钢筋和混凝土材料应变率效应的四层钢筋混凝土框架结构的三维有限元模型，为了对比，不包含材料率相关效应的结构模型也被建立。然后选定三条地震波，采用动力弹塑性时程分析的方法，对结构进行了在 7 度、8 度、9 度大震下的三维地震反应分析。最后讨论了结构的应变率分布以及材料应变率效应对结构的顶点位移、基底剪力和基底弯矩的影响。

6.1.1　有限元模型

此处以一典型的四层钢筋混凝土框架结构为算例，场地类别为中硬场地，平均剪切波速是 250～500m/s，位于 7 度设防区。该结构底层层高 4.2m，上面三层层高 3.3m。混凝土立方体抗压强度有两种，梁为 25MPa，柱子和楼板为 30MPa；纵筋的屈服强度为 335MPa，箍筋屈服强度为 235MPa，按 PKPM 结构计算软件计算配筋，结构的总重量（包括活荷载）为 1 712 673kg。图 6.1 给出了结构的三维立体图、立面图和各层平面图的结构模型。

表 6.1 给出了结构单元的尺寸和配筋率。基于有限元软件 ABAQUS 建立三维模型对结构进行三维地震反应分析。框架柱和梁采用矩形截面的两节点空间线性 Timoshenko 梁单元 B31 模拟，钢筋采用面积等效的箱型截面 B31 梁单元模拟，板采用 S4R 壳单元模拟，框架柱及柱筋的单元尺寸为 1m，框架梁和梁筋的单元尺寸为 1m，板单元尺寸为 1m×1m。柱子假设固定在基础上，梁和柱是刚性连接，假设阻尼比为 0.05。

表 6.1　结构单元的尺寸和配筋率

结构单元	标号	尺寸*	配筋率/%
梁	b1	250×400	1
	b2	250×500	1.6
	b3	300×450	1.9
	b4	300×500	1.9
	b5	300×600	1.4
	b6	300×700	1.2
	b7	300×800	1.1
	b8	350×800	0.9
柱子	c1	300×400	1.5
	c2	350×500	1.4
	c3	350×600	1.3
	c4	500×350	1.4
板	s1	80	0.6
	s2	100	0.5
	s3	120	0.4
	s4	150	0.3

注：对于楼板，水平和纵向配筋相同，表中只给出水平配筋。

* 本列中数字的单位均为 mm。

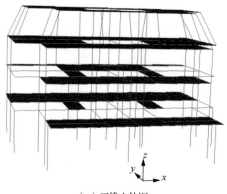

（a）三维立体图

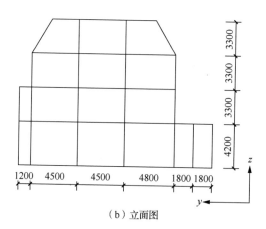

（b）立面图

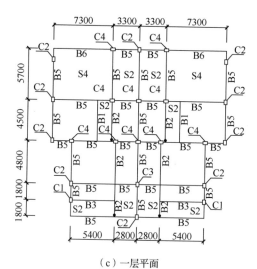

（c）一层平面

图 6.1　结构模型（单位：mm）

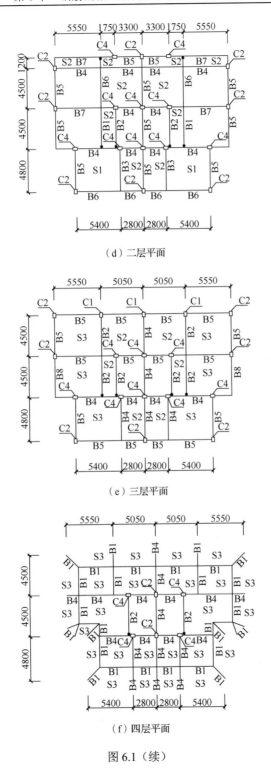

（d）二层平面

（e）三层平面

（f）四层平面

图 6.1（续）

6.1.2　材料模型

1. 混凝土模型

混凝土采用扩展的 Drucker-Prager 模型，该模型基于 Drucker-Prager 屈服准则，可以考虑材料拉、压强度的差异，考虑静水压力效应，考虑材料的应变率效应。屈服面在子午面的形状选择线性形式。屈服准则的表达式为

$$F = t - p\tan\beta - d = 0 \tag{6.1}$$

式中，t 为偏应力参数；β 为摩擦角；d 为材料的黏聚力；p 为等效围压应力。

黏聚力可以由单轴压缩、单轴拉伸或者单轴剪切参数定义，这里选择单轴压缩定义。考虑强度硬化和应变软化，参考《混凝土结构设计规范（2015 年版）》（GB 50010—2010），本章单轴应力-应变曲线表达式为

$$x = \frac{\varepsilon}{\varepsilon_{cf}} \qquad y = \frac{\sigma}{\sigma_c} \tag{6.2}$$

式中，σ_c 为混凝土抗压强度；ε_{cf} 为受压峰值应变。

ABAQUS 中的 Drucker-Prager 模型提供了确定模型参数的方法，根据 Park 等[5]的参数研究，试件的反应对 k 值不敏感。基于文献[6]的三轴试验数据以及 Park 等[5]和 Li 等[7]使用的参数，这里在数值模拟中采用 $\beta=35$、$k=1$。考虑计算的收敛性问题，采用相关联性流动法则。表 6.2 给出了本书用到的混凝土模型参数。

表 6.2　混凝土模型参数

结构单元	立方体抗压强度/MPa	弹性模量/MPa	泊松比	摩擦角/(°)	a_a	a_d
梁	25	28 400	0.2	35	2.09	1.06
柱	30	30 000	0.2	35	2.03	1.36
板	30	30 000	0.2	35	2.03	1.36

应变率效应通过比例放大相应的静态方程（或者参数）得到。假设不同应变率下材料的应力-应变关系相似，应变率效应和硬化方程分开表达，即

$$\overline{\sigma} = \sigma^0 k_{DIF}(\dot{\varepsilon}, f_i) \tag{6.3}$$

式中，σ^0 为准静态应力-应变关系；k_{DIF} 为动力提高系数（材料的动力强度和静力强度的比值，通常是应变率和准静态强度的函数）。

为了对比，采用两种混凝土抗压强度的动力提高系数。一个是 CEB 模型，该模型考虑了不同强度的混凝土的应变率效应，并且适用于所有的应变率，见式（6.4）～式（6.6）。

$$k_{\mathrm{DIF}}^{\mathrm{C1}} = \frac{f_{\mathrm{cd}}}{f_{\mathrm{c}}} = \left(\frac{\dot{\varepsilon}_{\mathrm{c}}}{\dot{\varepsilon}_{\mathrm{c0}}} \right)^{1.026a} , \quad \dot{\varepsilon}_{\mathrm{c}} \leqslant 30\mathrm{s}^{-1} \tag{6.4}$$

$$k_{\mathrm{DIF}}^{\mathrm{C1}} = \frac{f_{\mathrm{cd}}}{f_{\mathrm{c}}} = r\dot{\varepsilon}_{\mathrm{c}}^{1/3} , \quad \dot{\varepsilon}_{\mathrm{c}} > 30\mathrm{s}^{-1} \tag{6.5}$$

$$\log\gamma = 6.156a - 0.492 \tag{6.6}$$

式中，f_{cd}、f_{c} 分别表示动态和准静态混凝土棱柱体抗压强度；$\dot{\varepsilon}_{\mathrm{c}}$、$\dot{\varepsilon}_{\mathrm{c0}}$ 分别表示混凝土当前应变率和准静态应变率，这里取 $\dot{\varepsilon}_{\mathrm{c0}} = 3.0 \times 10^{-5}\mathrm{s}^{-1}$。

另一个混凝土的动力提高系数仅仅是应变率的函数，不能考虑混凝土强度对动力提高系数的影响。这个动力增大系数的表达式为

$$k_{\mathrm{DIF}}^{\mathrm{C2}} = \frac{f_{\mathrm{cd}}}{f_{\mathrm{c}}} = 0.22\ln\frac{\dot{\varepsilon}_{\mathrm{c}}}{\dot{\varepsilon}_{\mathrm{c0}}} + 0.9973 \tag{6.7}$$

表 6.3 给出了不同应变率下这两种动力增大系数的对比情况。

表 6.3　两种混凝土动力增大系数的对比

应变率/s^{-1}	$k_{\mathrm{DIF}}^{\mathrm{C1}}$	$k_{\mathrm{DIF}}^{\mathrm{C2}}$	应变率/s^{-1}	$k_{\mathrm{DIF}}^{\mathrm{C1}}$	$k_{\mathrm{DIF}}^{\mathrm{C2}}$
3×10^{-5}	1	0.9973	3×10^{-2}	1.29	1.15
3×10^{-4}	1.09	1.05	3×10^{-1}	1.41	1.2
3×10^{-3}	1.19	1.1	3	1.54	1.25

2. 钢筋模型

钢筋采用理想弹塑性模型，钢筋屈服强度的动力增大系数采用表达式为

$$\frac{f_{\mathrm{yd}}}{f_{\mathrm{ys}}} = 1 + c_{\mathrm{f}}\lg\frac{\dot{\varepsilon}_{\mathrm{s}}}{\dot{\varepsilon}_{\mathrm{s0}}} \tag{6.8}$$

$$c_{\mathrm{f}} = 0.1709 - 3.289 \times 10^{-4}f_{\mathrm{ys}} \tag{6.9}$$

上述中，f_{yd} 和 f_{ys} 分别为当前应变率 $\dot{\varepsilon}_{\mathrm{s}}$ 和准静态应变率 $\dot{\varepsilon}_{\mathrm{s0}}$ 下的屈服强度，这里取 $\dot{\varepsilon}_{\mathrm{s0}} = 2.5 \times 10^{-4}\mathrm{s}^{-1}$。

6.1.3　结构特性分析

对该结构进行模态分析，结构的前三阶模态如图 6.2 所示，结构的前六阶自振频率依次为 1.37Hz、1.39Hz、1.7Hz、3.93Hz、4.18Hz 和 4.21Hz。

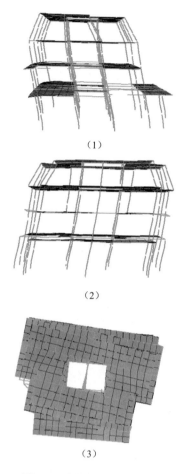

（1）

（2）

（3）

图 6.2　结构的前三阶模态

6.1.4　非线性地震反应分析

对于弹塑性时程分析而言，地震波的选择对计算结果影响很大。根据结构的场地条件和自振频率，选用三条美国的天然地震波作为激励，分别是 1994 年 Northridge 波、1952 年 Taft 波和 1979 年 El Centro 波。采用三向地震动输入，在 x、y、z 三个方向的分量峰值加速度的比值是 $1:0.85:0.65$，地震波输入的主轴方向是 x 方向。选用三个地震动峰值加速度，分别调整到 $0.22g$、$0.4g$ 和 $0.62g$。阻尼比取 0.05，计算的时间间隔取 0.02s 时可以很好满足收敛性要求，采用 ABAQUS/Standard 隐式计算方法，采用式（6.4）和式（6.8）分别考虑混凝土和钢筋的应变率效应，对钢筋混凝土框架结构在多维地震下反应进行弹塑性时程分析，讨论应变率在结构的分布以及材料的应变率效应对基底剪力、基底弯矩和顶点位移的影响。

1. 应变率

1）一维和多维地震激励下的应变率

选用 Taft 地震波，主轴方向的峰值地面加速度为 0.62g，结构底部节点混凝土最大压应变率如表 6.4 所示，其中 x 指只在 x 方向输入地震波，y 指只在 y 方向输入地震波，xy（1∶0.85）指在 x 和 y 两方向同时输入地震波，xyz（1∶0.85∶0.65）指在 x、y、z 三方向同时输入地震波。从该表可以看出，三个方向同时激励时应变率最大，故下面的计算中都是选择三个方向同时进行地震激励。结构在三向地震激励下 t=3.755s 时的混凝土压应变率分布如图 6.3 所示，可以看出，混凝土压应变率随位置变化而变化，底层柱的应变率最大。

表 6.4　一维和多维地震激励下结构底部节点混凝土最大压应变率

激励方向	应变率/s^{-1}	激励方向	应变率/s^{-1}
x	0.025	xy	0.03
y	0.024	xyz	0.057

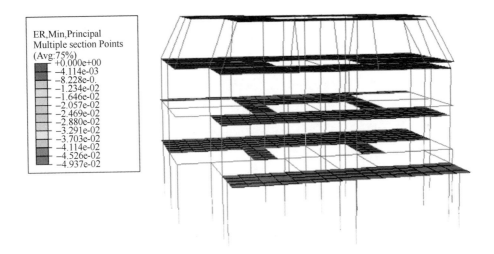

图 6.3　t=3.755s 时混凝土压应变率分布

2）不同地震波和不同地震动强度下的应变率

表 6.5 列出了在不同地震动强度的三种地震波激励下结构底部节点的混凝土最大压应变率，主轴方向的三种峰值加速度分别是 0.22g、0.4g 和 0.62g。从表中可以看出，峰值加速度越大，混凝土最大压应变率越大，不同强度不同地震波下产生的最大混凝土压应变率的量级均为 10^{-2}s^{-1}。

表 6.5　结构底部节点混凝土最大压应变率

地震波	最大压应变率/s⁻¹		
	峰值加速度 0.22g	峰值加速度 0.4g	峰值加速度 0.62g
Taft	0.02	0.042	0.057
El Centro	0.01	0.031	0.084
Northridge	0.011	0.021	0.035
平均	0.014	0.031	0.059

2. 应变率对基底剪力的影响

基底剪力计算公式为

$$F = \sqrt{F_x^2 + F_y^2}$$

(6.10)

式中，F_x、F_y 分别 x 和 y 方向的基底剪力。

表 6.6 列出了不同加载条件下材料的应变率效应对峰值基底剪力的影响。表中的比值表示考虑材料应变率和不考虑材料应变率时的基底剪力的比值。可以看出，对于峰值加速度为 0.22g、0.4g 和 0.62g 的不同的地震波，当考虑材料应变率时，结构的平均峰值基底剪力分别提高了 3%、13% 和 12%。加速度为 0.62g 时的基底剪力的增加率小于 0.4g 时的，原因是当峰值加速度为 0.62g 时，结构中的材料处于软化段。

表 6.6　应变率效应对峰值基底剪力的影响

峰值加速度	是否考虑应变率	峰值基底剪力/kN			
		Taft	El Centro	Northridge	平均值
0.22g	否	271	249	255	258
	是	274	256	267	266
	比值	1.01	1.03	1.05	1.03
0.4g	否	316	331	284	310
	是	359	380	311	350
	比值	1.14	1.15	1.10	1.13
0.62g	否	341	405	303	350
	是	390	448	336	391
	比值	1.14	1.11	1.11	1.12

图 6.4 表示考虑材料的应变率效应前后 x 方向基底剪力的时程曲线。考察对象是峰值基底剪力所在点，选用 Northridge 地震波，主轴方向上的峰值加速度是

0.62*g*。可以看出，考虑材料的率相关效应以后，基底剪力均有所提高。

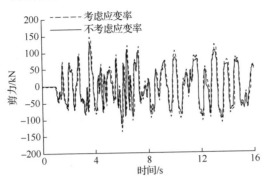

图 6.4　考虑材料应变率效应前后 *x* 方向基底剪力时程曲线

3. 应变率对基底弯矩的影响

基底弯矩计算公式为

$$M = \sqrt{M_x^2 + M_y^2 + M_z^2} \qquad (6.11)$$

式中，M_x、M_y、M_z 分别为 *x*、*y* 和 *z* 方向上的基底弯矩。

表 6.7 列出了不同加载条件下材料的应变率效应对峰值基底弯矩的影响。表中的比值表示考虑材料应变率和不考虑材料应变率时的基底弯矩的比值。可以看出，对于峰值加速度为 0.22*g*、0.4*g* 和 0.62*g* 的不同的地震波，当考虑材料应变率时，结构的平均峰值基底弯矩分别提高了 4%、13% 和 11%，加速度为 0.62*g* 时的基底弯矩的增加率小于 0.4*g* 时的，原因是当峰值加速度为 0.62*g* 时，结构中的材料处于软化段。

表 6.7　应变率效应对峰值基底弯矩的影响

峰值加速度	是否包含应变率	峰值基底弯矩/kN			
		Taft	El Centro	Northridge	平均值
0.22*g*	否	602	587	566	585
	是	620	605	608	611
	比值	1.03	1.03	1.07	1.04
0.4*g*	否	700	720	607	676
	是	792	830	680	767
	比值	1.13	1.15	1.12	1.13
0.62*g*	否	753	954	659	789
	是	872	1029	736	879
	比值	1.16	1.08	1.12	1.11

图 6.5 表示考虑材料的应变率前后 x 方向基底弯矩的时程曲线。考察对象是峰值弯矩所在点，选用 Northridge 地震波，主轴方向上的峰值加速度是 $0.62g$，可以看出，考虑材料的率相关效应以后，基底弯矩均有所提高。

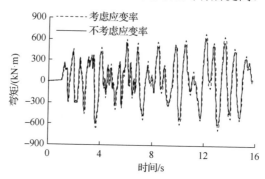

图 6.5　考虑材料应变率效应前后 x 方向基底弯矩时程曲线

4. 应变率对顶点位移的影响

表 6.8 列出了不同加载条件下材料的应变率效应对 x 方向的峰值顶点位移的影响。对于 El Centro 波，当加速度为 $0.62g$ 时，"—"表示数据缺失，因为此时的结构已经破坏。表中的比值表示考虑材料应变率和不考虑材料应变率时的峰值顶点位移的比值。可以看出，对于峰值加速度为 $0.22g$、$0.4g$ 和 $0.62g$ 的不同的地震波，当考虑材料应变率时，结构的 x 方向的平均峰值顶点位移分别减小了 0%、11.1% 和 18.2%。

表 6.8　应变率效应对 x 方向峰值顶点位移的影响

峰值加速度	是否包含应变率	峰值顶点位移/m			
		Taft	El Centro	Northridge	平均值
0.22g	否	0.05	0.04	0.04	0.04
	是	0.05	0.04	0.04	0.04
	比值	1	1	1	1
0.4g	否	0.11	0.12	0.05	0.09
	是	0.11	0.09	0.05	0.08
	比值	1	0.75	1	0.89
0.62g	否	0.14	—	0.07	0.11
	是	0.11	—	0.07	0.09
	比值	0.79	—	1	0.82

图 6.6 表示考虑材料的应变率效应前后 x 方向顶点位移的时程曲线。考虑的对象是峰值顶点位移所在点，选用 Northridge 地震波，主轴方向上的峰值加速度是 0.62g。可以看出，考虑材料的率相关效应以后，x 方向的顶点位移基本不变，但是其他时刻的位移有变化，原因是该结构的楼层刚度在 z 方向上分布不均匀、不连续。

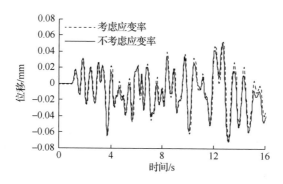

图 6.6　考虑材料应变率效应前后 x 方向顶点位移的时程曲线

5. 采用不同的混凝土动力增大系数对结构响应的影响

表 6.9 表示 Taft 波激励下采用不同的混凝土动力增大系数对结构响应的影响。k_{DIF}^{C1} 表示采用式（6.4）考虑混凝土的动力特性，k_{DIF}^{C2} 表示采用式（6.7）考虑混凝土的动力特性。从表中可以看出，采用 k_{DIF}^{C2} 的峰值基底剪力和峰值基底弯矩小于采用 k_{DIF}^{C1} 的，而峰值顶点位移大于采用 k_{DIF}^{C1} 的，峰值加速度越大，差别越大。因此，正确的选择混凝土的动力增大系数对结构的地震响应很重要。

表 6.9　采用不同的混凝土动力增大系数对结构响应的影响

峰值加速度	动力增大系数	峰值基底剪力/kN	峰值基底弯矩/（kN·m）	峰值顶点位移/m
0.22g	k_{DIF}^{C1}	274	620	0.05
	k_{DIF}^{C2}	273	614	0.05
0.4g	k_{DIF}^{C1}	359	792	0.11
	k_{DIF}^{C2}	338	749	0.11
0.62g	k_{DIF}^{C1}	390	872	0.11
	k_{DIF}^{C2}	368	822	0.12

6.2　材料应变率效应对钢筋混凝土剪力墙结构动态性能影响

结构在地震作用下的运动方程如式（6.12）所示。进行结构弹塑性时程分析时，结构的刚度矩阵 $\boldsymbol{K}$ 和采用 Rayleigh 阻尼建立的阻尼矩阵 $\boldsymbol{C}$ 会随着应变率的变化而发生改变，从而影响结构的响应。在应用考虑应变率效应的构件恢复力模型进行结构弹塑性地震反应分析时，关注点在于应变率效应对结构的动力反应、延性及破坏等是否存在影响。因此，为构件恢复力模型确定合理的应变率大小，从而确定剪力墙构件考虑动力效应的恢复力模型，是进行结构弹塑性地震反应分析中的重要环节。

$$M\ddot{x} + C\dot{x} + Kx = -M\mathbf{1}\ddot{x}_g \tag{6.12}$$

式中，$\boldsymbol{M}$、$\boldsymbol{C}$、$\boldsymbol{K}$ 分别为结构的质量矩阵、阻尼矩阵和刚度矩阵；$\mathbf{1}$ 为单位列向量；$\ddot{x}_g$ 为地震地面运动加速度。

这里提出的考虑动力效应的恢复力模型是根据钢筋混凝土剪力墙构件的快速动力加载试验得到的，试验中仅设定了一定的加载速率，并未给出应变率的大小，需通过应变分析得到各剪力墙试件的应变率范围，即在恒定加载速率下进行构件的动力试验，然后根据混凝土或者钢筋的应变时程计算应变率等级。通过构件恢复力模型进行结构弹塑性时程分析时并不能采用这种方法，因此下面给出为构件恢复力模型估计应变率数量级大小的方法。

采用 Asprone 等[8] 提出的方法对结构在地震作用下的应变率进行粗略估计，其方法如下所述。

当已知结构或构件的地震伪速度谱 V 和伪谱位移 PSD，可计算出达到最大位移所需的时间 $T_{\max}$，如式（6.13）所示。若结构或构件在某一位移循环进入屈服阶段，则可根据式（6.14）通过钢筋或混凝土的屈服应变确定结构或构件应变率水平的估计值。采用上述方法计算得到各试件的应变率估计值与试验应变率等级的对比如表 6.10 所示，通过与试验应变分析结果对比可以看出，采用 Asprone 等[8] 提出的方法计算的应变率水平与试验结果更为接近，验证了该方法的可行性。

需要注意的是，实际结构和构件中，结构的不同构件以及构件的不同位置的应变率并不相同，且各自应变率较大的时刻也不同，采用上述方法估算应变率时会存在一定误差，但是由于材料性能对应变率并不特别敏感，在一次地震作用中应变率大致在同一数量级，因此，采用上述方法进行应变率估计是比较合理的。

$$T_{\max} = \frac{\text{PSD}}{V} \tag{6.13}$$

$$\dot{\varepsilon} = \frac{\varepsilon_y}{T_{\max}} \qquad (6.14)$$

表 6.10　应变率估计值与试验应变率等级的对比

数据来源	屈服位移/mm	加载速率/（mm/s）	试验应变率等级/s^{-1}	应变率估计值/s^{-1}
大连理工大学	6.89	0.2	1×10^{-5}	5.22×10^{-5}
	6.22	2	1×10^{-4}	5.79×10^{-4}
	5.98	20	1×10^{-3}	6.02×10^{-3}
	10.7	0.2	1×10^{-5}	3.36×10^{-5}
	7.72	20	1×10^{-3}	4.66×10^{-3}
	7	0.2	1×10^{-5}	5.14×10^{-5}
	5.56	20	1×10^{-3}	6.47×10^{-3}
	5.97	0.2	1×10^{-5}	6.03×10^{-5}
	6.42	20	1×10^{-3}	5.61×10^{-3}
文献[9]	8.4	1	1×10^{-4}	2.14×10^{-4}
	8.3	10	1×10^{-3}	2.17×10^{-3}
文献[10]	13.03	0.1	1×10^{-5}	1.38×10^{-5}
	13.65	20	1×10^{-3}	2.64×10^{-3}
	13.42	0.1	1×10^{-5}	1.34×10^{-5}
	14.56	20	1×10^{-3}	2.47×10^{-3}
	12.86	0.1	1×10^{-5}	1.40×10^{-5}
	13.125	20	1×10^{-3}	2.74×10^{-3}
	13.275	0.1	1×10^{-5}	1.36×10^{-5}
	15.44	20	1×10^{-3}	2.33×10^{-3}

6.2.1　考虑应变率效应的结构地震反应分析

对一个 6 层钢筋混凝土剪力墙结构进行了弹塑性时程分析。各层质量及刚度分别为 3.0755×10^5kg 和 2.1466×10^7N/m，地震记录采用峰值调整为 400gal（1gal=1cm/s^2）的美国 El Centro 波。程序默认当构件极限强度下降 15%时发生破坏，即停止计算。将考虑应变率效应与不考虑应变率效应的弹塑性时程分析计算结果进行对比分析，其结果如图 6.7～图 6.12 所示。

顶层加速度时程曲线对比如图 6.7 所示。由图可知，两条曲线接近重合，说明考虑应变率效应后，结构的顶层加速度相差不大。此外，顶层位移时程曲线对比如图 6.8 所示。由图可知，结构顶层最大位移未有显著变化，均近似等于 40mm。此外，两条曲线从 2.28s 开始发生分离，考虑应变率效应，结构在 3.4s 处发生破坏；而不考虑应变率效应，结构在 3.5s 处发生破坏。这说明考虑应变率效应后，结构提前破坏。注意到，结构达到最大位移时并没有发生破坏，说明结构的顶层位移并不能全面反应结构的整体抗震性能，还需对各楼层层间位移进行考察。

　　图 6.9 给出了楼层和层间位移的对比，可以看出考虑应变率效应后，结构层间位移稍有减小。除此之外，是否考虑应变率效应结构底部的层间位移都很大，为薄弱环节，需加强。在地震作用下结构的基底剪力时程曲线对比如图 6.10 所示，由图可知，考虑应变率效应后，结构的基底剪力有增大趋势，最大基底剪力增长4.6%。

　　图 6.11 对比了底层剪力墙滞回曲线，可以看出，在地震作用下剪力墙构件均已进入承载力下降段，此时，构件强度、刚度等性能已产生较大退化。由于结构在负刚度阶段的变形能力与结构破坏密切相关，本节比较了是否考虑应变率下结构的变形性能，进而研究应变率对结构破坏的影响。考虑应变率效应后，构件进入承载力下降段时对应的位移为 22.08mm，而不考虑应变率效应，进入承载力下降段时对应的位移是 23.84mm，说明考虑应变率后，构件更早进入承载力下降段。另外，从最大位移上看，考虑应变率时构件的最大位移为 32.3mm，而不考虑应变率时最大位移为 34.8mm，可以看出，考虑应变率效应结构的变形能力减小，结构提前破坏。结合图 6.9 来看，考虑应变率效应后结构层间位移减小，但并不能据此认为考虑应变率效应使结构反应减小，这是因为由图 6.11 可知，考虑应变率效应构件的延性降低，结构可能提前发生脆性破坏。

　　图 6.12 给出了结构底层剪力墙在地震作用下的累计耗能情况，可以看出，在结构进入塑性变形阶段前，是否考虑应变率效应，累计耗能没有明显差别，从 2.28s 结构进入塑性变形阶段后，应变率效应使得累计耗能增加，说明相同时刻考虑应变率效应后结构能吸收更多能量，进而导致结构提前发生破坏。

　　基于以上分析，可看出剪力墙结构在进行抗震设计及分析时应适当考虑应变率效应的影响，尤其是对底部薄弱环节，应采用有效措施提高底部剪力墙的延性，避免发生脆性破坏。

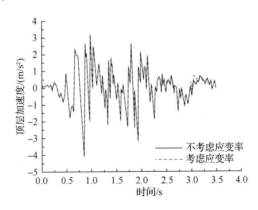

图 6.7　顶层加速度时程曲线对比

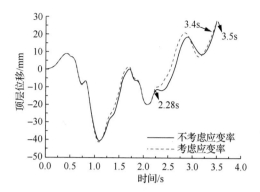

图 6.8　顶层位移时程曲线对比

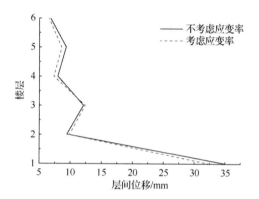

图 6.9　楼层和层间位移对比

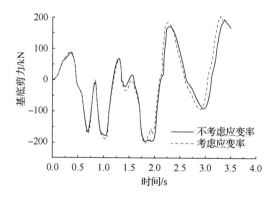

图 6.10　基底剪力时程曲线对比

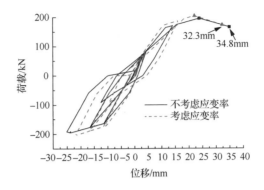

图 6.11　底层剪力墙滞回曲线对比

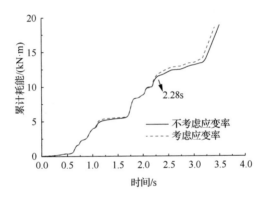

图 6.12　底层剪力墙累计耗能时程曲线对比

6.2.2　关于地震输入的讨论

1. 地震输入工况

结构弹塑性地震反应时程分析是一种较为精确的方法,涉及的问题较为复杂,结构的外部输入(如地震作用等)、结构本身的特征(如结构形式、结构的自由度及周期等)以及选取的结构分析模型都会对结构的弹塑性时程分析结果产生一定的影响。

在地震作用下,结构各层构件的应变率水平与地震激励的强烈程度有关,为了研究考虑应变率效应后结构的相对位移、基底剪力、延性及破坏等问题,有必要对不同地震输入下结构的应变率水平进行估计。仍采用上节中的分析模型,地震波选取迁安波(1976)、El Centro 波(1940)及 Loma Prieta 波(1989),地震输入工况如表 6.11 所示。

表 6.11　地震输入工况

序号	地震波	峰值加速度/（m/s²）
1	迁安波	1、1.2、1.4、1.5、2、2.5、3、3.2
2	El Centro 波	1、1.5、2、2.5、3、3.5、3.7、3.9
3	Loma Prieta 波	2、2.5、3、3.5、4、4.5、5、5.5、6

应用式（6.14）对最大地震输入下结构不同位置的构件的应变率大小及分布进行粗略估算，如图 6.13 所示。由图可知，剪力墙不同位置的构件的应变率不同，剪力墙结构底部应变率相对较大，而越往上应变率有减小趋势，与底部相比，结构上部应变率大约减小一个量级。此外，图 6.13 中给出了不同地震输入下底部剪力墙的应变率估计值与应变率等级的关系，可以看出，地震作用下结构的应变率范围大致在 $10^{-4} \sim 10^{-2} s^{-1}$，均在地震应变率影响范围内。

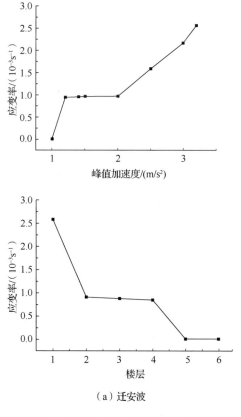

（a）迁安波

图 6.13　应变率大小及分布

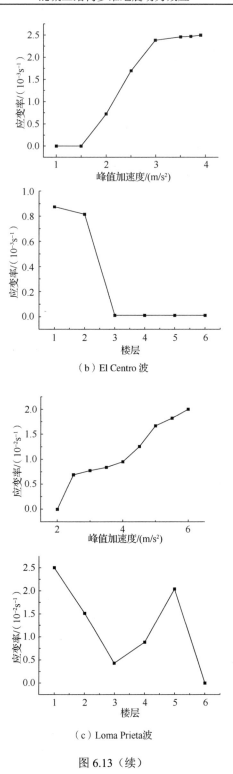

（b）El Centro 波

（c）Loma Prieta波

图 6.13（续）

2. 应变率对结构层间相对位移的影响

由弹塑性时程分析可知，不同地震波作用下，结构底层剪力墙的层间相对位移均较大，指出了底部剪力墙为结构的薄弱环节。不同地震输入下结构底层剪力墙的最大层间位移如表 6.12 所示，由表可知，随着地震峰值加速度的提高，结构层间位移逐渐增加，考虑应变率效应后，结构层间位移有减小趋势；随着地震峰值加速度的提高，结构的应变率水平随之增大。当地震峰值加速度较小时，应变率对结构的层间相对位移不起作用，这是因为此时构件未发生屈服。此外，由弹塑性时程分析发现，应变率对结构承载力极限状态至结构破坏阶段的层间相对位移影响较大，层间位移的减小更为明显。

表 6.12　最大层间位移

地震波	应变率/s^{-1}	最大层间位移/mm		相对改变量/%
		不考虑应变率	考虑应变率	
迁安波	$1.00×10^{-5}$	10.71	10.71	0.00
	$9.43×10^{-4}$	12.45	11.40	-8.43
	$9.52×10^{-4}$	13.53	12.93	-4.43
	$9.62×10^{-4}$	15.42	14.29	-7.33
	$9.71×10^{-4}$	19.87	18.69	-5.94
	$1.59×10^{-3}$	26.43	22.23	-15.89
	$2.17×10^{-3}$	31.07	27.25	-12.29
	$2.56×10^{-3}$	33.66	29.66	-11.88
El Centro 波	$1.00×10^{-5}$	5.26	5.26	0.00
	$1.00×10^{-5}$	8.69	8.69	0.00
	$7.27×10^{-4}$	12.20	11.97	-1.89
	$1.69×10^{-3}$	15.59	15.09	-3.21
	$2.38×10^{-3}$	19.62	16.80	-14.37
	$2.47×10^{-3}$	25.02	22.27	-10.99
	$2.47×10^{-3}$	27.38	22.35	-18.37
	$2.50×10^{-3}$	30.72	26.51	-13.70

续表

地震波	应变率/s^{-1}	最大层间位移/mm		相对改变量/%
		不考虑应变率	考虑应变率	
Loma Prieta 波	1.00×10^{-5}	9.07	9.07	0.00
	6.90×10^{-3}	11.67	10.86	-6.94
	7.69×10^{-3}	14.23	13.34	-6.25
	8.33×10^{-3}	17.05	15.72	-7.80
	9.52×10^{-3}	19.94	18.20	-8.73
	1.25×10^{-2}	22.80	21.14	-7.28
	1.67×10^{-2}	25.55	24.58	-3.80
	1.82×10^{-2}	28.60	27.93	-2.34
	2.00×10^{-2}	32.03	—	—

注："—"代表此时结构已发生破坏,下同。

3. 应变率对结构最大基底剪力的影响

表 6.13 给出了不同地震输入下结构的最大基底剪力,由表可知,随着地震峰值加速度的提高,结构的最大基底剪力逐渐增加,考虑应变率后,结构的基底剪力呈增大趋势,最大可达 8.88%。此外,构件屈服后,结构最大基底剪力的相对改变量比较稳定,并未随地震峰值加速度的提高而明显增加,而是在 5%左右上下浮动。这可能是因为,构件屈服后,地震峰值加速度增加,结构的应变率等级大致增大一个量级,进行对数运算后改变量减小,从而使得构件峰值承载力变化不显著。

表 6.13　最大基底剪力

地震波	应变率/s^{-1}	最大基底剪力/N		相对改变量/%
		不考虑应变率	考虑应变率	
迁安波	1.00×10^{-5}	156 844.4	156 844.4	0.00
	9.43×10^{-4}	167 824.8	175 553.4	4.61
	9.52×10^{-4}	170 452.9	179 964.5	5.58
	9.62×10^{-4}	175 245.9	183 925.0	4.95
	9.71×10^{-4}	186 513.3	196 867.3	5.55

续表

地震波	应变率/s⁻¹	最大基底剪力/N		相对改变量/%
		不考虑应变率	考虑应变率	
迁安波	$1.59×10^{-3}$	195 660.5	206 711.5	5.65
	$2.17×10^{-3}$	194 942.9	204 385.4	4.84
	$2.56×10^{-3}$	195 404.5	206 640.6	5.75
El Centro 波	$1.00×10^{-5}$	95 626.18	95 626.18	0.00
	$1.00×10^{-5}$	134 161.7	134 161.7	0.00
	$7.27×10^{-4}$	167 064.2	176 567.9	5.69
	$1.69×10^{-3}$	175 714.0	187 759.1	6.85
	$2.38×10^{-3}$	185 896.1	192 943.9	3.79
	$2.47×10^{-3}$	196 640.5	206 540.6	5.03
	$2.47×10^{-3}$	196 563.9	208 091.4	5.86
	$2.50×10^{-3}$	196 640.3	207 350.3	5.45
Loma Prieta 波	$1.00×10^{-5}$	138 387.8	138 387.8	0.00
	$6.90×10^{-3}$	165 738.7	178 698.0	7.82
	$7.69×10^{-3}$	172 284.8	186 570.7	8.29
	$8.33×10^{-3}$	179 373.9	194 097.0	8.21
	$9.52×10^{-3}$	186 688.4	202 111.7	8.26
	$1.25×10^{-2}$	193 959.8	211 142.5	8.86
	$1.67×10^{-2}$	196 281.0	209 908.7	6.94
	$1.82×10^{-2}$	194 517.5	211 789.6	8.88
	$2.00×10^{-2}$	195 796.3	—	

4. 应变率对结构累计耗能的影响

由图 6.13 可知，结构底层剪力墙的应变率相对较大，且一般剪力墙结构的实际损伤耗能位置也常出现于结构底部，因此表 6.14 中给出结构底部剪力墙在不同地震输入下的累计耗能情况。由表可知，随着地震峰值加速度的提高，结构底部剪力墙的累计耗能逐渐增加。考虑应变率后，结构底部剪力墙的累计耗能总体上呈增大趋势，说明结构通过构件滞回特性消耗的地震能量增加，结构及构件的损伤程度增大。地震波选取迁安波及 Loma Prieta 波，峰值采用结构临近破坏时的最大地震峰值加速度，对考虑应变率及不考虑应变率下底层剪力墙的滞回曲线及累计耗能时程对比，分析结果如图 6.14 所示。由图 6.14 可知，构件屈服和屈服后性能受应变率效应的影响较大，这一点与图 6.11 所示的结果类似，在不同地震波下应变率效应对结构滞回性能及累计耗能的影响存在相似的规律。考虑应变率后，虽然结构的承载能力提高、耗能能力增强，但结构的变形能力减小，可能使脆性破坏提前发生。

表 6.14　累计耗能

地震波	应变率/s⁻¹	累计耗能/（kN·m）		相对改变量/%
		不考虑应变率	考虑应变率	
迁安波	1.00×10^{-5}	4.56	4.56	0.00
	9.43×10^{-4}	5.71	5.69	−0.35
	9.52×10^{-4}	7.15	6.98	−2.38
	9.62×10^{-4}	7.59	8.39	10.54
	9.71×10^{-4}	9.81	10.66	8.66
	1.59×10^{-3}	12.44	13.22	6.27
	2.17×10^{-3}	14.11	16.21	14.88
	2.56×10^{-3}	15.95	17.20	7.84
El Centro 波	1.00×10^{-5}	3.09	3.09	0.00
	1.00×10^{-5}	5.63	5.63	0.00
	7.27×10^{-4}	9.95	10.35	4.02
	1.69×10^{-3}	14.83	14.97	0.94
	2.38×10^{-3}	19.66	19.91	1.27
	2.47×10^{-3}	24.38	24.31	−0.29
	2.47×10^{-3}	25.76	25.87	0.43
	2.50×10^{-3}	27.59	27.26	−1.20
Loma Prieta 波	1.00×10^{-5}	4.45	4.45	0.00
	6.90×10^{-3}	6.98	7.23	3.58
	7.69×10^{-3}	8.56	9.35	9.23
	8.33×10^{-3}	10.37	11.26	8.58
	9.52×10^{-3}	11.39	12.46	9.39
	1.25×10^{-2}	13.49	14.54	7.78
	1.67×10^{-2}	15.19	16.41	8.03
	1.82×10^{-2}	16.68	17.62	5.64
	2.00×10^{-2}	18.42	—	—

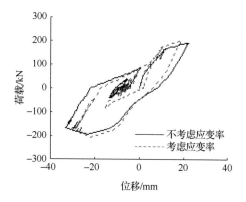

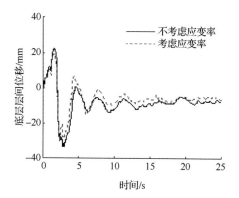

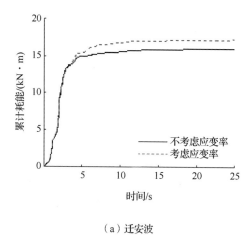

（a）迁安波

图 6.14   底层剪力墙滞回曲线及累计耗能时程对比

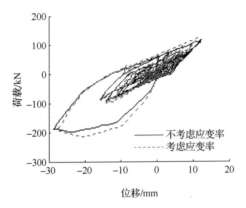

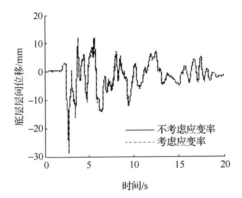

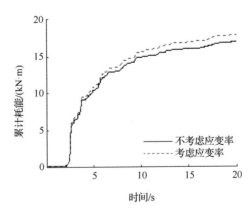

（b）Loma Prieta波

图 6.14（续）

5. 应变率对能力曲线的影响

图 6.15 为结构在三种地震波下的能力曲线，即结构的顶点最大位移与最大基底剪力的关系曲线。由图可知，不同地震波下结构的能力曲线存在一定差异，且同一地震波下考虑与不考虑应变率效应结构的能力曲线也不同。比较三种地震波下是否考虑应变率效应的能力曲线可知，考虑应变率后，结构抵抗水平地震作用的能力提高，但变形能力减小。

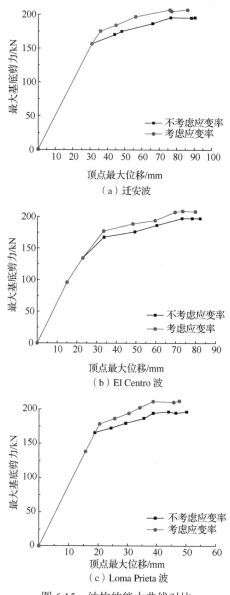

图 6.15　结构的能力曲线对比

6.2.3　考虑材料应变率效应的框架-核心筒结构弹塑性地震反应分析

前面提出了一种剪力墙构件考虑动力效应的简化恢复力模型，并通过编写的 MATLAB 程序与剪力墙动力试验的结果进行了对比，得到了较为吻合的结果，说明该模型能够更为准确、合理地描述剪力墙构件在动力加载下的滞回性能。然后，通过一个 6 层钢筋混凝土结构对该模型进行了简单的应用，比较了考虑与不考虑应变率效应结构弹塑性时程反应的差异。但是，前面部分仅局限于简单剪力墙结构，目前高层建筑结构中常用的结构形式主要为框架-剪力墙结构及框架-核心筒结构等，单纯的剪力墙结构较为少见，如上海国际金融中心、台北 101 大楼等。当剪力墙结构层数较多，结构形式较为复杂时，继续采用 MATLAB 程序计算将受到较大的局限性，因此，对于实际工程，将考虑动力效应的构件恢复力模型与有限元程序相结合，进而探究大型结构考虑应变率效应的简化计算方法，具体分析如下所述。

1. 模型简介

本工程实例为一超限高层框架-核心筒，总建筑面积为 107 826m²，建筑总高度 199.70m，共 45 层。

本结构模型如图 6.16 所示，结构平面图如图 6.17 所示。结构材料混凝土强度等级如表 6.15 所示。剪力墙截面厚度如表 6.16 所示。柱截面直径如表 6.17 所示，梁截面尺寸如表 6.18 所示。

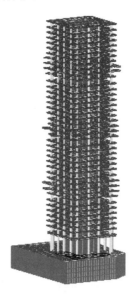

图 6.16　结构模型

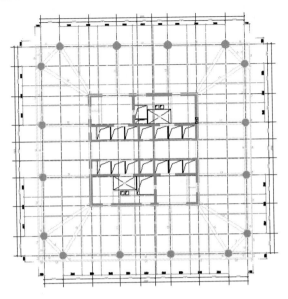

图 6.17　结构平面图

表 6.15　结构材料混凝土强度等级

部位	混凝土强度等级
梁板	C30
剪力墙、柱 1～27 层	C60
剪力墙、柱 28～35 层	C50
剪力墙、柱 36 层以上	C40

表 6.16　剪力墙截面厚度　（单位：mm）

墙号	截面厚度					
	B4～F3	F3～F6	F7～F9	F10～F14	F15～F19	F20 以上
W1	750	700	600	500	400	400
W2	850	800	700	600	500	400
W3	400	400	400	400	400	400
W4	300	300	300	300	300	300

表 6.17　柱截面直径　（单位：mm）

楼层	B4～F5	F6～F9	F10～F14	F15～F17	F18～F20	F21～F25	F26 以上
柱截面直径	2100	2000	1900	1700	1600	1500	1400

表 6.18　梁截面尺寸

名称	截面尺寸*
框架主梁	450×750，650×750
外围梁	400×900，550×900
次梁	350×750
核心筒外围连梁	950×800，950×1800，900×800，800×800，700×800，600×800
核心筒内部连梁	墙厚×750
首层梁	600×2000

* 本列中数字的单位均为 mm。

2. 结构分析方法

采用 MIDAS GEN 有限元软件，对此工程实例进行了考虑与不考虑应变率效应的动力弹塑性分析，通过对比分析研究构件动力效应对结构弹塑性时程分析结果的影响。MIDAS GEN 程序中为结构动力弹塑性时程分析提供了多种滞回模型以及高效的计算分析求解器，此处梁、柱构件及剪力墙均采用修正的武田四折线滞回模型，如图 6.18 所示。

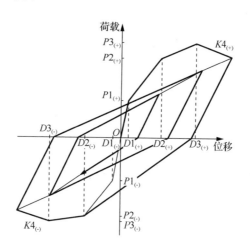

图 6.18　修正的武田四折线滞回模型

3. 结构弹塑性时程分析

1）结构自振周期及振型

为了解结构的自振特性，提取文本结果中的周期及振型信息，得到结构前 3 阶周期分别为：t_1=5.46s，t_2=5.22s，t_3=3.44s，对应振型图如图 6.19 所示。

$t_1=5.46\text{s}$ 　　　　　 $t_2=5.22\text{s}$ 　　　　　 $t_3=3.44\text{s}$

图 6.19　振型图

2）应变率对时程分析结果的影响

地震记录采用峰值调整为 400gal 的台湾集集地震波 CHY101，仍然采用考虑应变率效应的方法，对结构进行考虑及不考虑应变率效应的两次动力弹塑性时程分析，分析结果对比如下所述。

图 6.20 给出了结构考虑与不考虑应变率下的基底剪力时程对比结果，由图可知，考虑构件动力效应后结构的最大基底剪力相差不大，不考虑构件动力效应时结构的基底剪力为 97 812kN，考虑构件动力效应时结构的基底剪力为 100 672kN，最大基底剪力的改变量为 2.9%。

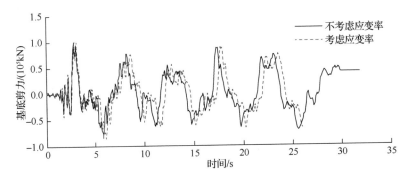

图 6.20　基底剪力时程对比

图 6.21 给出了结构考虑与不考虑应变率下的各楼层层间位移角的对比情况，由图可知，考虑应变率后结构的层间位移角几乎相同。

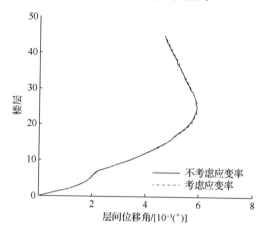

图 6.21　层间位移角对比

如图 6.22 所示为底层剪力墙的滞回曲线对比，由图可知，考虑应变率后结构的基底弯矩有所提高，不考虑应变率时基底弯矩为 5590kN·m，考虑应变率时基底弯矩为 6334kN·m，最大基底弯矩的改变量为 13.3%。

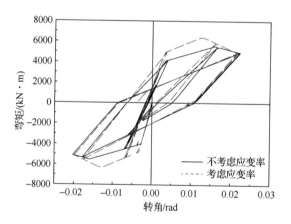

图 6.22　底层剪力墙滞回曲线对比

综上所述，在 MIDAS GEN 程序中通过修改程序原有的滞回模型从而考虑应变率效应的方法得到了与前文弹塑性时程分析相似的结论，说明在满足分析要求的前提下，实际工程结构可以采用该简化方法进行考虑应变率效应的弹塑性时程分析。

6.3　材料应变率效应对钢筋混凝土框架-剪力墙
结构动态性能影响

　　钢筋混凝土结构在遭遇到中震和大震时，必然要进入弹塑性阶段，而弹性静力分析与弹性动力时程分析将不再适用。为了更准确地认识结构从开裂、损伤直至倒塌的全过程，需要对结构进行弹塑性的动力时程分析。弹塑性分析可以计算得到地震反应整个过程中各个时刻结构的内力及变形，给出结构中各构件的破坏顺序，发现结构中的应力和塑性变形集中的部位，从而了解结构的屈服机制、薄弱部位和破坏形态，是目前公认的较为完善和精准的地震反应计算方法。该方法的计算量一般较大，但是随着计算机软、硬件技术水平的提高，该方法已经越来越多地在科学研究与实际工程设计中得到广泛应用。

　　较强地震作用下材料会产生应变率效应，至今为止，考虑材料应变率效应对钢筋混凝土结构弹塑性地震反应影响的相关研究仍不多见。本节首先对钢筋混凝土框架-剪力墙结构模型进行了考虑材料应变率效应的弹塑性分析，采用通用有限元软件 ABAQUS 利用梁单元来模拟梁和柱，剪力墙用壳单元进行模拟。ABAQUS 中提供的混凝土损伤塑性模型仅能用于实体单元、壳单元以及二维梁单元的分析，而不能用于三维梁单元中，针对此情况本章采用前文的微粒混凝土的单轴受压率相关本构模型开发了基于 ABAQUS 软件的微粒混凝土梁单元动态纤维模型子程序，能够用于钢筋混凝土结构振动台试验缩尺模型的弹塑性分析，可以考虑材料应变率效应对结构弹塑性地震反应的影响，并对试验的各个工况进行了考虑材料应变率效应的弹塑性地震反应分析，并对比分析了考虑材料应变率效应与未考虑材料应变率效应时的弹塑性地震反应的差别。最后，对一个全尺寸高层剪力墙结构进行了考虑材料应变率效应的弹塑性地震反应分析，讨论了材料应变率效应对结构地震反应的影响。

6.3.1　钢筋混凝土框架-剪力墙抗震性能的数值模拟

　　1. 模型简介

　　在通用有限元程序 ABAQUS 中建立了三层框架-剪力墙结构有限元模型，如图 6.23 所示。梁、柱混凝土和钢筋单元分别采用梁单元 B31 模拟，剪力墙和板采用壳单元 S4R 模拟，用*rebarlayer 命令分别给墙和板配筋。

图 6.23　钢筋混凝土三层框架-剪力墙结构有限元模型

2. 微粒混凝土梁单元动态纤维模型子程序

基于材料的纤维模型，把单元沿着长度方向分割成若干纤维，纤维之间的变形协调是基于平截面假定，每根纤维均为单轴受力，受力特性用材料的单轴应力-应变关系来描述。该方法的优点是可以用不同的单轴本构关系来模拟不同的纤维，这样就可以在更加符合实际情况下分析结构构件的受力状态。微粒混凝土梁单元动态纤维模型子程序是基于我国混凝土结构设计规范（GB 50010—2010）[11]中建议的混凝土单轴受拉、受压应力-应变关系（图 6.24）和加、卸载规则给出。

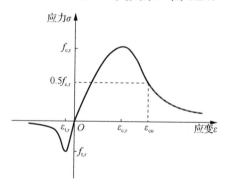

图 6.24　混凝土单轴应力-应变关系曲线

1）单轴受拉应力-应变关系

$$\sigma = (1 - d_t) E_c \varepsilon \tag{6.15}$$

这里，当 $x \leqslant 1$ 时

$$d_t = 1 - \rho_t (1.2 - 0.2 x^5) \tag{6.16}$$

当 $x > 1$ 时

$$d_{t} = 1 - \frac{\rho_{t}}{\alpha_{t}(x-1)^{1.7} + x} \tag{6.17}$$

$$x = \frac{\varepsilon}{\varepsilon_{t,r}} \tag{6.18}$$

$$\rho_{t} = \frac{f_{t,r}}{E_{c}\varepsilon_{t,r}} \tag{6.19}$$

式中，α_{t} 为混凝土单轴受拉应力-应变曲线下降段的参数值；$f_{t,r}$ 为混凝土的单轴抗拉强度代表值，其值根据实际结构分析需要取值；$\varepsilon_{t,r}$ 为与单轴抗拉强度代表值 $f_{t,r}$ 相对应的混凝土峰值拉应变；d_{t} 为混凝土单轴受拉损伤演化参数。

2）单轴受压应力-应变关系

$$\sigma = (1 - d_{c}) E_{c} \varepsilon \tag{6.20}$$

这里，当 $x \leq 1$ 时

$$d_{c} = 1 - \frac{\rho_{c} n}{n - 1 + x^{n}} \tag{6.21}$$

当 $x > 1$ 时

$$d_{c} = 1 - \frac{\rho_{c}}{\alpha_{c}(x-1)^{2} + x} \tag{6.22}$$

$$\rho_{c} = \frac{f_{c,r}}{E_{c}\varepsilon_{c,r}} \tag{6.23}$$

$$n = \frac{E_{c}\varepsilon_{c,r}}{E_{c}\varepsilon_{c,r} - f_{c,r}} \tag{6.24}$$

$$x = \frac{\varepsilon}{\varepsilon_{c,r}} \tag{6.25}$$

式中，α_{c} 为混凝土单轴受压应力-应变曲线下降段的参数值；$f_{c,r}$ 为混凝土的单轴抗压强度代表值，其值根据实际结构分析需要取值；$\varepsilon_{c,r}$ 为与单轴抗压强度代表值 $f_{c,r}$ 相对应的混凝土峰值压应变；d_{c} 为混凝土单轴受压损伤演化参数。

3）加、卸载规则

在重复荷载作用下混凝土单轴应力-应变关系曲线如图 6.25 所示，受压混凝土卸载及再加载应力路径公式为

$$\sigma = E_{r}(\varepsilon - \varepsilon_{z}) \tag{6.26}$$

$$E_r = \frac{\sigma_{un}}{\varepsilon_{un} - \varepsilon_z} \tag{6.27}$$

$$\varepsilon_z = \varepsilon_{un} - \left[\frac{(\varepsilon_{un} + \varepsilon_{ca})\sigma_{un}}{\sigma_{un} + E_c \varepsilon_{ca}} \right] \tag{6.28}$$

$$\varepsilon_{ca} = \max\left(\frac{\varepsilon_c}{\varepsilon_c + \varepsilon_{un}}, \frac{0.09\varepsilon_{un}}{\varepsilon_c} \right) \sqrt{\varepsilon_c \varepsilon_{un}} \tag{6.29}$$

式中，σ 为受压混凝土的压应力；ε 为受压混凝土的压应变；ε_z 为受压混凝土卸载至零应力点时的残余应变；E_r 为受压混凝土卸载及再加载时的变形模量；σ_{un}、ε_{un} 分别为受压混凝土从骨架曲线开始卸载时的应力和应变；ε_{ca} 为附加应变；ε_c 为混凝土受压峰值应力对应的应变。

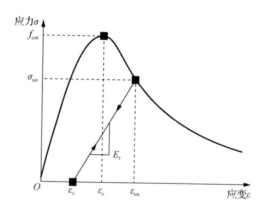

图 6.25   重复荷载作用下混凝土单轴应力-应变关系曲线

4）材料的应变率效应

为了考虑应变率效应的弹塑性地震反应分析，需要引入应变率相关的微粒混凝土拉、压本构模型来模拟模型中混凝土的受力性能。由于目前没有关于微粒混凝土动态抗拉特性的研究，微粒混凝土的动态抗拉特性采用文献[12]中建议的 C10 混凝土的动态受拉本构模型来近似模拟，抗拉强度与应变率之间的关系为

$$\frac{f_{ud}}{f_{as}} = 1.0 + 0.135 \lg \frac{\dot{\varepsilon}_t}{\dot{\varepsilon}_{ts}} \tag{6.30}$$

式中，$\dfrac{f_{ud}}{f_{as}}$ 为动态、静态抗拉强度的比值；$\dot{\varepsilon}_t$ 为当前应变率；$\dot{\varepsilon}_{ts}$ 为拟静态应变率，取值 $1 \times 10^{-5} \mathrm{s}^{-1}$。

模型中钢筋的模拟采用双线性随动强化模型与地震作用下镀锌铁丝动态拉伸强度与应变率之间的关系来模拟，镀锌铁丝动态拉伸强度与应变率关系式为

$$\frac{f_{\text{yd}}}{f_{\text{ys}}} = 1.0 + 0.0456 \lg\left(\frac{\dot{\varepsilon}_{\text{w}}}{\dot{\varepsilon}_{\text{w0}}}\right) \tag{6.31}$$

$$\frac{f_{\text{ud}}}{f_{\text{us}}} = 1.0 + 0.02121 \lg\left(\frac{\dot{\varepsilon}_{\text{w}}}{\dot{\varepsilon}_{\text{w0}}}\right) \tag{6.32}$$

式中，$\dot{\varepsilon}_{\text{w}}$ 为当前应变率；$\dot{\varepsilon}_{\text{w0}}$ 为准静态应变率，取值 $2.5 \times 10^{-4}\,\text{s}^{-1}$；$f_{\text{ys}}$、$f_{\text{yd}}$ 分别为静态和动态屈服强度；f_{us}、f_{ud} 分别为静态和动态抗拉强度。

3. 计算结果分析与讨论

1）动力特性计算

为了尽可能准确地得到模型的动力特性，首先对模型进行模态分析，得到 x 方向前三阶振型图如图 6.26 所示。对模型的动力特性进行分析是弹塑性地震反应分析的基础，在计算模型的地震反应之前需要准确把握模型的动力特性，通过动力特性的计算结果来校核有限元模型的准确性，使其与振动台试验模型的动力特性保持一致。振动台试验模型的动力特性通过白噪声扫频得到，测得的 x 方向一阶频率为 4.425Hz，与数值模拟得到的一阶频率 4.407Hz 之间的误差为 0.41%，可见有限元模型与试验模型的动力特性基本一致。

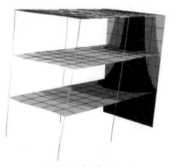

（a）一阶振型 4.407Hz

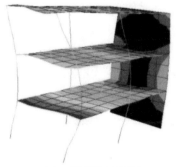

（b）二阶振型 14.132Hz

图 6.26　x 方向前三阶振型图

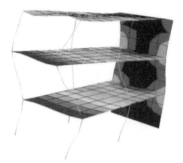

（c）三阶振型 24.414Hz

图 6.26（续）

2）考虑材料应变率效应的弹塑性地震反应分析结果

地震输入采用 El Centro 波水平和竖向同时输入，取不同峰值输入下 x 方向顶层加速度时程计算与试验结果进行比较，如图 6.27 所示。表 6.19 给出不同地震输入下 x 方向顶层加速度反应最大值的计算值与试验值的比较。

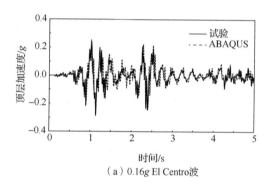

（a）0.16g El Centro波

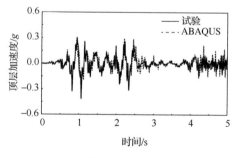

（b）0.24g El Centro波

图 6.27　x 方向顶层加速度时程计算与试验结果比较

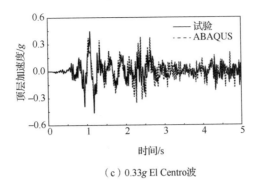

（c）0.33g El Centro波

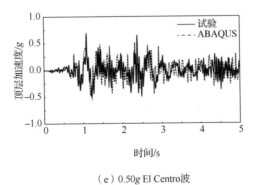

（d）0.40g El Centro波

（e）0.50g El Centro波

图 6.27（续）

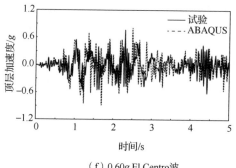

（f）0.60g El Centro波

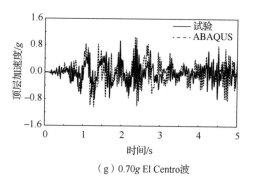

（g）0.70g El Centro波

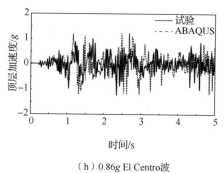

（h）0.86g El Centro波

图 6.27（续）

表 6.19 *x* 方向顶层加速度反应最大值的计算值与试验值比较

El Centro 波/g	计算值/g	试验值/g	误差/%
0.16	0.252	0.274	−8.03
0.24	0.376	0.413	−8.96
0.33	0.383	0.452	−15.27
0.40	0.476	0.565	−15.75
0.50	0.617	0.692	−10.84
0.60	0.877	0.781	12.29
0.70	1.075	0.947	13.52
0.86	1.206	1.247	−3.29

取不同峰值输入下 *x* 方向顶层位移时程计算与试验结果比较,如图 6.28 所示。
表 6.20 给出不同地震输入下 *x* 方向顶层位移反应最大值的计算值与试验值的比较。

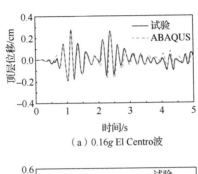
（a）0.16g El Centro波

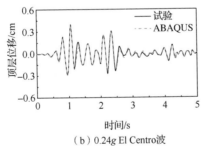
（b）0.24g El Centro波

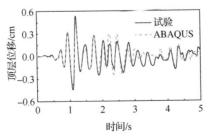
（c）0.33g El Centro波

图 6.28 *x* 方向顶层位移时程计算与试验结果比较

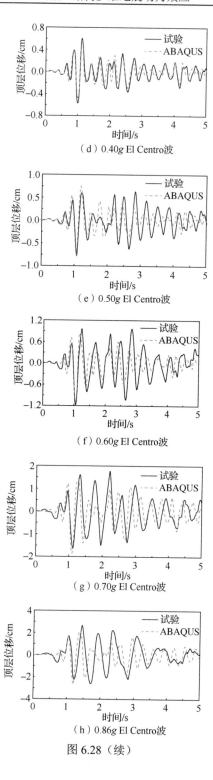

（d）0.40g El Centro波

（e）0.50g El Centro波

（f）0.60g El Centro波

（g）0.70g El Centro波

（h）0.86g El Centro波

图 6.28（续）

表 6.20　x 方向顶层位移反应最大值的计算值与试验值比较

El Centro 波/g	计算值/cm	试验值/cm	误差/%
0.16	0.253	0.273	−7.33
0.24	0.349	0.402	−13.18
0.33	0.454	0.536	−15.30
0.40	0.534	0.596	−10.40
0.50	0.781	0.793	−1.51
0.60	1.082	1.158	−6.56
0.70	1.871	1.796	4.18
0.86	2.693	2.664	1.09

　　由于结构模型为质量中心和刚度中心不重合的偏心钢筋混凝土框架-剪力墙结构，地震荷载作用下必然会产生扭转反应。取不同峰值输入下 x 方向顶层转角时程计算与试验结果比较，如图 6.29 所示。表 6.21 给出不同地震输入下 x 方向顶层转角反应最大值的计算值与试验值的比较。

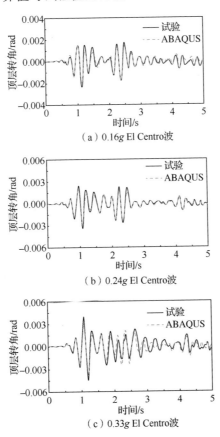

(a) 0.16g El Centro波

(b) 0.24g El Centro波

(c) 0.33g El Centro波

图 6.29　x 方向顶层转角时程计算与试验结果比较

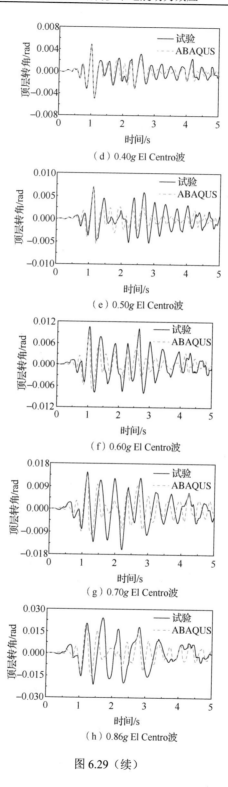

（d）0.40g El Centro波

（e）0.50g El Centro波

（f）0.60g El Centro波

（g）0.70g El Centro波

（h）0.86g El Centro波

图6.29（续）

表 6.21　x 方向顶层转角反应最大值的计算值与试验值比较

El Centro 波/g	计算值/rad	试验值/rad	误差/%
0.16	0.002 07	0.002 39	-13.39
0.24	0.002 86	0.003 38	-15.38
0.33	0.003 81	0.004 51	-15.52
0.40	0.004 51	0.004 96	-9.07
0.50	0.005 70	0.006 98	-18.34
0.60	0.008 98	0.010 35	-13.24
0.70	0.013 78	0.015 73	-12.40
0.86	0.020 00	0.023 94	-16.46

根据以上数值计算结果和试验结果的比较可以看出，两者所表现出来的规律基本一致，顶层加速度、位移和转角时程曲线的趋势也基本一致。从表 6.19～表 6.21 可以看出，试验结果与数值计算结果基本吻合。顶层加速度、位移和转角的最大误差分别为 15.75%、15.30% 和 18.34%。经分析，误差主要可能来自以下几个方面。

（1）钢筋混凝土结构模型施工质量以及材料强度离散性的影响。在结构模型制作过程中必然会存在一些薄弱部位而并非理论上结构的薄弱部位，这样会导致试验模型与计算模型破坏的时刻和部位产生一定的差别，而这一差别无法在计算过程中反映出来。

（2）振动台试验的分级加载给结构造成累积损伤的影响。在振动台试验中地震波是分级加载，结构模型每次被激振后必然会产生一定的损伤。随着地震波峰值加速度的增大，损伤程度也在不断地增大，这种累积损伤必然使结构的动力特性发生一定程度的改变，而计算模型中没有考虑累积损伤的影响，每次地震输入时模型都是完好无损的，因此在地震波峰值加速度较大情况下的试验与计算时程曲线的趋势存在少许差别。

（3）结构的位移反应是通过加速度积分的方法计算得到的，也会产生一定的误差。

3）考虑材料应变率效应与不考虑材料应变率效应下结果对比分析

根据振动台试验结果，在峰值加速度增加到 0.5g 后结构的自振频率和阻尼比产生了更为显著的变化，说明结构模型已经具有一定程度的塑性损伤，此时应变率效应的影响更为显著，因此在此若干工况下对考虑材料应变率效应和不考虑材料应变率效应的结果进行对比分析更具意义。取峰值加速度输入分别为 0.5g、0.6g 和 0.7g 时的 x 方向顶层位移时程计算结果进行对比，见图 6.30，两种情况位移反应最大值与试验值的比较列于表 6.22 中。

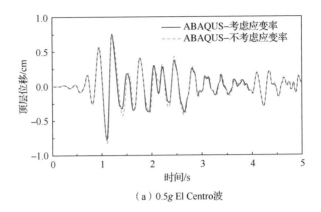

（a）0.5g El Centro波

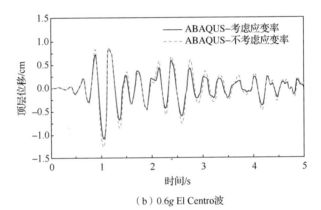

（b）0.6g El Centro波

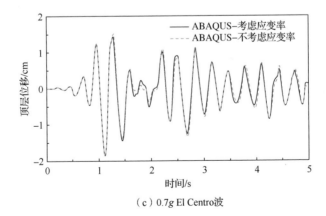

（c）0.7g El Centro波

图 6.30　x 方向顶层位移时程计算结果比较

表 6.22　x 方向顶层位移反应最大值比较

El Centro 波/g	试验值/cm	不考虑应变率		考虑应变率	
		位移/cm	误差/%	位移/cm	误差/%
0.5	0.793	0.826	4.16	0.781	−1.51
0.6	1.158	1.270	9.67	1.082	−6.56
0.7	1.796	1.876	4.45	1.871	4.18

可以看出，考虑应变率效应时，位移反应呈减小的趋势，而在不考虑应变率效应时位移反应计算结果偏大，因此，考虑材料应变率效应的分析结果与试验结果更接近。

6.3.2　考虑材料应变率效应的高层剪力墙结构弹塑性地震反应分析

1. 模型简介

为了进一步研究材料应变率效应对钢筋混凝土结构弹塑性地震反应的影响，对大连某小区一幢高层钢筋混凝土剪力墙结构进行了分析。仍然采用通用有限元软件 ABAQUS 建立模型对结构进行分析，混凝土采用混凝土损伤塑性模型模拟，钢筋采用双线性随动强化模型模拟。模型的总质量为 18 525t，层数为 28 层，总的建筑高度为 95.89m，x 和 y 方向的跨度分别为 28.4m 和 20.3m，阻尼比取为 0.05，钢筋混凝土剪力墙结构模型如图 6.31 所示。

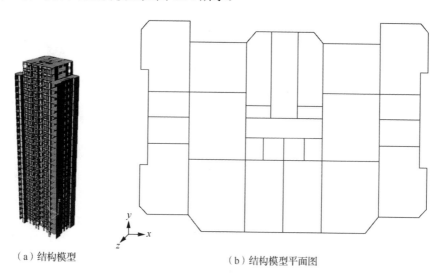

（a）结构模型　　　　　　　　　　（b）结构模型平面图

图 6.31　高层钢筋混凝土剪力墙结构模型

2. 模型的自振周期和振型

为了保证模型的准确性，分别用 ABAQUS、SATWE 和 PERFORM 三种有限元软件对结构进行模态分析，计算出的模型前六阶振型如图 6.32 所示。从表 6.23 中的数据可以看出计算结果非常接近，说明所建立的有限元模型具备一定的准确性。

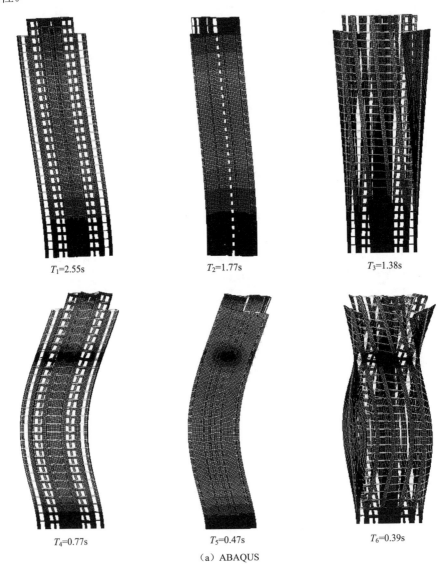

$T_1=2.55s$　　　　　　　　$T_2=1.77s$　　　　　　　　$T_3=1.38s$

$T_4=0.77s$　　　　　　　　$T_5=0.47s$　　　　　　　　$T_6=0.39s$

(a) ABAQUS

图 6.32　模型前六阶振型

$T_1=2.58\text{s}$

$T_2=1.89\text{s}$

$T_3=1.33\text{s}$

$T_4=0.75\text{s}$

$T_5=0.49\text{s}$

$T_6=0.38\text{s}$

（b）SATWE

图 6.32（续）

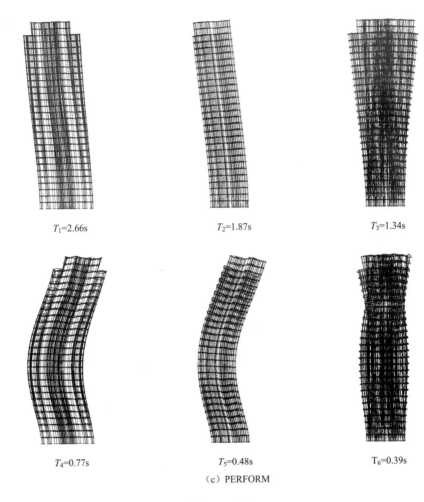

T_1=2.66s T_2=1.87s T_3=1.34s

T_4=0.77s T_5=0.48s   T₆=0.39s

（c）PERFORM

图 6.32（续）

表 6.23 结构基本周期

有限元软件	周期/s					
	T_1	T_2	T_3	T_4	T_5	T_6
ABAQUS	2.55	1.77	1.38	0.77	0.47	0.39
SATWE	2.58	1.89	1.33	0.75	0.49	0.38
PERFORM	2.66	1.87	1.34	0.77	0.48	0.39

3. 弹塑性地震反应分析

结构所在场地为二类场地，选用单向或双向的 Northridge 与 Taft 地震波对模型进行激励，地震动输入工况见表 6.24。在地震波双向输入时取 y 方向为地震输入的主方向，模型方向的指定如图 6.31（b）所示。

各工况中 y 方向顶层位移和基底剪力最大值列于表 6.25 中。可以看出，考虑材料应变率效应时，顶层位移总体呈减小的趋势，而基底剪力呈增大的趋势，地震波峰值越大这种现象越明显，而在峰值加速度 600gal 的 Northridge 地震波输入下考虑材料应变率效应时的位移反应减小较多，其原因可能是结构在强震作用下，塑性损伤程度较为严重，产生了过多的不可恢复变形，而考虑材料应变率效应之后，高应变率使混凝土的抗拉、抗压强度和钢筋的屈服强度提高较多，结构损伤减小，因此位移反应也相应减小较多。通过分析可知，在钢筋混凝土结构弹塑性地震反应分析中应适当考虑材料应变率效应。

表 6.24　地震动输入工况

序号	地震波	输入方向	峰值加速度/gal
1	Northridge	y	220
2	Northridge	y	400
3	Northridge	yx	400
4	Northridge	y	600
5	Taft	y	400
6	Taft	yx	400

表 6.25　y 方向顶层位移和基底剪力最大值

序号	地震波	输入方向	峰值加速度/gal	应变率	顶层位移/m	变化率/%	基底剪力/kN	变化率/%
1	Northridge	y	220	有	0.128	0.787	22 200	5.213
				无	0.127		21 100	
2	Northridge	y	400	有	0.206	−1.435	30 900	3.000
				无	0.209		30 000	
3	Northridge	yx	400	有	0.208	0.971	30 600	3.030
				无	0.206		29 700	
4	Northridge	y	600	有	0.293	−28.010	35 700	3.478
				无	0.407		34 500	
5	Taft	y	400	有	0.202	−0.493	30 400	5.556
				无	0.203		28 800	
6	Taft	yx	400	有	0.204	−0.488	28 900	3.957
				无	0.205		27 800	

6.4　钢筋混凝土框架-剪力墙模型振动台试验

地震模拟振动台试验是研究结构在地震作用下的动力特性、破坏机理、破坏模式和评估结构抗震性能的重要手段与方法。它可以通过输入各种形式的地震波，再现地震反应的全过程。在试验中逐级加大台面地震波输入，可以直观地看到结构的破坏过程，得到结构模型在不同峰值地震动下的加速度、位移和主要构件中混凝土和钢筋的应变反应时程曲线。由于受到振动台尺寸和承载能力的限制，一般需要根据相似理论设计结构的缩尺模型以保证模型的体积和质量在振动台所能承受的范围之内。近年来，国内外先后建成了一些大型的地震模拟振动台，振动台的发展和建立对结构抗震研究有着十分积极的促进作用。

6.4.1　钢筋混凝土框架-剪力墙模型的设计与制作

1. 动力试验模型的相似关系

振动台试验中的模型必须与原型结构相似，满足相似理论的要求[13]。在结构动力模型试验中，模型与原型之间必须满足以下几组相似条件。

（1）空间条件相似，即要求模型的几何尺寸和空间位置均保持相似。几何尺寸 S_L、面积 S_{Area} 与体积 S_v 等相似常数的关系为

$$\begin{cases} \dfrac{L_{原型}}{L_{模型}} = S_L \\ S_{Area} = S_L^2 \\ S_V = S_L^3 \end{cases} \tag{6.33}$$

结构在受到荷载作用后会产生应变与位移。线应变、角应变与位移相似常数 S_ε、S_φ 和 S_r 必须满足

$$S_r = S_\varepsilon S_L = S_\varphi S_L \tag{6.34}$$

线应变与角应变同为无量纲值，所以为使模型与原型保持严格的几何相似，须满足

$$S_\varepsilon = S_\varphi = 1 \tag{6.35}$$

（2）物理条件相似，即指模型与原型的物理力学特性及荷载作用下所引起变形是相似的。在弹性范围内，模型的弹性模量、泊松比和阻尼系数等须满足相似条件的要求。当材料进入塑性阶段时，材料性能随荷载和时间的变化特性及材料的极限强度等都应满足相似条件。为使模型与原型相似，应力 S_σ、弹性模量 S_E、泊松比 S_μ 相似常数须满足

$$S_\mu = 1 \tag{6.36}$$

$$S_\sigma = S_E S_\varepsilon \tag{6.37}$$

（3）边界条件相似，即指结构表面所受外力、荷载作用顺序、初始条件和约束条件等满足相似理论的要求。模型的约束条件必须与原型相同，否则会影响结构的工作状况。荷载作用顺序对于模型弹塑性的工作范围尤为重要，必须在试验过程中予以正确模拟。边界条件是指初位移或初速度等，可以按照位移或速度的相似关系模拟。

（4）运动条件相似，即要求结构的运动状态和产生的条件相似。地震时地面运动规律一般用实测的加速度、速度或位移时程曲线来描述，也可以用经过处理的波形或波谱的形式来描述。这样便可以根据这些实测或是处理过的地震记录用适当的相似常数来确定模型的基本运动规律。

2. 相似理论与量纲分析

1）相似理论

相似理论主要是由三个相似定理组成，经历了一个逐步发展直至完善的过程。1686 年，Newton 研究并解决了两个运动物体相似的问题并提出了确定两个力学系统相似的牛顿准则。1782 年，傅立叶提出了两个冷却球体温度场相似的条件。1848 年，法国物理学家贝特朗以力学方程的分析为基础，首次确定了相似现象的基本性质，即相似第一定理。1911～1914 年间俄国人费捷尔曼与美国人白金汉先后推导出了相似第二定理，即 π 定理。相似第一定理和相似第二定理是在假设两个现象相似的前提下推导而出的，并不能判定两个现象的相似。1930 年，苏联学者基尔皮契夫和古赫曼提出了相似第三定理，解决了如何判定两个现象相似这一问题。至此，相似理论的研究形成了一个较为完整的理论体系。

a. 相似第一定理。

相似第一定理即彼此相似的现象，其同名相似准则的数值相同。它说明了两个相似现象在数量与空间上的相互关系，确定了两个相似现象的性质。基于牛顿第二定律，对于实际的质量运动物理系统有

$$F_p = m_p a_p \tag{6.38}$$

对于模拟的质量运动系统

$$F_m = m_m a_m \tag{6.39}$$

因为这两个系统运动现象相似，故它们各个对应的物理量成比例，即

$$F_m = S_F F_p \quad m_m = S_m m_p \quad a_m = S_a a_p \tag{6.40}$$

式中，S_F、S_m，S_a 分别为两个运动系统中对应的力、质量和加速度的相似常数。

将式（6.40）代入式（6.39）中得

$$\frac{S_F}{S_m S_a} \cdot F_p = m_p a_p \qquad (6.41)$$

在式（6.41）中，只有当

$$\frac{S_F}{S_m S_a} = 1 \qquad (6.42)$$

时，才能与式（6.38）一致。式中 $\frac{S_F}{S_m S_a}$ 称为"相似指标"，式（6.42）即为相似现象的判别条件。它表明若两个物理系统的现象相似，则它们的相似指标为1。

将式（6.40）代入式（6.41），可写成另一种形式，即

$$\frac{F_p}{m_p a_p} = \frac{F_m}{m_m a_m} = \frac{F}{ma} \qquad (6.43)$$

式（6.43）是一个无量纲比值，对于所有的力学相似现象，这个比值都是相同的，故称它为相似准数。通常用 π 表示，即

$$\pi = \frac{F}{ma} = 常量 \qquad (6.44)$$

相似系统中各个物理量之间通过相似准数 π 相互联系，通过相似准数 π 可将模型试验中得到的结果推广应用到与之相似的原型结构中去。相似常数与相似准数的概念是不同的。相似常数是指在两个相似现象中，两个相对应的物理量始终保持的常数，但对于在与此两个现象相互相似的第三个相似现象中，它可具有不同的常数值。相似准数则在所有相互相似的现象中是一个不变量，它表示相似现象中各物理量应保持的关系。

b. 相似第二定理。

现象的各物理量之间的关系，可以化为各相似准则之间的关系。某一现象各物理量之间的关系，都可以表示为相似准数之间的函数关系，即

$$f\left(x_1, x_2, x_3, \cdots\cdots\right) = g\left(\pi_1, \pi_2, \pi_3, \cdots\cdots\right) = 0 \qquad (6.45)$$

相似第二定理也称为 π 定理，它是量纲分析的普遍定理，为模型设计提供了可靠的理论基础。相似第二定理指出了模型与原型之间的关系问题，通过对各项独立的 π 项之间存在着直接的换算关系，由模型得到的结果就可以推广到原型。

c. 相似第三定理。

如两个现象的单值条件相似，而且由单值条件量组成的同名相似准则数值相同，则这两个现象相似，是现象相似的充要条件。

相似第一定理和相似第二定理是在以现象相似为前提的情况下，确定了相似现象的性质，给出了相似现象的必要条件，但没有给出判定现象彼此相似所需的条件，以及进行模拟试验时应该在各参数间保持何种比例关系。相似第三定理补充了前面两个定理，明确了只要满足现象单值条件相似和由此导出的相似准数相

等这两个条件，则现象必然相似。单值条件相似包括几何相似、边界相似和初始条件相似，以及由单值条件中的物理量所组成的相似准数的相等。在试验中，要求模型与原型的单值条件全部相似是十分困难的。但是，在保证足够的精度下，使部分相似或者近似是完全可以实现的。

根据相似第三定理，当考虑一个新现象时，只要它的单值条件与曾经研究过的现象单值条件相同，并且存在相等的相似准数，就可以肯定他们的现象相似。从而可以将已研究过的现象结果应用到新现象上去。第三相似定理终于使相似原理构成一套完整的理论，同时也成为组织试验和进行模拟的科学方法。

在模型试验中，为了使模型与原型保持相似。必须按相似原理推导出相似的准数方程。模型设计则应在保证这些相似准数方程成立的基础上确定出适当的相似常数。最后将试验所得数据整理成准数间的函数关系来描述所研究的现象。

2）量纲分析

量纲分析法是 20 世纪初期，一些物理学家提出的一种在物理领域建立数学模型的方法。即在经验和试验的基础上，利用物理量的量纲所提供的信息，根据齐次原则确定物理量之间的关系。

如米、厘米、毫米、英尺、英寸等都是单位，均用于测量长度，它们作为单位都有大小的尺度概念。但作为量纲它们的性质都代表长度，彼此之间没有区别，均可用长度量纲[L]表示。小时、分、秒等都可以表示时间，因此它们可以用量纲[T]表示。而牛顿、千克等都是用来测量力的单位，它们都可以用量纲[F]表示。

在一切自然现象中，各物理量之间的量纲并不是没有关系。在分析一个现象时，可用参与该现象的各物理量之间的关系方程来描述，因此各物理量的量纲之间也存在着一定的联系。如果选定一组彼此独立的量纲作为基本量纲，而其他物理量的量纲可由基本量纲组成，则这些量纲称为导出量纲。为了方便起见，人们人为规定了两个基本量纲系统：质量、长度、时间（[M]-[L]-[T]）基本量纲系统和力、长度、时间（[F]-[L]-[T]）基本量纲系统。

3）模型相似关系的确定

模型设计是动力模型试验成败的关键，而确定模型与原型之间的相似关系对于模型设计至关重要。对于钢筋混凝土结构这种由复合材料组成的结构，为了能够更好地反映原型结构的动力性能，得到与原型结构相同的承载能力、变形与破坏模式，它的相似关系的建立变得更加严格与困难。影响建筑结构的物理量一般有：结构尺寸 L、结构的水平变位 X、应力 σ、应变 ε、结构材料的弹性模量 E、结构材料的平均密度 ρ、结构的自重 q、结构的振动频率 ω、结构阻尼比 ξ、地震动的振幅 A 和运动的最大频率 ω_g。与各物理量对应的相似常数分别为 S_L、S_X、S_σ、S_ε、S_E、S_ρ、S_q、S_ω、S_ξ、S_A 和 S_{ω_g}。采用量纲分析的方法可以写出系统的量纲矩阵

		L	X	σ	ε	E	ρ	q	ω	ξ	A	ω_g
[M]	|	0	0	1	0	1	1	1	0	0	0	0
[L]	|	1	1	-1	0	-1	-3	-2	0	0	1	0
[T]	|	0	0	-2	0	-2	0	-2	-1	0	0	-1

选取 L、ω、ρ 为基础物理量，其他物理量均可由这三个基础物理量求得，对上述无量纲矩阵进行求解，就可以得到 8 个无量纲的 π 数为

$$\pi_1 = \frac{X}{L} \qquad \pi_2 = \frac{\sigma}{\rho\omega^2 L^2} \tag{6.46}$$

$$\pi_3 = \varepsilon \qquad \pi_4 = \frac{E}{\rho\omega^2 L^2} \tag{6.47}$$

$$\pi_5 = \frac{q}{\rho\omega^2 L} \qquad \pi_6 = \xi \tag{6.48}$$

$$\pi_7 = \frac{A}{L} \qquad \pi_8 = \frac{\omega_g}{\omega} \tag{6.49}$$

模型需与原型相似，所以对应的物理量成比例为

$$\begin{cases} X_m = S_X X_\rho & L_m = S_L L_\rho & \sigma_m = S_\sigma \sigma_\rho \\ \varepsilon_m = S_\varepsilon \varepsilon_\rho & E_m = S_E E_\rho & \rho_m = S_\rho \sigma_\rho \\ q_m = S_q q_\rho & \omega_m = S_\omega \omega_\rho & \xi_m = S_\xi \xi_\rho \\ A_m = S_A A_\rho & \omega_{gm} = S_{\omega g} \omega_{g\rho} \end{cases} \tag{6.50}$$

因此，模型应满足如下相似条件

$$\begin{cases} \dfrac{S_X}{S_L} = 1 & \dfrac{S_\sigma}{S_\rho S_\omega^2 S_L^2} = 1 \\[3mm] S_\varepsilon = 1 & \dfrac{S_E}{S_\rho S_\omega^2 S_L^2} = 1 \\[3mm] \dfrac{S_q}{S_\rho S_\omega^2 S_L^2} = 1 & S_\xi = 1 \\[3mm] \dfrac{S_A}{S_L} = 1 & \dfrac{S_{\omega g}}{S_\omega} = 1 \end{cases} \tag{6.51}$$

4）模型的相似关系

综合考虑以上因素，得到振动台试验模型的相似关系列于表 6.26 中，通过以上相似关系得到的缩尺模型与原型结构是满足相似理论要求的。

表 6.26　试验模型的相似关系

物理量	相似关系	相似比
长度	S_L	0.2
弹性模量	S_E	0.25
等效密度	$S_{\bar{\rho}}=\dfrac{M_m+M_a+M_{om}}{S_L^3(M_p+M_{op})}$	1.26
应力	$S_\sigma=S_E$	0.25
变位	$S_X=S_L$	0.2
时间	$S_T=\dfrac{S_L}{\sqrt{S_E/S_{\bar{\rho}}}}$	0.447
速度	$S_v=\sqrt{S_E/S_{\bar{\rho}}}$	0.44
加速度	$S_a=S_E/(S_L S_{\bar{\rho}})$	1
频率	$S_\omega=\dfrac{\sqrt{S_E/S_{\bar{\rho}}}}{S_L}$	2.237

3. 框架-剪力墙结构模型设计

试验是在大连理工大学海岸和近海工程国家重点试验室的地震模拟振动台上进行的,模型为 1/5 尺寸的双向双跨三层钢筋混凝土偏心框架-剪力墙结构(图 6.33)。模型的几何尺寸及配筋图如图 6.34 和图 6.35 所示。模型采用分层整体现浇的方式施工,模型中的受力纵筋采用 3mm 的镀锌铁丝,0.9mm 的镀锌铁丝作为箍筋,剪力墙和板中的配筋为直径 2mm、间距 20mm 的双层镀锌铁丝网,结构采用微粒混凝土进行浇筑,基础底座采用 C30 混凝土浇筑。

图 6.33　试验模型图

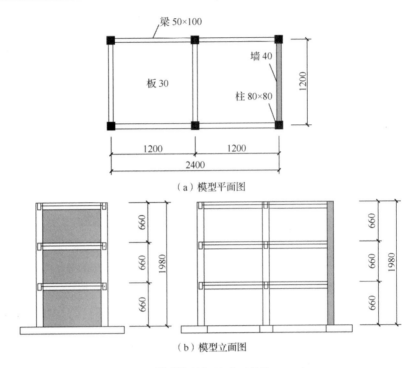

（a）模型平面图

（b）模型立面图

图 6.34　模型的几何尺寸（单位：mm）

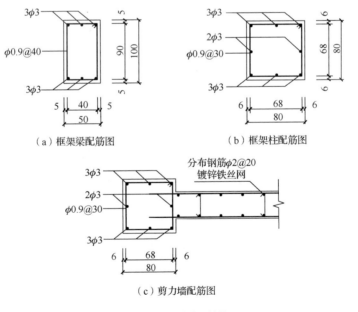

（a）框架梁配筋图　　　　　（b）框架柱配筋图

（c）剪力墙配筋图

图 6.35　模型的配筋图（单位：mm）

6.4.2　试验加载、测试与采集

1. 激振装置与加载方案

本次试验的激振装置为大型双向 3 自由度水下、地上两用地震模拟振动台，主要性能参数见表 6.27。试验模型的加载为水平方向和竖直方向同时进行激振，采用 1940 年 El Centro 波南北分量和竖向分量作为本次试验的地震动输入，最大加速度值分别为 341.7cm/s^2 和 206.3cm/s^2，如图 6.36 所示。表 6.28 给出了地震波输入工况，表中列出了各次输入下水平方向的峰值加速度，竖直方向的峰值加速度按其与水平方向的实际比例压缩。

表 6.27　地震模拟振动台主要性能参数

项目	主要性能参数
振动方向	水平+竖向+摇摆
控制模式	数字控制
最大载重	10t 力
台面尺寸	3m×4m
最大水平位移	±75mm
最大水平速度	±50cm/s
最大水平加速度	1.0g
最大竖向位移	±50mm
最大竖向速度	±35cm/s
最大竖向加速度	0.7g
工作频率	0.1～50Hz

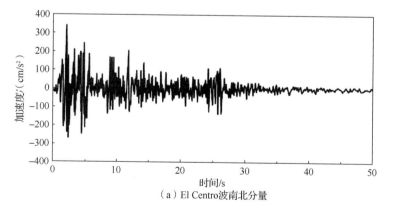

（a）El Centro 波南北分量

图 6.36　El Centro 波

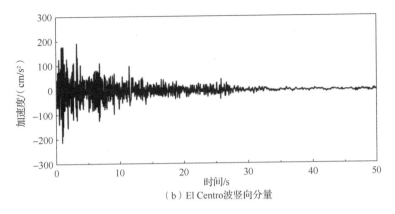

（b）El Centro波竖向分量

图 6.36（续）

表 6.28　地震波输入工况

序号	加速度峰值/g	输入方向
WN-1	—	—
EC-1	0.16	*x/z*
EC-2	0.24	*x/z*
EC-3	0.33	*x/z*
EC-4	0.40	*x/z*
EC-5	0.45	*x/z*
EC-6	0.50	*x/z*
EC-7	0.54	*x/z*
EC-8	0.58	*x/z*
EC-9	0.60	*x/z*
EC-10	0.66	*x/z*
EC-11	0.70	*x/z*
EC-12	0.73	*x/z*
EC-13	0.86	*x/z*

注：WN 和 EC 分别为白噪声和 El Centro 波；x 代表水平方向，z 代表竖直方向。

2. 测试与采集方案

　　加速度传感器（图 6.37）分别固定于各楼层的楼板质量中心处用来测量水平与竖直方向加速度反应，布置在角柱附近的加速度传感器用来量测模型各层的扭转反应。在模型构件中应变较大处布置了光纤光栅应变传感器（图 6.38）测量混凝土的应变，用来考察不同地震峰值加速度输入下混凝土应变率的变化情况。

图 6.37　加速度传感器

图 6.38　光纤光栅应变传感器

6.4.3　试验结果分析

输入地震峰值加速度 0.16g 和 0.24g 时模型未出现明显裂缝,但从模型的频率与阻尼比的变化来看,内部应该已经出现了微裂缝。当地震波峰值增加至 0.33g 时,由于模型质量偏心,外侧边柱与中柱承受较大的地震作用,二层的中柱和边柱以及它们之间的框架梁靠近边柱一侧根部均出现裂缝。地震波峰值增加到 0.5g 时已有的裂缝宽度增加,在二层梁柱节点处又出现多条裂缝。随着地震波的逐步增大,反应加剧,已经出现的裂缝继续开展,0.6g 时裂缝宽度继续增加,边柱混凝土有轻微剥落的现象。0.8g 时裂缝宽度仍然继续增加,部分节点处混凝土剥落,梁柱节点破坏严重。

1. 动力特性

图 6.39 和图 6.40 给出了模型 x 方向前两阶频率与一阶阻尼比随所输入地震波峰值加速度的变化曲线。随着峰值加速度的增加裂缝不断开展,塑性变形增加,频率减小,阻尼比增大。

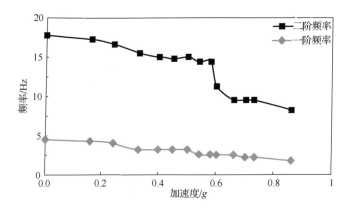

图 6.39　模型 x 方向前两阶频率变化曲线

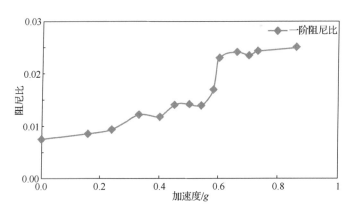

图 6.40　模型 x 方向一阶阻尼比变化曲线

2. 加速度与位移反应

动力放大系数即为实测加速度反应的最大值与台面输入加速度的最大值之比。为了考虑动力放大系数沿着模型高度方向的变化，把各工况中模型不同峰值加速度下各层的动力放大系数进行图示，如图 6.41 所示。水平方向（x 方向）动力放大系数随着地震输入的增大呈减小的趋势。竖直方向（z 方向）的动力放大系数随着地震输入的增大呈增大的趋势，但规律并不十分明显。水平方向和竖直方向动力放大系数最大值分别为 1.47 和 4.44。对加速度传感器采集到的加速度信号进行基线校正与滤波处理后，通过两次积分计算即可求得模型的位移反应时程曲线。不同峰值加速度下各层位移反应最大值，如图 6.42 所示。由于结构质量偏心所引起的不同峰值加速度下各层扭转反应最大值，如图 6.43 所示。随着输入地震动峰值加速度的增大，位移反应与扭转反应均呈现出逐渐增大的趋势。

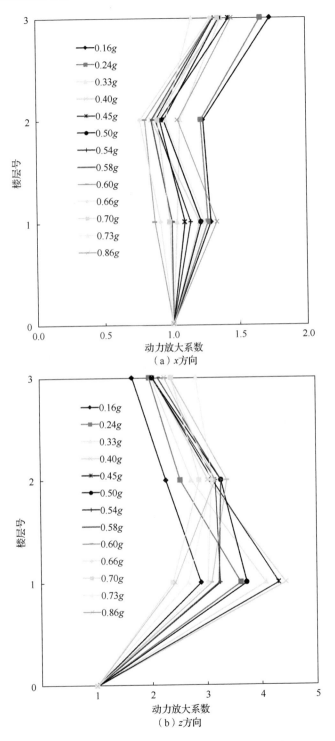

图 6.41　不同峰值加速度下各层动力放大系数

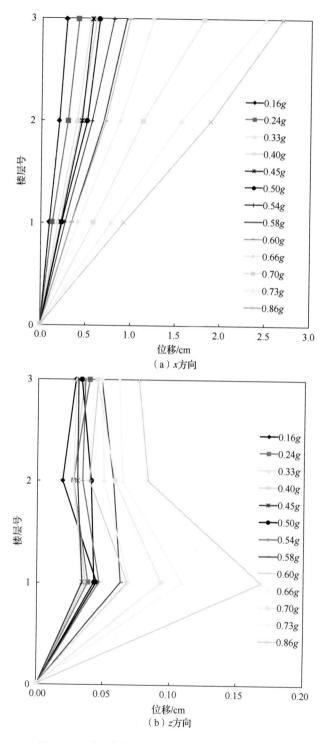

（a）x方向

（b）z方向

图 6.42　不同峰值加速度下各层位移反应最大值

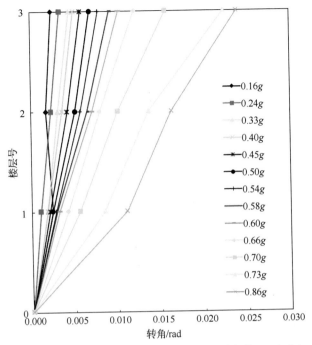

图 6.43 不同峰值加速度下各层扭转反应最大值（x 方向）

水平方向加速度和位移反应最大值、扭转反应的最大值均出现在顶层，竖直方向加速度和位移反应的最大值出现在首层与第二层，各工况下结构反应最大值列于表 6.29 中，可以看出，尽管竖直方向的动力放大系数较大，但产生的位移反应较小，竖向地震作用对本文模型结构的地震反应影响较小。

表 6.29 各工况下加速度、位移及扭转反应最大值

峰值加速度/g	x 方向			z 方向		
	加速度/g	位移/cm	扭转/rad	加速度/g	位移/cm	扭转/rad
0.16	0.274（3）	0.273（3）	0.002 39（3）	0.116（1）	0.046（1）	—
0.24	0.413（3）	0.402（3）	0.003 38（3）	0.232（1）	0.051（1）	—
0.33	0.452（3）	0.536（3）	0.004 51（3）	0.363（1）	0.054（1）	—
0.40	0.565（3）	0.596（3）	0.004 96（3）	0.524（1）	0.057（1）	—
0.45	0.649（3）	0.714（3）	0.005 78（3）	0.608（1）	0.063（1）	—
0.50	0.692（3）	0.793（3）	0.006 98（3）	0.609（1）	0.067（1）	—
0.54	0.709（3）	0.906（3）	0.007 97（3）	0.624（1）	0.073（1）	—
0.58	0.756（3）	1.051（3）	0.009 18（3）	0.726（2）	0.098（1）	—
0.60	0.781（3）	1.158（3）	0.010 35（3）	0.829（2）	0.106（1）	—
0.66	0.848（3）	1.351（3）	0.012 24（3）	0.955（2）	0.146（1）	—

续表

峰值加速度/g	x 方向			z 方向		
	加速度/g	位移/cm	扭转/rad	加速度/g	位移/cm	扭转/rad
0.70	0.947（3）	1.796（3）	0.015 73（3）	1.140（2）	0.164（1）	—
0.73	0.839（3）	2.475（3）	0.022 22（3）	1.285（2）	0.184（1）	—
0.86	1.247（3）	2.664（3）	0.023 94（3）	1.770（2）	0.265（1）	—

注：（1）、（2）、（3）为各反应最大值所在的楼层号；"—"表示竖向地震动（z 方向）引起结构扭转很小，可忽略。

3. 地震作用下混凝土的应变率

目前，对于混凝土材料在地震作用下的应变率测量方面的研究相对较少，只是定性地给出了地震作用下混凝土的应变率范围，定量的研究很少。为了更好地了解在地震作用下混凝土的应变率，通过布置在模型构件上的光纤光栅应变传感器对模型中部分位置的混凝土应变进行了实时监测，通过分析得到混凝土的应变率，其安装图如图 6.44 所示。

图 6.44　光纤光栅应变传感器安装图

1）光纤光栅（FBG）传感器

本节中所使用的传感器为 FBG 应变传感器，与支座连接后粘贴于结构表面，具体参数见表 6.30。

表 6.30　传感器参数

量程/με	±2000
分辨率/με	0.5 或 1 可选
光栅中心波长/nm	1510～1590
光栅反射率/%	>80
工作温度范围/℃	−30～+80
规格尺寸	直径 4mm，标距 60mm，有效测量距离 40mm
安装方式	直接埋入被测材料中或与支座连接后黏接、焊接于结构表面
传感器级连方式	熔接或连接器连接

FBG 传感器是通过测量传感器波长的变化来得到外界应变[14]，传感器中心波长变化 $\Delta\lambda_{\mathrm{FBG}}$ 与外界应变 ε 的关系为

$$\Delta\lambda_{\mathrm{FBG}} = \frac{1.2L}{L_f}\varepsilon \tag{6.52}$$

式中，L 为两端固定支点的距离；L_f 为两端夹持部件间的距离。

2）数据采集系统

FBG 应变传感器中心波长的测量采用 SM230 解调仪，仪器的扫描频率为 1Hz，波长分辨率为 10pm，工作波长范围为 1510～1590nm。

3）结果分析

根据试验量测点的应变时程经过处理就得到应变率时程，模型中梁和柱中混凝土应变率的最大值列于表 6.31 中，可以看出，随着输入峰值加速度的增大，混凝土的应变率也逐步增大，框架柱中混凝土的应变率总体上要大于框架梁中混凝土的应变率，框架梁中混凝土应变率的范围是（2.0×10^{-3}）～（2.7×10^{-2}）s^{-1}，框架柱中混凝土的范围是（6.5×10^{-3}）～（6.8×10^{-2}）s^{-1}。其原因可能是结构中的框架柱受水平地震作用影响较大而竖向地震作用对框架梁的影响较大，根据振动台试验结果，竖向地震作用对结构地震反应与水平地震作用相比要小得多，加之楼板的约束使框架梁的变形受到限制，因此在地震作用下框架梁中混凝土的应变率小于框架柱中混凝土的应变率。

混凝土应变的试验结果与文献[15]中所给出的地震作用下混凝土应变率的范围（10^{-3}～$10^{-1}\mathrm{s}^{-1}$）基本一致，证明了以往在地震作用下混凝土材料及结构构件应变率效应的研究中所选择的应变率范围的正确性，也为日后应变率效应对材料、构件以及结构的影响研究提供参考。

表 6.31　混凝土应变率最大值

工况	加速度峰值/g	楼层号	框架梁中混凝土应变率最大值/s^{-1}	框架柱中混凝土应变率最大值/s^{-1}
EC-1	0.16	1	2.0×10^{-3}	1.7×10^{-2}
		2	3.2×10^{-3}	6.9×10^{-3}
		3	3.5×10^{-3}	6.5×10^{-3}
EC-2	0.24	1	2.2×10^{-3}	2.8×10^{-2}
		2	4.6×10^{-3}	1.1×10^{-2}
		3	4.8×10^{-3}	1.1×10^{-2}
EC-3	0.33	1	2.3×10^{-3}	3.6×10^{-2}
		2	5.5×10^{-3}	1.0×10^{-2}
		3	6.5×10^{-3}	1.6×10^{-2}
EC-4	0.40	1	2.8×10^{-3}	3.0×10^{-2}
		2	6.6×10^{-3}	1.2×10^{-2}
		3	6.8×10^{-3}	1.7×10^{-2}
EC-6	0.50	1	3.7×10^{-3}	4.1×10^{-2}
		2	7.4×10^{-3}	1.2×10^{-2}
		3	6.8×10^{-3}	2.1×10^{-2}
EC-9	0.60	1	6.1×10^{-3}	5.1×10^{-2}
		2	1.7×10^{-2}	1.2×10^{-2}
		3	8.2×10^{-3}	2.6×10^{-2}
EC-11	0.70	1	9.6×10^{-3}	5.8×10^{-2}
		2	2.7×10^{-2}	1.5×10^{-2}
		3	1.0×10^{-2}	3.5×10^{-2}
EC-13	0.86	1	9.0×10^{-3}	6.8×10^{-2}
		2	2.5×10^{-2}	1.5×10^{-2}
		3	1.9×10^{-2}	4.5×10^{-2}

参 考 文 献

[1] SHAH S P, WANG M L, LAN C. Model concrete beam-column joints subjected to cyclic loading at two rates[J]. Materials & Structures, 1987, 20（2）: 85-95.

[2] PANKAJ P, LIN E. Material modelling in the seismic response analysis for the design of RC framed structures[J]. Engineering Structures, 2005, 27（7）: 1014-1023.

[3] ZHANG H, LI H N. Dynamic analysis of reinforced concrete structure with strain rate effect[J]. Materials Research Innovations, 2011, 15（1）: 213-216.

[4] 李宏男. 结构多维抗震理论[M]. 北京: 科学出版社, 2006.

[5] PARK S W, XIA Q, ZHOU M. Dynamic behavior of concrete at high strain rates and pressures : II. Numerical simulation[J]. International Journal of Impact Engineering, 2001, 25（9）: 887-910.

[6] 过镇海. 钢筋混凝土原理和分析[M]. 北京: 清华大学出版社, 2003.

[7] LI Q M, MENG H. About the dynamic strength enhancement of concrete-like materials in a split Hopkinson pressure bar test[J]. International Journal of Solids & Structures, 2003, 40（2）: 343-360.

[8] ASPRONE D, FRASCADORE R, Marco OL. Influence of strain rate on the seismic response of RC structures[J]. Engineering Structures, 2012, 35: 29-36.

[9] 陈俊名. 钢筋混凝土剪力墙动力加载试验及考虑应变率效应的有限元模拟[D]. 长沙: 湖南大学, 2010.

[10] 许宁. 快速加载下钢筋混凝土剪力墙性能试验及数值模拟研究[D]. 长沙: 湖南大学, 2012.

[11] 庄茁. 基于 ABAQUS 的有限元分析和应用[M]. 北京: 清华大学出版社, 2009.

[12] 闫东明. 混凝土动态力学性能试验与理论研究[D]. 大连: 大连理工大学, 2006.

[13] 田利. 输电塔-线体系多维多点地震输入的试验研究与响应分析[D]. 大连: 大连理工大学, 2011.

[14] 任亮, 张莹, 李东升, 等. FBG 传感器在黏土心墙坝模型试验中的应用[J]. 光电子·激光, 2011（8）: 1124-1129.

[15] 肖诗云. 混凝土率型本构模型及其在拱坝动力分析中的应用[D]. 大连: 大连理工大学, 2002.

第7章 钢筋混凝土结构多尺度建模与数值分析

近年来，大型土木工程结构如高层建筑、大型场馆等在其设计基准期内的损伤破坏成为人们重视的问题。设计基准期内，由于结构自身的初始缺陷以及荷载的长期疲劳效应的作用，引起局部构件产生瑕疵进而对整体结构抗力产生影响，极端情况下甚至会引发灾难性事故。结构的破坏是一个相当复杂的过程，其最后的破坏体现在整体宏观层次，然而根源却是起源于材料内部的损伤这一微观层次。损伤从微观层次到整体层次演化，导致了整体结构的破坏，换言之，结构的破坏实质是整体结构宏观尺度与局部微观尺度之间的相互耦合作用的结果[1, 2]。因此，结构破坏实质与宏、微观尺度之间耦合的研究是分不开的。也就是本章要介绍的多尺度科学。

工程结构设计时，常会遇到局部构件分析或关键区域的模拟，如钢桁架桥梁的钢筋焊接点的残余应力分析、预应力结构锚固区的复杂应力-应变关系等。目前常用的分析方法是将整个结构数值模拟后边界条件提取，对关键构件采用递阶分析。但是，对关键构件进行递阶分析时，尤其是大型工程结构，其边界条件过于复杂，致使有限元分析结果的准确度有所偏差，因而此种方法的计算精度只能适用于一般结构。当涉及重大工程结构的有限元分析时，这种二次递阶的模拟方法计算精度往往是不够的。如果对整个结构进行完全的精细尺度的模拟，其计算代价又是难以接受的。考虑到计算精度与计算效率的平衡问题，需要对整体结构与局部构件进行耦合，令其在同一个模型中实现分析，有效避免复杂边界条件的模拟。而多尺度数值分析能够平衡精度与效率，是一种可用于耦合分析的非常有效的手段。

多尺度模拟和计算正处于当今的研究热潮中。在材料科学等领域，多尺度的模拟与计算已经是非常重要的研究课题，并且具有重大的研究意义。关于材料多尺度的研究，国内外已经取得了很多重要进展，涉及的尺度量级包括跨原子/连续介质（第一类）多尺度分析，跨微/细/宏观（第二类）多尺度分析以及时间多尺度分析，而且已经应用于复合材料的多层次物理性能模拟。与之相比，有关大型结构多尺度建模与分析的理论目前并不完善，尚未引起人们足够的关注。然而在实际的模拟中，结构多尺度分析的结果能够解释构件的动力试验中的破坏形态和构件的动力灾变机理。更深层次的研究意义在于，结构设计时，可以通过对结构中关键构件进行多尺度模拟，发现其破坏规律和损伤演变过程，以便提前采取措施，防止关键构件的破坏。考虑到其在工程上的深远意义，结构多尺度模拟与分析应该受到更多的关注，这是一个具有巨大挑战性的研究课题和领域。但是目前投身于结构多尺度模拟与分析的研究者仍很少，系统的理论仍未成型，这也就使得结构多尺度分析更具有紧迫性[3]。

7.1　多尺度动力分析中界面连接

7.1.1　引言

人们从大量工程实例的破坏中发现，对于土木结构而言，损伤源自局部应力集中。整个结构在工作荷载作用下，产生了局部损伤，损伤的持续演化造成结构劣化，导致最终的破坏。因而结构劣化实际上是产生于局部细节尺度与结构整体尺度这样两个不同量级的尺度上。要想真正了解结构破坏机理需要引入多尺度分析的概念。

多尺度科学是研究不同尺度之间相互耦合现象及原理的科学[4]，结构多尺度有限元分析是指通过一定的方法将计算效率较高的宏观单元与计算精度较高的微观单元在一个模型中耦合，从而使整个结构的反应分析达到精度与计算效率之间的一种平衡，且该方法也是一种能为大型工程结构提供分析局部构件破坏的方法。

对于结构多尺度有限元分析，常采用不同类型和尺度的单元来模拟结构的不同部分。比如，梁单元和板壳单元可以用来模拟尺度较大的构件（包括梁、柱、墙、板等），实体单元则可以用来模拟尺度较小的细部构件或关键构件（包括节点等）[5]。在同一模型中，当采用不同类型的单元模拟不同尺度的构件时，需要建立不同单元之间合理的连接方式，使得各种单元可以协同工作，可更好地把握结构的整体受力特征和局部破坏过程，从而能更好地理解、把握结构的性能。

基于上述思想，本章针对不同情况的多尺度问题，进行了结构多尺度数值分析的尝试，包括同类型不同尺度单元模型的界面连接与不同类型单元模型的界面连接。通过开发不同尺度单元间的协同工作界面技术，以实现局部精细单元和整体结构粗糙单元耦合的多尺度计算。

7.1.2　同类型不同尺度单元模型的界面连接

对于同一类型不同尺度的单元，由于不存在节点上自由度不同的问题，界面连接的难度相对较小。如果要在交界面上实现连接来达到减小计算代价而不影响精度的目的，可以根据不同的单元类型，将精细单元交界面上的节点的自由度，通过 MPC（multi-point constraints）子程序（下文将简单介绍）以不同的插值方式与粗糙单元耦合（例如，四节点平面单元应以线性插值的方式来实现变形协调，而八节点平面单元则是双线性插值的方式）。

MPC 是用于建立多点之间约束的命令，可在前处理以及 input 文件中用，既适用于隐式分析，也适用于显式分析。既可以用于处理线性约束问题，也可以用于处理非线性约束的问题。常用的约束有线性约束（linear type MPC）、二阶非线性约束（quadratic type MPC）、梁类型约束（beam type MPC）等。对于复杂的约束可以通过 JDOF（自由度矩阵）的设置来实现不同节点自由度之间的连接关系。另外，MPC 也可用于自定义子程序中。简单地举一个线性约束的例子来说明。图 7.1 中需通过 A、B 点来约束 P 点。将 P 点自由度线性插值的方式约束。当多个点通过此两点约束其原理类似。

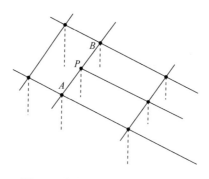

图 7.1　多点约束线性耦合方式[6]

【例 7.1】以某一简单的平面简支梁为例，梁高 $h = 0.9\text{m}$，跨度 $L = 6\text{m}$。在跨中受竖向集中荷载作用，大小为 10 000kN。材料的弹性模量为 $E = 21\,000\text{MPa}$，泊松比为 $v = 0.3$，以此计算结果考查多尺度模拟效果。

在 ABAQUS 有限元软件中建立多尺度模型，并分别建立了粗糙模型（单元尺寸为 0.2mm×0.3mm）和精细模型（单元尺寸为 0.05mm×0.05mm），三种模型效果图如图 7.2 所示。三种模型均采用四节点平面单元模型（CPS4），在多尺度模型中，精细单元上的节点以线性的方式与粗糙单元节点进行耦合。对三个模型分别分析后，取 y=0.15m 处的纵向位移和 y=−0.15m 处的正应力和剪应力进行比较，结果如图 7.3～图 7.5 所示。

（a）粗糙模型

（b）精细模型

（c）多尺度模型

图 7.2　三种模型效果图

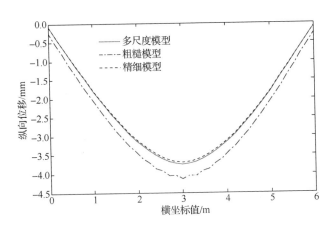

图 7.3　$y = 0.15\text{m}$ 处各节点纵向位移

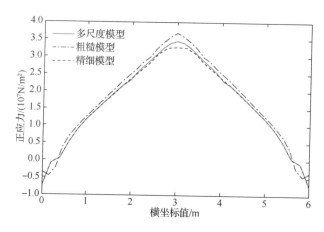

图 7.4　$y = -0.15$m 处各节点的正应力

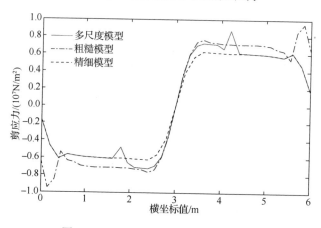

图 7.5　$y = -0.15$m 处各节点的剪应力

可以看出，经过 MPC 处理后的多尺度模型各参数值整体的曲线变化与精细模型差距很小。从应力图中可以看到，在交界面处的节点出现不合理的应力变化趋势，而其余节点的应力变化的规律均与精细网格节点变化几乎一致。这种异常在其他耦合方法中也会出现，比如 Arlequin 方法，乔华[6]对某一多尺度梁模型分析后的对比（图 7.6），可以看出这种域内耦合方法在耦合区域内也会出现数值不稳定的问题。提取交界面上的所有节点分析后发现仅仅是精细网格与粗糙网重合处的节点出现了这种异常。总而言之，对于我们所关心的区域或者构件，其数值分析的结果还是可以接受的。而从位移图上可以看到，多尺度模型上所有节点的位移变化都与精细模型上的节点一致。从结构多尺度分析的目的来看，多尺度模型能够保证关键构件或部位的计算精度，此方法是可行的。从表 7.1 各模型计算效率可知，节点总数与 CPU 的运行时间上，多尺度模型与精细尺度模型相比分别减少了多 56.0% 和 42.9%，多尺度模型有效地提高了计算效率。

表 7.1 各模型计算效率

项目	计算效率			与精细模型相比多尺度模型减小/%
	粗糙模型	精细模型	多尺度模型	
CPU 运行时间/s	0.3	0.7	0.4	42.9
总节点数/个	124	2299	1011	56.0

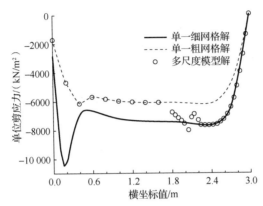

图 7.6 在 Arlequin 算法中三种模型剪应力比较[6]

7.1.3 不同类型单元模型的界面连接

常见的不同尺度单元的连接情况主要是梁单元、板壳单元与实体单元之间的互相耦合连接。梁单元与板壳单元构件的连接可以通过上节所说的梁单元类型约束（beam type MPC），板壳单元与实体单元的连接可以通过通用有限元软件 ABAQUS 中的实体单元与板壳单元耦合命令（solid to shell coupling）连接。这是一种表面与表面（surface to surface）之间的连接方式。梁单元与实体单元构件的连接是最常见的，此处通过 coupling 命令来实现连接。下文将以梁单元模型与实体单元模型连接来说明不同单元耦合的原理。为了方便说明，此处仍先以平面的单元为例，空间的单元情况类似。

此处需要考虑的是不同单元自身自由度不同的特点，由于实体单元每个节点只有两个平动自由度而不存在转动自由度，而梁单元节点同时有平面自由度和转动自由度。图 7.7 多尺度模型耦合示意图为连接界面。xoy 坐标系为假设的局部坐标系，梁单元模型的节点 B 为原点，x 轴平行于实体单元模型的中性轴方向，在假定的局部坐标系下，对于精细模型在界面上的受约束各节点满足

$$x_{A^i} = 0(i = 1, 2, \cdots, n) \tag{7.1}$$

$$y_{A^i} = y_B \, (i = 1, 2, \cdots, n) \qquad\qquad (7.2)$$

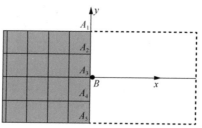

图 7.7　多尺度模型耦合示意图

常见的梁单元与实体单元的耦合手段有 kinematic coupling 与 distributing coupling 两种。kinematic coupling 的约束面可以受某个点或者某个面约束。以上述图中为例，当约束面上的所有自由度被某节点约束时，整个约束面变为刚性面。该约束区域上的各个节点之间的相互距离保持不变，该节点与约束面上被约束节点之间的距离也是保持不变的。distributing coupling 则可以对约束面上的各节点运动根据自己的需要进行加权处理。是约束区域上受到的合力与合力矩与施加在约束区域各参考点上的力与力矩等效。也就是说，distributing coupling 是允许约束面上的各约束节点之间发生相对变形的，整个面比 kinematic coupling 约束面更柔。但是从计算效率上来说，kinematic coupling 模式相比 distributing coupling 模式可节省很多计算资源。而且使用 kinematic coupling 可以解决一般的耦合问题，所以选用的是 kinematic coupling。

通过 MPC 自定义子程序也可以实现上述耦合。当不使用局部坐标时，各节点自由度满足以下关系

$$x_{A^i} = x_B + \alpha l_{Bi} \, (i = 1, 2, \cdots, n) \qquad\qquad (7.3)$$

$$y_{A^i} = y_B \, (i = 1, 2, \cdots, n) \qquad\qquad (7.4)$$

式中，α、l_{Bi} 分别为节点 B 的转角和约束面上各节点与 B 点的距离。通过以上关系可以利用自由度矩阵实现耦合。

【例 7.2】某一悬臂梁尺寸为 $H = 1\mathrm{m}$，$L = 5\mathrm{m}$，$t = 1\mathrm{m}$，自由端分别承受静荷载与动荷载的作用，梁材料属性为弹性模量 $E = 1000\mathrm{Pa}$，泊松比 $\nu = 0.3$。

在 ABAQUS 中分别建立三种不同尺度的模型，如图 7.8 所示。精细模型以四节点平面单元模拟（CPS4，尺寸为 0.25m×0.25m），粗糙模型以梁单元模拟（此处使用 B21）。多尺度模型的精细段长度取为 1.5m，为总跨度的 1/4～1/3 之间。图 7.9 为静荷载作用下，上边缘不同模型正应力比较。图 7.10 为动荷载作用下坐标为（0.5m，0.5m）处正应力时程比较。

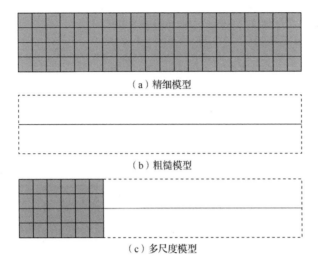

（a）精细模型

（b）粗糙模型

（c）多尺度模型

图 7.8　三种不同尺度的模型

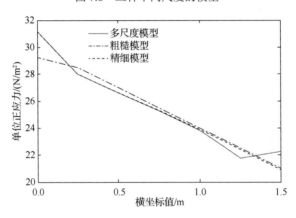

图 7.9　不同模型正应力比较

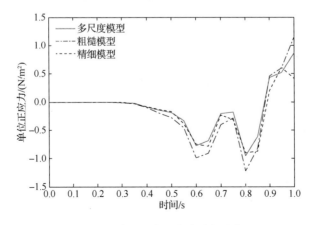

图 7.10　某一节点正应力时程比较

从图 7.9 可以看到，不同尺度单元在耦合面处的节点不合理的模应力变化仍会出现，而其余节点的应力变化的规律均与精细网格节点变化几乎一致。当横轴坐标值为[0,1]内时，多尺度模型与精细模型的曲线变化几乎一致，再次证明我们所关心区域内的耦合状况很好，保证了计算精度。而从图 7.10 中可以看出，在不规则动荷载作用下，多尺度模型正应力时程曲线更加接近精细模型，这也为后面将要进行的混凝土结构弹塑性动力时程分析打下了基础。至于计算效率，从表 7.2 可知，节点总数与 CPU 的运行时间（静荷载和震荡动荷载下）上，多尺度模型与精细模型相比分别减少了 25.7%、20.0%和 15.2%。这里，多尺度模型计算效率不是很高的原因主要为精细尺度的网格划分比较稀疏。笔者尝试了不同大小网格的数值模拟，当上述算例中平面单元的网格为 0.05m×0.05m，静荷载作用下，多尺度模型计算时间比精细模型减少 32.5%，与之前的 15.2%相比提高了一倍多；若将网格划分更细，精细尺度的模型计算时间会大幅增加，多尺度模型计算效率会得到进一步的提高。

表 7.2　各模型计算效率

项目	计算效率			与精细模型相比多尺度模型减小/%
	粗糙模型	精细模型	多尺度模型	
静荷载下 CPU 运行时间/s	0.3	0.5	0.4	20.0
震荡动荷载下 CPU 运行时间/s	10.2	13.2	11.2	15.2
节点数/个	61	105	78	25.7

7.2　钢筋混凝土结构中的应用与多尺度建模实现

7.2.1　梁单元建模方法

虽然通用有限元软件 ABAQUS 内包含了丰富的单元库和大量的本构模型，用户可以根据这些模型库解决很多模拟与分析问题。然而，实际遇到的问题是远远无法预知的，不可能根据模型库的模型直接解决所遇到的一切问题。所以，用户在实际分析的过程中可以根据自己的需求，合理使用 ABAQUS 中的用户自定义子程序（user subroutine）。这些用户子程序包括了单元特征、本构模型等很多部分，常用的有 UEL、UMAT、VUMAT 等。

ABAQUS 中常用混凝土本构模型库[7]包括：混凝土弥散裂缝模型（concrete smeared cracking）、混凝土脆性破坏模型（concrete brittle cracking）、混凝土塑性损伤模型（concrete damage plasticity）。此三种模型中只有混凝土脆性破坏模型适用于三维空间梁单元，这也给建模造成了很大的不便。脆性破裂模型比较适用于拉伸裂纹控制材料行为的应用，而不适用于压缩失效。综合考虑后，笔者选取了清华大学潘鹏等提供的基于纤维模型的钢筋与混凝土的材料子程序 PQ-Fiber 进行模拟梁单元[8]。

PQ-Fiber 是清华大学潘鹏和曲哲研发的一组基于钢筋和混凝土的单轴应力-应变本构模型。该模型只适用于大型通用有限元程序 ABAQUS 中的杆系结构或单元的隐式分析，可在钢筋混凝土结构、钢结构等的弹塑性反应分析中使用。

该子程序中包含了 6 组模型：钢筋弹塑性随动硬化单轴本构模型、钢筋再加载刚度按 Clough 本构退化的随动硬化单轴本构模型、钢筋拉压不等强的弹塑性随动硬化单轴本构模型、忽略抗拉强度的混凝土模型、考虑抗拉强度的混凝土模型以及根据相关混凝土规范的混凝土骨架曲线，考虑抗拉强度的混凝土模型。笔者选取了根据混凝土规范的混凝土骨架曲线，考虑抗拉强度的混凝土模型作为梁单元（粗糙单元）的本构模型。下文将简单介绍该模型的特点，其余模型不再赘述。

该模型的特点是参照混凝土规范，受拉受压骨架均为全曲线。表 7.3 为模型的材料参数，表 7.4 为输出状态变量，图 7.11 为该模型往复加载时的单轴应力-应变关系曲线。

表 7.3　混凝土本构模型材料参数

参数	含义
Props（1）	混凝土弹性模量
Props（2）	轴心受压强度
Props（3）	峰值压应变，即达到轴心受压强度时的应变
Props（4）	极限受压强度
Props（5）	极限压应变
Props（6）	混凝土受压曲线参数
Props（7）	轴心受拉强度
Props（8）	峰值受拉应变
Props（9）	混凝土受拉曲线参数
Props（10）	截面钢筋屈服的临界应变，定义为混凝土受拉边缘的应变

表 7.4　混凝土本构模型输出状态变量

参数	含义
SDV（1）	初始化变量，无实际意义
SDV（2）	历史最大压应变
SDV（3）	受压残余应变，即卸载至应力为零时的压应变
SDV（4）	卸载/再加载刚度
SDV（5）	截面屈服标志（0 为未屈服；-1 为混凝土压碎；1 为钢筋拉屈）

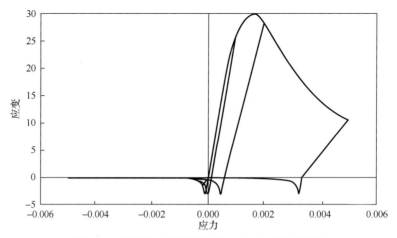

图 7.11 混凝土本构模型单轴应力-应变关系曲线

对于采用普通截面的钢梁和钢柱，直接在 ABAQUS 软件中选择相应的截面即可。对于钢筋混凝土梁和柱而言，如果采用梁单元模拟，配筋略显不同。ABAQUS 中常用的配筋方式有以下 3 种。

（1）采用*Rebar 模拟是一种比较简单的方法。该方法可以直接对截面配筋，但是只适用于隐式分析，并且钢筋的应力-应变状态等需要通过 dat 文件进行查看。

（2）将钢筋等效为工字型截面插入梁单元中。该方法假定腹杆的厚度接近于 0 来保证同中和轴的距离一致。这种等效模拟方法主要适应于梁截面模拟。

（3）箱型截面等效模拟。这是一种基于钢筋面积等效的方法，通过多个单元共节点实现。也就是说在同一位置建立多个单元，一个单元代表混凝土，剩余单元则代表钢筋。这种方法稍显烦琐，但是同时适用于显示分析和隐式分析，而且对梁柱截面模拟精度均较好。

下面对箱型截面等效模拟进行详细说明。这里需用到*Elcopy 命令，这是用于 inp 文件中对单元复制（element copy）的命令。其格式如下：

*Elcopy, element shift=数值1, old set=名称1, new set=名称2, shift node=数值2

式中数值 1 的数值要大于或者等于已有单元的数量，数值 2 为 0。名称 1 一般为被复制的单元集合，名称 2 则为复制后新命名的单元集合。

图 7.12 为某一矩形截面的等效配筋图。A_{S1} 和 A_{S2} 分别为对着这一侧的实际钢筋面积值，利用面积等效的原理，其等效厚度值应分别为 A_{S1}/C_1 和 A_{S2}/C_2，在本例中由于 $A_{S1}=A_{S2}=\pi\times10^2\times3=942.477$，$C_1=C_2=800$，所以此处四个边的等效厚度均为 942.477/800=1.178。这种近似等效的方法与实际不符之处在于：第一，钢筋面积等效，而不能保证惯性矩相同；第二，实际情况下钢筋与混凝土不会重合布置的情况，考虑到这一部分面积相对整个截面的面积是很小的，所以误差在

接受范围内。此处的等效过程并未涉及箍筋和构造钢筋的布置，可以通过修改混凝土参数的方法考虑其作用。

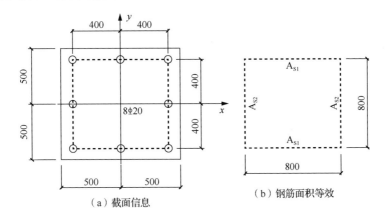

（a）截面信息　　　　　　　　　　（b）钢筋面积等效

图 7.12　矩形截面等效配筋图

这里需要指出的是，如果使用 ABAQUS 中的铁木辛科梁单元（如 B21，B22，B31，B32 等），除了上述定义外，还需要在 inp 文件为梁单元截面额外定义横向剪切刚度，定义方法详见 ABAQUS keyword reference manual 中的*Transverse Shear Stiffness 关键字。可以直接在 inp 文件中添加，也可以利用 ABAQUS/CAE 提供的 Keyword editor。剪切刚度可以是一个大数，它对计算结果的影响不大。

7.2.2　实体单元建模方法

上文所提到的三种混凝土模型库均可用作实体本构，但是弥散裂缝模型多用于描述单调应变，脆性破裂模型不适用于压缩失效，而塑性损伤模型适用于混凝土的各种荷载分析、单调应变、循环荷载、动力荷载、本构中包含了拉伸开裂与压缩破碎。此模型可以模拟强度退化机制，以及反向加载刚度恢复的混凝土力学特性。下文将详细介绍笔者对混凝土塑性损伤模型中各参数的理解与标定。

混凝土塑性损伤模型近年来在结构工程中的使用率很高，其最大的特点是引入损伤因子用以描述混凝土损伤发展及演化过程，混凝土在此模型中的破坏形式表现为拉伸开裂与压缩破碎。该模型在弹塑性时程分析中的应用很多，它能够较好地模拟混凝土结构在复杂荷载作用下的反应。笔者结合最新的混凝土结构设计规范（GB 50010—2010）对塑性损伤本构中各参数进行标定，这里将以 C30 混凝土为例详述。

图 7.13 为混凝土塑性损伤模型材料参数定义的界面，密度与弹性参数的选取与其他材料在 ABAQUS 模拟中的取值方式相同。该处 C30 混凝土模型密度取为 $2500\,\mathrm{kg/m^3}$，弹性模量和泊松比分别取为 2.793×10^{10} N/m 和 0.2。损伤塑性的几个基本参数包括：Diliation Angel（膨胀角）、Eccentricity（偏心率）、$fb0/fc0$（双

轴抗压强度与单轴抗压极限强度之比)、K(不变量应力比)、Viscosity Parameter(黏滞性参数)。各参数的取值分别如图 7.13 所示,前四个参数的选取与默认值或者规范建议值相同。黏滞性参数会对整个模型的收敛性有很大的影响,一般不为 0,取值通常在 0.0005~0.005。剩下的两项受压损伤和受拉损伤的参数定义方法将在下节详述。

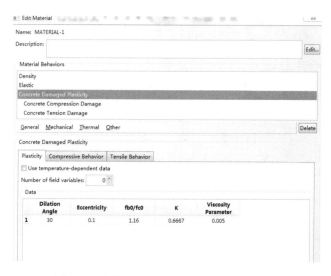

图 7.13　塑性损伤模型材料参数定义的界面

　　受拉、受压应力-应变曲线是混凝土本构模型中最关键的参数,这里根据最新的混凝土结构设计规范(GB 50010—2010),对各项参数进行标定。

　　规范中对混凝土单轴受拉的应力-应变曲线定义为

$$\sigma = (1 - d_t) E_c \varepsilon \tag{7.5}$$

$$d_t = 1 - \rho_t (1.2 - 0.2 x^5), \quad x \leqslant 1 \tag{7.6}$$

$$d_t = 1 - \frac{\rho_t}{\alpha_t (x-1)^{1.7} + x}, \quad x > 1 \tag{7.7}$$

$$x = \frac{\varepsilon}{\varepsilon_{t,r}} \tag{7.8}$$

$$\rho_t = \frac{f_{t,r}}{E_c \varepsilon_{t,r}} \tag{7.9}$$

式中,α_t 为混凝土单轴受拉应力-应变曲线下降段的参数值;$f_{t,r}$ 为混凝土单轴抗拉强度代表值;$\varepsilon_{t,r}$ 为与单轴抗拉强度代表值 $f_{t,r}$ 对应的混凝土峰值拉应变;d_t 为混凝土单轴受拉损伤演化参数。

规范中对混凝土单轴受压的应力-应变曲线定义为

$$\sigma = (1 - d_c) E_c \varepsilon \qquad (7.10)$$

$$d_c = 1 - \frac{\rho_c n}{n - 1 + x^n}, \quad x \leqslant 1 \qquad (7.11)$$

$$d_c = 1 - \frac{\rho_c}{\alpha_c (x-1)^2 + x}, \quad x > 1 \qquad (7.12)$$

$$x = \frac{\varepsilon}{\varepsilon_{c,r}} \qquad (7.13)$$

$$\rho_c = \frac{f_{c,r}}{E_c \varepsilon_{c,r}} \qquad (7.14)$$

$$n = \frac{E_c \varepsilon_{c,r}}{E_c \varepsilon_{c,r} - f_{c,r}} \qquad (7.15)$$

式中，α_c 为混凝土单轴受压应力-应变曲线下降段的参数值；$f_{c,r}$ 为混凝土单轴抗压强度代表值；$\varepsilon_{c,r}$ 为与单轴抗压强度代表值 $f_{c,r}$ 对应的混凝土峰值压应变；d_c 为混凝土单轴受压损伤演化参数。

由上可知，规范中定义的混凝土受压应力-应变曲线初始段并不是直线段，但是在 ABAQUS 有限元模拟中，材料属性的定义是考虑弹性与塑性区分开来的，这里也就自然而然地涉及了邻近塑性点的选择问题。清华大学陆新征等[9]建议取 $(1/3 \sim 1/2) f_c$，笔者此处选取的是 $0.4 f_c$。需要特别说明的一点是，考虑到受拉受压本构的区别，以及临界塑性点选择上的区别，会造成受拉阶段与受压阶段取值时弹性模量的差异。这种情况，选择较大的值可以保证计算机在计算等效塑性应变的准确率。弹性模量确定后，就可以根据线性和非线性阶段的本构特征来确定修改的应力-应变曲线。最后根据以下公式，确定真实应力-应变关系为

$$\varepsilon_{true} = \int_0^l \frac{dl}{l} = \ln \frac{l}{l_0} = \ln(1 + \varepsilon_1) \qquad (7.16)$$

$$\sigma_{true} = \frac{F}{A} = \frac{F}{A_0 \frac{l}{l_0}} = \sigma_1 (1 + \varepsilon_1) \qquad (7.17)$$

式中，ε_1、σ_1 分别为根据修改的弹性模型修改后的应变值与应力值。

图 7.14 和图 7.15 分别为标定后的混凝土单轴受压和受拉应力-应变曲线。

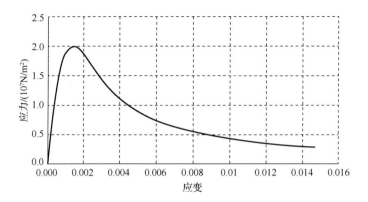

图 7.14　混凝土单轴受压应力-应变曲线

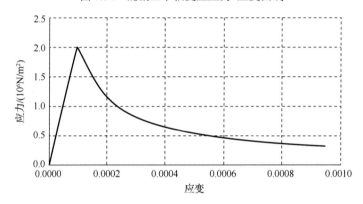

图 7.15　混凝土单轴受拉应力-应变曲线

　　塑性损伤因子是整个塑性损伤模型的精髓所在，它的引入可以用来描述混凝土损伤发展及演化过程。损伤因子的定义是一个复杂的过程，目前还没有权威的计算方法，常用的方法有图解法和能量等价法，这里采用图解法对损伤因子进行定义。

　　图 7.16 和图 7.17 分别为混凝土受拉与受压应力-应变曲线。单轴受拉时，在达到失效应力 σ_{t0} 之前视为线性变化，通过图中的卸载虚线可以看出下降段表现出的刚度退化。图中描述的四个应变量 $\tilde{\varepsilon}_t^{dc}$、$\varepsilon_{0t}^{el}$、$\tilde{\varepsilon}_t^{pl}$ 和 ε_t^{el} 分别为开裂应变、理想弹性应变、塑性应变和弹性应变。各个应变量的关系为

$$\tilde{\varepsilon}_t^{dc} = \varepsilon_t - \varepsilon_{0t}^{el} \tag{7.18}$$

$$\varepsilon_{0t}^{el} = \frac{\sigma_t}{E_0} \tag{7.19}$$

$$\tilde{\varepsilon}_t^{pl} = \tilde{\varepsilon}_t^{dc} - (\varepsilon_t^{el} - \varepsilon_{0t}^{el}) \tag{7.20}$$

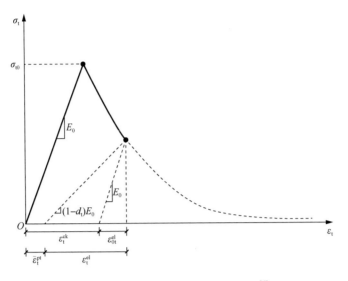

图 7.16　混凝土受拉应力-应变曲线[6]

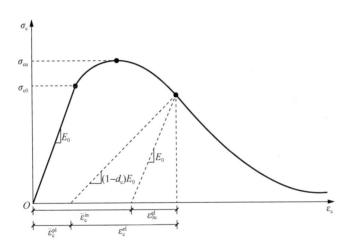

图 7.17　混凝土受压应力-应变曲线[6]

将各式简化后可得到

$$\tilde{\varepsilon}_t^{pl} = \tilde{\varepsilon}_t^{dc} - \frac{d_t}{1 - d_t}\frac{\sigma_t}{E_0} \tag{7.21}$$

式中，d_t 为受拉损伤因子。

　　混凝土单轴受压的情况与受拉情况类似，但在上升段中线性阶段之后有强化过程，具体则表现为 σ_{c0} 与 σ_{cu} 之间的曲线段。受压塑性应变满足以下公式

$$\tilde{\varepsilon}_c^{pl} = \tilde{\varepsilon}_c^{in} - \frac{d_c}{1-d_c}\frac{\sigma_c}{E_0} \tag{7.22}$$

式中，$\tilde{\varepsilon}_c^{in}$、$d_c$ 分别为受压非弹性应变与受压损伤因子。混凝土单轴受拉、受压的应力-应变公式分别表示为

$$\sigma_t = (1-d_t)E_0(\varepsilon_t - \varepsilon_t^{pl}) \tag{7.23}$$

$$\sigma_c = (1-d_c)E_0(\varepsilon_c - \varepsilon_c^{pl}) \tag{7.24}$$

　　为了方便描述，受拉、受压损伤因子，此处引入两个新的变量，即

$$b_t = \frac{\varepsilon_t^{pl}}{\varepsilon_t^{ck}} \tag{7.25}$$

$$b_c = \frac{\varepsilon_c^{pl}}{\varepsilon_c^{in}} \tag{7.26}$$

　　简化后，得到的受拉、受压损伤因子的表达式分别为

$$d_t = 1 - \frac{\dfrac{\sigma_t}{E_0}}{\varepsilon_t^{pl}\left(\dfrac{1}{b_t}-1\right)+\dfrac{\sigma_t}{E_0}} \tag{7.27}$$

$$d_c = 1 - \frac{\dfrac{\sigma_c}{E_0}}{\varepsilon_c^{pl}\left(\dfrac{1}{b_c}-1\right)+\dfrac{\sigma_c}{E_0}} \tag{7.28}$$

　　这样就可以在得到混凝土应力-应变关系的过程中，对受拉受压损伤因子进行标定。式中的 b_t、b_c 分别为单轴受压、受拉情况下塑性应变与非弹性应变的比值，由循环荷载卸载再加载应力路径来标定，类似于经验值，此处分别取为 0.7 和 0.1[10-12]。图 7.18 和图 7.19 分别为混凝土受压和受拉损伤因子与非弹性应变（开裂应变）关系曲线。

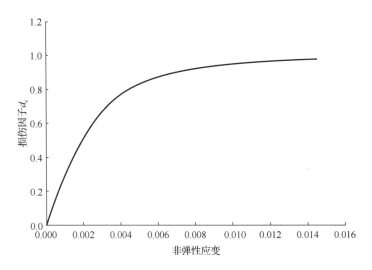

图 7.18　混凝土受压损伤因子与非弹性应变关系曲线

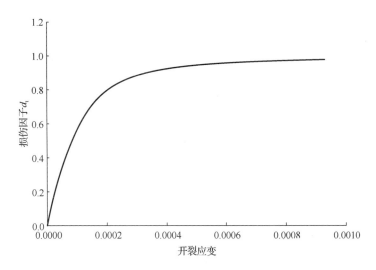

图 7.19　混凝土受拉损伤因子与开裂应变关系曲线

　　还需说明的是，考虑到大量混凝土结构的循环荷载试验结果，荷载由拉伸转为压缩时，若产生闭合裂纹，则压缩刚度可以恢复；反之，出现压缩开裂后，拉伸刚度不再能恢复。引入刚度恢复因子 ω_t 和 ω_c 用以说明，分别取值为 0 和 1。图 7.20 为单轴拉压循环荷载图。

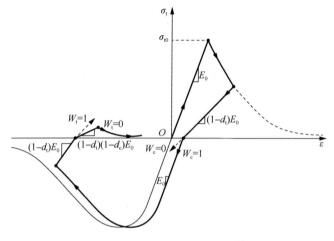

图 7.20　单轴拉压循环荷载[6]

　　这一系列的参数标定完成之后，进行数据检查，以此保证塑性应变不会出现递增的情况。根据公式

$$\tilde{\varepsilon}_t^{pl} = \tilde{\varepsilon}_t^{dc} - \frac{d_t}{1-d_t}\frac{\sigma_t}{E_0} \qquad (7.29)$$

$$\tilde{\varepsilon}_c^{pl} = \tilde{\varepsilon}_c^{in} - \frac{d_c}{1-d_c}\frac{\sigma_c}{E_0} \qquad (7.30)$$

　　可知，如果得到的塑性应变随开裂应变的增加而减少，ABAQUS 会发出错误信息。简而言之，转化后的塑性应变是否随非弹性应变（开裂应变）递增，且始终大于零。图 7.21 和图 7.22 为受压和受拉塑性应变曲线验算，为笔者对 C30 混凝土各数值标定完成后的检验结果。

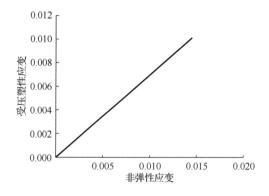

图 7.21　受压塑性应变曲线验算

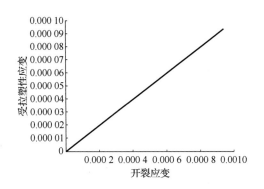

图 7.22　受拉塑性应变曲线验算

7.2.3　算例分析

以某钢筋混凝土悬臂梁为分析对象，其截面尺寸为 0.5m×0.5m，梁长为 4m，分别在自由端施加线性动荷载及不规则的震荡荷载。混凝土构件多尺度模型如图 7.23 所示，取局部精细区域内两点（在图 7.23 中标出，点 1 和点 2），混凝土应力以及自由端位移为参考值进行比较，以此来验证这种多尺度分析的精确性。

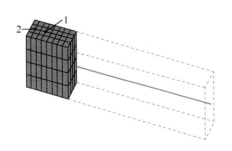

图 7.23　混凝土构件多尺度模型示意图

图 7.24 和图 7.25 为三种模型在线性动荷载作用下某点和第二点正应力时程对比，由图 7.25 可知，多尺度模型时程曲线变化趋势与精细模型非常接近，应力达到屈服时间以及屈服应力的大小几乎相同。图 7.26 和图 7.27 为三种模型在震荡动荷载作用下某点正应力时程与自由端纵向位移时程对比，可以看出，多尺度模型整体的曲线变化与精细模型差距并不大，各模型时程曲线变化趋势基本一致，多尺度模型上各节点的参数值与精细模型上的节点更为接近。从结构多尺度分析的目的来看，此处的耦合方法保证了关键构件或部位的计算精度。

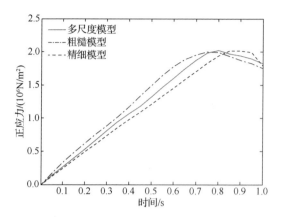

图 7.24　线性动荷载作用下某点正应力时程对比

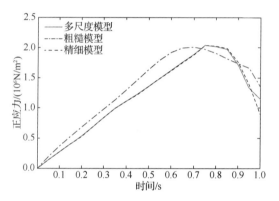

图 7.25　线性动荷载作用下第二点正应力时程对比

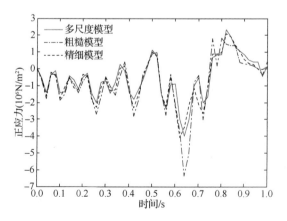

图 7.26　震荡动荷载下某点正应力时程对比

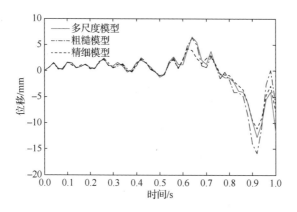

图 7.27　震荡动荷载下自由端纵向位移时程对比

表 7.5 各模型计算效率中给出了各模型分析过程 CPU 的运行总时间，可以看出在线性荷载与震荡荷载作用下，多尺度模型的计算时间相对精细尺度模型分别减少了 46.5%和 25.5%。综上可知，该方法提供了有限元分析精度和计算代价之间的一种平衡，多尺度模型可以较为准确地模拟局部构件的受力情况，从而更有效地把握局部构件和整个结构的性能。

表 7.5　各模型计算效率

荷载类型	模型类别			与精细模型相比多尺度模型减小/%
	粗糙模型计算	精细模型	多尺度模型	
线性荷载计算时间/s	80.4	231.7	124.0	46.5
震荡荷载计算时间/s	633.3	1789.6	1332.5	25.5

7.3　钢筋混凝土框架多尺度数值模拟

7.3.1　模型简介

本书参考常见的钢筋混凝土框架（图 7.28）的结构布局，选择四层三跨的钢筋混凝土平面框架为研究对象，框架具体尺寸如下：钢筋混凝土柱为 450mm×450mm，梁截面为 600mm×300mm，底层高 4.2m，其余各层均高 3.6m，跨度分别为 7.2m、2.4m 和 7.2m，混凝土强度等级为 C30，钢材强度为 HRB335，模拟方法如 7.2 节所述。所选用地震波为 El Centro 波，输入波形如图 7.29 所示，沿 x 方向加载，加载步为 1000 步，时间间隔为 0.02s，时间总长为 20s。这里需要说明的是，对于大型工程结构来说，将整个结构完全用精细单元模拟不仅仅是计算条件不允许，更是对计算资源的一种浪费，因此只考虑粗糙模型和多尺度模型。

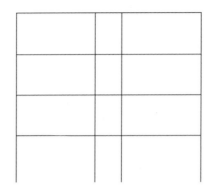

图 7.28   钢筋混凝土框架

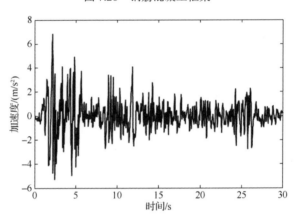

图 7.29   0.6g El Centro 地震波波形

7.3.2   模拟过程及分析结果讨论

建立梁单元模型后，通过 SDV（5）状态（屈服面的分布状态）云图以及等效塑性应变云图变化，确定容易发生破坏的构件或者对整体结构性能影响较大的构件，也就是前文所说的关键构件位置所在。图 7.30 和图 7.31 中分别为框架顶层负方向最大水平位移时刻（2.18s）与正方向最大水平位移时刻（12.24s）的 SDV（5）状态云图，图 7.30 中虚线圈出的部分为屈服面的分布情况，此处屈服面的输出值为 1，即截面的屈服表现为钢筋受拉屈服（若输出值为-1 则表示混凝土压碎，0 则表示未屈服）。考虑到钢筋的塑性性能发展，仅以钢筋屈服的截面来判断破坏构件显然是过于保守的。图 7.32 和图 7.33 分别为这两个时刻等效塑性应变云图，虚线圈出的部分为等效塑性应变较大的截面，图中给出了节点区域内等效塑性应变最大值作为参考。由此确定此结构的精细构件位置为首层中间两节点，建立多尺度模型并进行分析，将左侧节点称为节点 1，右侧节点为节点 2。

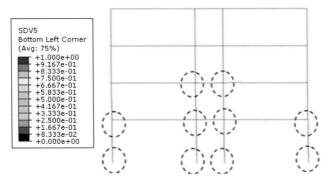

图 7.30　负方向最大水平位移时刻 SDV（5）状态云图

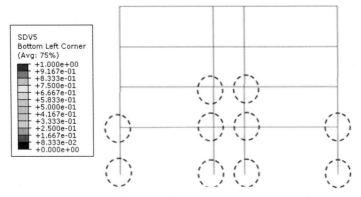

图 7.31　正方向最大水平位移时刻 SDV（5）状态云图

由以上分析过程可确定，首层中间两个节点为关键节点，多尺度模型如图 7.34 所示。图 7.34 中右侧图为对多尺度模型中梁柱厚度赋值后的效果图，从图中可以看出，实体节点与周围梁单元是符合几何中心重合的。为确保建模的准确性，分别对两种模型进行模态分析，图 7.35 列出了两种模型前六阶自振周期的对比图。从表 7.6 两种模型自振周期对比中也可以出，两模型模态分析的结果很接近。

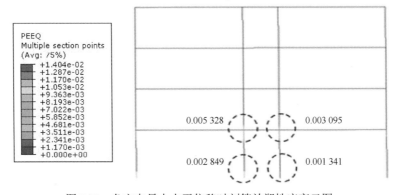

图 7.32　负方向最大水平位移时刻等效塑性应变云图

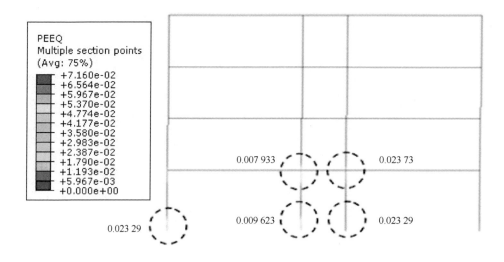

图 7.33　正方向最大水平位移时刻等效塑性应变云图

图 7.34　多尺度模型

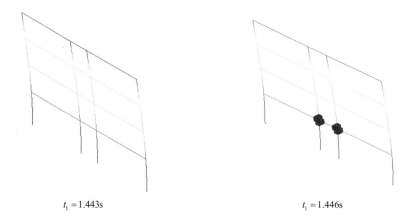

$t_1 = 1.443\text{s}$　　　　　　　　　　　　　$t_1 = 1.446\text{s}$

图 7.35　两种模型前六阶自振周期对比

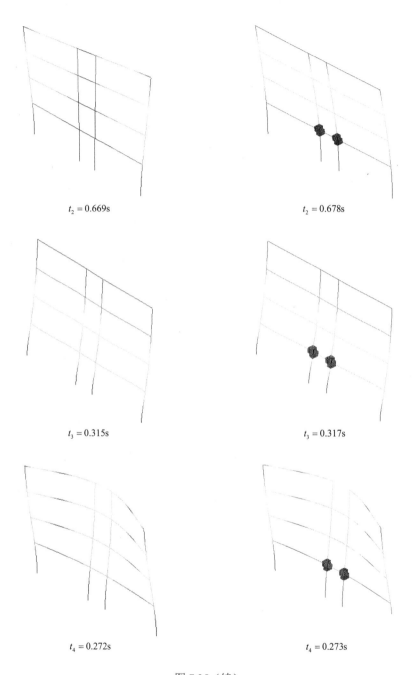

$$t_2 = 0.669\text{s}$$

$$t_2 = 0.678\text{s}$$

$$t_3 = 0.315\text{s}$$

$$t_3 = 0.317\text{s}$$

$$t_4 = 0.272\text{s}$$

$$t_4 = 0.273\text{s}$$

图 7.35（续）

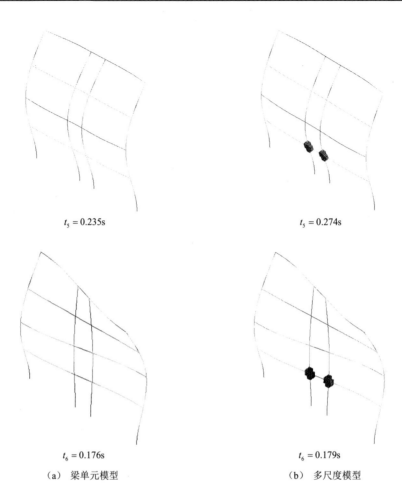

$t_5 = 0.235\text{s}$　　　　　　　　　　　　　　$t_5 = 0.274\text{s}$

$t_6 = 0.176\text{s}$　　　　　　　　　　　　　　$t_6 = 0.179\text{s}$

（a）梁单元模型　　　　　　　　　　　　（b）多尺度模型

图 7.35（续）

表 7.6　两种模型自振周期对比

自振周期/s		自振周期误差/%
梁单元模型	多尺度模型	
1.443	1.446	0.21
0.669	0.678	1.35
0.315	0.317	0.63
0.272	0.274	0.74
0.235	0.237	0.85
0.176	0.179	1.70

注：自振周期误差计算公式为（多尺度模型自振周期—梁单元模型自振周期）/梁单元模型自振周期×100%。

结合混凝土塑性损伤本构的特点：拉力作用下的开裂失效和压力作用下的压碎失效两个机制，对局部精细模型进行分析。图 7.36 为两种模型框架顶层位移对比图，两种模型框架顶层位移的变化趋势基本一致，这也在一定程度上验证了多尺度方法的精确性。图 7.37 和图 7.38 给出了节点 1 在多尺度框架顶层负方向最大水平位移时刻（2.28s）与正方向最大水平位移时刻（5.16s）的受拉、受压损伤云图（由于节点 2 的分析方法与之相同，此处不再赘述），以此来判断混凝土损伤的状态。受拉损伤云图中，受拉损伤因子偏大且集中的区域主要为梁端右边缘，柱端下边缘。图 7.39 和图 7.40 为在 2.28s 与 5.16s 时节点 1 最大主塑性应变的方向（箭头的方向），Lubliner 等（1989）[13]提出，最大主塑性应变的方向与裂缝开展平面垂直，利用塑性损伤模型可以根据积分点处最大主塑性应变的方向来观察裂缝发展情况。图 7.38 与图 7.40 为 5.16s 状态，是 2.28s 的状态的延续，基本说明了这两个区域塑性损伤与裂缝的继续发展。由于图 7.37 与图 7.38 中受压损伤因子的值普遍偏低，认为该节点在此过程中没有压碎失效。

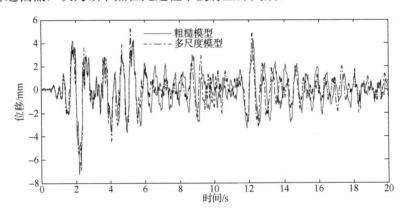

图 7.36　两种模型框架顶层位移对比

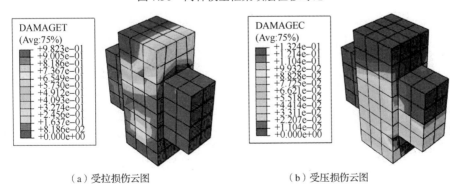

（a）受拉损伤云图　　　　　　　　（b）受压损伤云图

图 7.37　负方向最大水平位移时刻节点 1 受拉、受压损伤云图

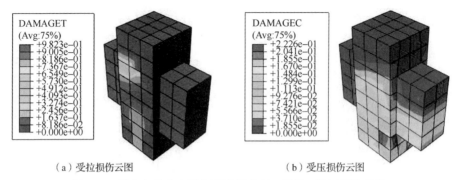

（a）受拉损伤云图　　　　　　　　　　　（b）受压损伤云图

图 7.38　正方向最大水平位移时刻节点 1 受拉、受压损伤云图

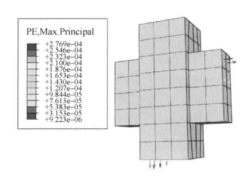

图 7.39　负方向最大水平位移时刻节点 1 最大主塑性应变方向

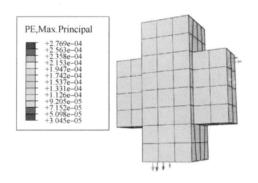

图 7.40　正方向最大水平位移时刻节点 1 最大主塑性应变方向

通过该算例可知，多尺度数值模拟可以较为准确地模拟整体结构的受力情况，而且能够直观有效地把握局部构件的性能，如损伤演变、裂缝发展等过程。

7.4　高层剪力墙结构多尺度数值模拟

7.4.1　模型简介

　　为了更明确地说明多尺度有限元分析在实际工程中的应用，本节对某一高层剪力墙结构进行建模及弹塑性反应分析。该剪力墙模型取自大连明秀山庄小区[14]。模型共 24 层，总建筑高度为 75.6m，各层高 3.15m，x 和 y 方向的跨度分别为 31.30m 和 19.95m。高层剪力墙结构模型如图 7.41 所示。使用通用有限元软件 ABAQUS 模拟时，框架梁、柱以梁单元（B31）模拟，楼板及墙以板壳单元（S4R）模拟。混凝土本构模型仍选择塑性损伤模型，钢筋本构选择双线性随动强化模型。

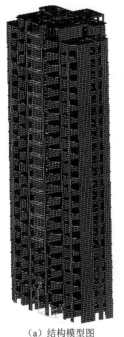
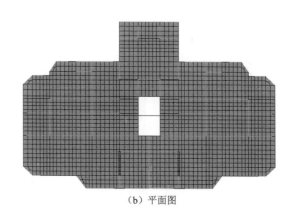

　　　（a）结构模型图　　　　　　　　　　　　　　　（b）平面图

图 7.41　高层剪力墙结构模型

7.4.2　多尺度模型建模及分析

　　结构所在场地是二类场地，进行弹塑性地震反应分析时，选用双向 Northridge 地震波。地震波双向输入时，x 方向的峰值加速度取为 0.4g，y 方向的峰值加速度为 0.34g。加载步为 750 步，时间间隔为 0.02s，时间总长为 15s。0.4gNorthridge 地震波如图 7.42 所示。

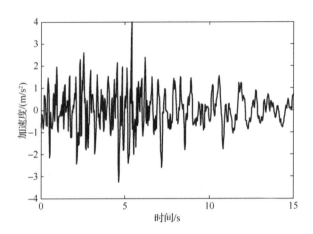

图 7.42　0.4g Northridge 地震波

对上述模型进行弹塑性时程分析后，通过后处理得到的数据，找出薄弱层位置所在。x 方向最大层间位移位于结构第八层，产生时刻为 7.94s，大小为 1.4538×10^{-2} m。y 方向最大层间位移位于结构顶层，产生时刻为 12.2s，大小为 9.289×10^{-3} m。然后通过对这两个时刻受拉损伤因子云图（受压损伤因子云图显示构件无明显破坏迹象）的查看来判断构件的破坏情况，云图分别如图 7.43 和图 7.44 所示。

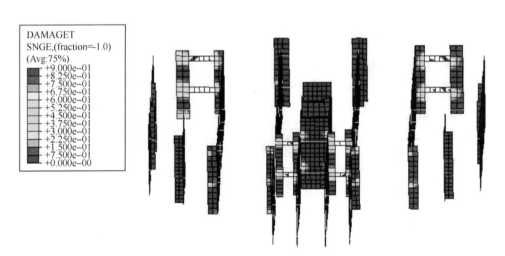

图 7.43　x 方向最大层间位移层受拉损伤因子云图

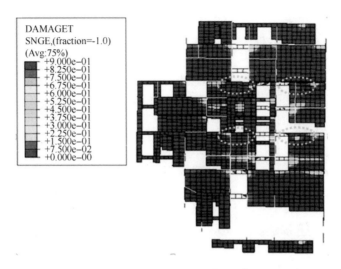

图 7.44　y 方向最大层间位移层受拉损伤因子云图

图 7.43 中，并无明显的受拉损伤现象，受拉损伤因子最大值约为 0.6 左右。而图 7.44 中，中间两面墙损伤因子（图中以虚线圈出）接近 0.9，存在破坏的隐患。综上考虑，选择顶层部分墙体为薄弱构件。建立多尺度模型时，可以在通用有限元软件 ABAQUS 中 mesh 界面以 edit mesh 命令删除薄弱构件单元，然后植入新的墙体实体单元，采用前面的耦合方式进行耦合，顶层多尺度模型如图 7.45 所示。

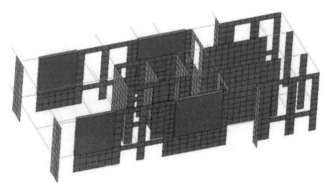

图 7.45　顶层多尺度模型

为了保证建模的准确性，首先对两种模型模态分析。由于不同有限元软件中对多尺度模型的耦合不尽相同，这里只对 ABAQUS 环境下两种模型的前六阶模态进行对比分析。从图 7.46 中可以看出，两种模型前六阶自振周期是非常接近的，这也在一定程度上保证了下一步多尺度分析的准确性。

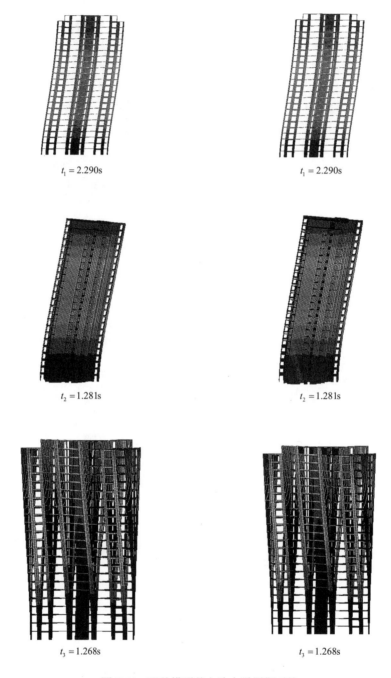

$t_1 = 2.290\text{s}$　　　　　　　　　　　$t_1 = 2.290\text{s}$

$t_2 = 1.281\text{s}$　　　　　　　　　　　$t_2 = 1.281\text{s}$

$t_3 = 1.268\text{s}$　　　　　　　　　　　$t_3 = 1.268\text{s}$

图 7.46　两种模型前六阶自震周期对比

$t_4 = 0.714\text{s}$

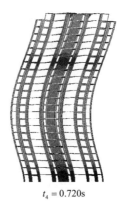

$t_4 = 0.720\text{s}$

$t_5 = 0.384\text{s}$

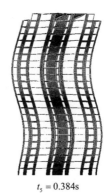

$t_5 = 0.384\text{s}$

$t_6 = 0.176\text{s}$

（a）板壳单元模型

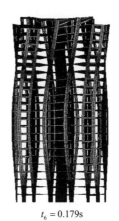

$t_6 = 0.179\text{s}$

（b）多尺度模型

图 7.46（续）

7.4.3　弹塑性时程分析

　　图 7.45 中多尺度模型，实体墙厚度为 250mm，材料为 C30 混凝土，因为原板壳单元采用 Rebarlayer 命令进行配筋，此处的实体单元配筋仍采用 embedded 命令模拟。四块墙体尺寸分别为：0.25m×2.9m×3.15m、0.25m×3.62m×3.15m、0.25m×2.9m×3.15m 和 0.25m×3.62m×3.15m。多尺度模型的后处理结果与之前的板壳单元模型很接近。x 方向最大层间位移仍位于结构第 8 层，y 方向最大层间位移依然位于结构顶层。考虑到顶层为局部层，这里取出了第 8 层、第 23 层以及顶层，将其水平位移与竖向位移进行对比，结果如图 7.47～图 7.52 所示。

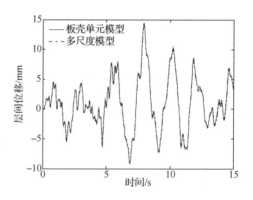

图 7.47　第 8 层水平位移对比

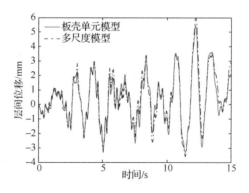

图 7.48　第 8 层竖向位移对比

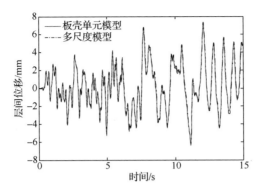

图 7.49　第 23 层水平位移对比

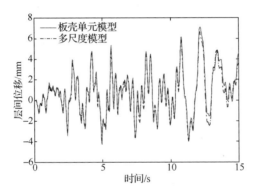

图 7.50　第 23 层竖向位移对比

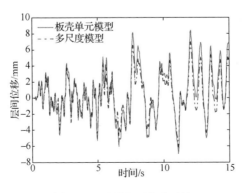

图 7.51　顶层水平位移对比

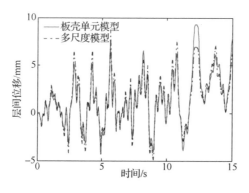

图 7.52　顶层竖向位移对比

　　表 7.7 列出了两种模型各层最大层间位移，可以看出结果比较接近，误差基本在 10%以内。结合图 7.47～图 7.50 能够看出，位于实体单元以下的楼层后处理结果影响很小，与板壳单元结构的后处理结果非常接近，这可能是所取墙体所占比重较小，对这个模型影响不大所致。而之前的平面框架算例，将实体单元模型建立在整个模型的首层节点处，对上层的结构有着更明显的影响。但是总体来说，两个算例的结果都是能够达到满意的精度。另外，两模型的 CPU 运行时间分别为 20 230.4s 和 23 365.9s，多尺度的模型计算效率是十分可观的，虽然所取出的实体模型较少，但是不能因此而否认多尺度模拟的计算效率。换言之，整个模型的耦合效果并未造成计算效率的大幅降低，这是很理想的。

表 7.7　两种模型各层最大层间位移

楼层	水平位移			竖向位移		
	梁板单元模型/mm	多尺度模型/mm	相对误差/%	梁板单元模型/mm	多尺度模型/mm	相对误差/%
1	6.296	5.824	-7.497	1.266	1.149	-9.242
2	8.887	8.630	-2.892	2.136	2.070	-3.090
3	10.53	10.19	-3.229	2.787	2.492	-10.585
4	11.88	11.47	-3.451	3.555	3.161	-11.083
5	12.81	12.44	-2.888	4.127	4.659	-12.891
6	13.60	13.16	-3.235	4.559	5.111	12.108
7	14.19	13.83	-2.537	4.991	5.502	10.238
8	14.54	14.26	-1.926	5.476	5.997	9.514
9	14.33	14.10	-1.605	5.971	6.491	8.709

续表

楼层	水平位移			竖向位移		
	梁板单元 模型/mm	多尺度 模型/mm	相对误差/%	梁板单元 模型/mm	多尺度 模型/mm	相对误差/%
10	14.00	13.82	−1.286	6.354	6.885	8.357
11	13.57	13.27	−2.211	6.688	7.204	7.715
12	12.68	12.39	−2.287	6.949	7.500	7.929
13	11.37	11.15	−1.935	7.149	7.751	8.421
14	10.05	99.13	−1.363	7.337	7.967	8.587
15	10.51	10.00	−4.853	7.447	8.095	8.701
16	10.97	10.39	−5.287	7.491	8.115	8.330
17	11.20	10.66	−4.821	7.460	8.040	7.775
18	11.21	10.68	−4.728	7.370	7.938	7.707
19	10.71	10.25	−4.295	7.267	7.801	7.348
20	9.942	9.594	−3.500	7.146	7.637	6.871
21	9.145	8.970	−1.914	6.992	7.441	6.422
22	8.253	8.185	−0.824	6.833	7.223	5.708
23	7.178	7.369	−2.661	6.634	7.089	6.859
24	6.990	6.447	−7.768	9.298	11.00	18.305

　　这里需要额外说明的是，以上的计算并未涉及完全基于实体单元的整体模型分析，也就是精细模型的弹塑性地震反应分析。实际上，在处理工程问题时，通常利用的是基于梁板单元的模型。建模过程是先在结构设计类软件 PKPM 或 MIDAS 等界面环境下建模，然后通过接口设计转入到结构分析类软件 ABAQUS、ANSYS 等进行分析。并且板壳单元模型计算精度对工程结构来说是可接受的，而且运算代价与纯实体单元相比降低很多。但完全基于实体单元的模型会造成不必要的计算资源浪费，且建模过程、接口设计与板壳模型的差距很大，所以这里并未对实际工况纯实体单元模型进行模拟。

<h1 style="text-align:center">参 考 文 献</h1>

[1] 李兆霞, 孙正华, 郭力, 等. 结构损伤一致多尺度模拟和分析方法[J]. 东南大学学报（自然科学版）, 2007（2）: 251-260.

[2] 孙正华, 李兆霞, 陈鸿天, 等. 考虑局部细节特性的结构多尺度模拟方法研究[J]. 特种结构, 2007（1）: 71-75.

[3] 王大东. 钢筋混凝土结构多尺度建模与数值分析[D]. 大连: 大连理工大学, 2014.

[4] WU J, HUANG S, SHARP D H, et al. Multiscale science, a challenge for the twenty-first century[J]. Advances in Mechanics, 1998, 28（4）: 545-551.

[5] 林旭川, 陆新征, 叶列平. 钢-混凝土混合框架结构多尺度分析及其建模方法[J]. 计算力学学报, 2010, 27（3）: 469-475, 495.

[6] 乔华. Arlequin 构架下结构多尺度数值模拟[D]. 杭州：浙江大学, 2011.

[7] 江丙云, 孔祥宏, 罗元元. ABAQUS 工程实例详解[M]. 北京：人民邮电出版社，2014.

[8] 阎东东, 潘鹏, 万金国, 等. 基于不同材料本构的框架结构动力弹塑性分析比较研究[J]. 建筑结构, 2012, 42（S2）: 176-180.

[9] 陆新征, 蒋庆, 缪志伟, 等. 建筑抗震弹塑性分析[M]. 北京：中国建筑工业出版社, 2015.

[10] 曹明. ABAQUS 损伤塑性模型损伤因子计算方法研究[J]. 交通标准化, 2012（2）: 51-54.

[11] 张劲, 王庆扬, 胡守营,等. ABAQUS 混凝土损伤塑性模型参数验证[J]. 建筑结构, 2008（8）: 127-130.

[12] 张战廷, 刘宇锋. ABAQUS 中的混凝土塑性损伤模型[J]. 建筑结构, 2011（S2）: 229-231.

[13] LUBLINER J, OLIVER J, OLLER S, et al. A plastic-damage model for concrete[J]. International Journal of solids and structures, 1989, 25（3）: 299-326.

[14] 张皓. 材料应变率效应对钢筋混凝土框-剪结构地震反应的影响[D]. 大连：大连理工大学, 2012.